Rafael Jacinto Villanueva
Antonio Hervás
Carlos Andreu
Vicente J. Bevia

Matemática discreta

Teoría y ejercicios

edUPV

Universitat Politècnica de València

Colección *Académica* http://tiny.cc/edUPV_aca

Para referenciar esta publicación utilice la siguiente cita:
   Villanueva, Rafael Jacinto; Hervás, Antonio; Andreu Carlos y Bevia, Vicente J. (2024).
   Matemática discreta: teoría y ejercicios. edUPV

ⓒ 2024, edUPV
    Venta: www.lalibreria.upv.es   /   Ref.: 0363_06_01_01

ISBN: 978-84-1396-186-6
Depósito Legal: V-443-2024

Imprime: Byprint Percom, S. L.

Si el lector detecta algún error en el libro o bien quiere contactar con los autores, puede enviar un correo a edicion@editorial.uvp.es

edUPV se compromete con la ecoimpresión y utiliza papeles de proveedores que cumplen con los estándares de sostenibilidad medioambiental https://editorialupv.webs.upv.es/compromiso-medioambiental/

Índice general

Capítulo 1

Lógica proposicional

1.1 Introducción

Cualquier teoría matemática se fundamenta sobre una serie de afirmaciones que asumimos como verdaderas, a las que llamamos *axiomas*. A partir de estas ideas primeras, el desarrollo de la teoría matemática se realiza empleando el razonamiento lógico deductivo con la finalidad de demostrar conclusiones verdaderas o *teoremas*. Al campo matemático que estudia la validez del razonamiento matemático aplicado sobre afirmaciones simples, también llamadas *enunciados* o *proposiciones*, se le conoce como *lógica proposicional* o *lógica de enunciados*.

En este primer capítulo estudiaremos los elementos básicos de la lógica proposicional: la simbología, los *enunciados* y las *proposiciones*. Asimismo, veremos las *operaciones lógicas* básicas entre proposiciones para formar expresiones más complejas, también conocidas como *fórmulas bien formadas*. Finalmente, estudiaremos cómo realizar razonamientos matemáticos y demostraciones completas válidas para cualquier lenguaje mediante las *reglas de equivalencia e inferencia* y los *métodos de demostración*.

1.2 Lógica de enunciados

Cualquier colección de reglas, en cualquier teoría, necesita de un lenguaje en el cual pueda establecerse esta teoría. Sin embargo, los lenguajes naturales o metalenguajes, no son lo bastante precisos para nuestro propósito. Por lo tanto, es necesario desarrollar previamente a la lógica un *lenguaje objeto* o *lenguaje formal* cuya sintaxis esté bien definida[1]. Cabe mencionar que, a diferencia de otras disciplinas científicas, la lógica matemática se preocupa, además de por el uso del lenguaje, por el desarrollo y análisis del mismo. Para la construcción del lenguaje formal se utilizan, por simplicidad, una serie de símbolos claramente definidos. Es por ello por lo que la lógica proposicional también suele denominarse *lógica simbólica*.

Definición 1.1: Enunciado

Llamaremos *enunciado* o *sentencia* a toda expresión susceptible de ser cierta o falsa.

Ejemplo 1.1

Las siguientes afirmaciones son enunciados:

- "*Vamos al cine*"

- "*Si llueve no bajes la basura*"

- "*La suma de los cuadrados de los catetos de un triángulo rectángulo es igual al cuadrado de la hipotenusa*"

- $v = \frac{e}{t}$

- if $x > 3$ then go 129 else stop (código de programación)

Obsérvese que no todas las oraciones que aparecen en el lenguaje formal son enunciados. Las oraciones imperativas o interrogativas nos dan expresiones que no verifican esta condición (no pretenden ser ciertas o falsas).

- "*Pásame la sal*"

- "*¿Han llegado los embalajes para las impresoras?*"

Deberemos, por lo tanto, restringir las expresiones que podremos utilizar.

---

[1]"Bien definido" significa (desde un punto de vista matemático) que la definición se fundamenta en un conjunto de axiomas básicos y que, por lo tanto, la definición no presenta ambigüedad alguna y no depende del sistema de representación matemático escogido.

Definición 1.2: Proposición

Llamaremos *proposiciones* a aquellos enunciados que pueden ser ciertos o falsos, pero no ambas cosas a la vez.

Ejemplo 1.2

Las siguientes afirmaciones son proposiciones:

- *"Voy al supermercado y a la zapatería"*
- *"Si tienes bastante dinero compra melocotones"*
- $F = m \cdot a$ (tercera ley de Newton)
- $F = \frac{m}{a}$
- *"El cuadrado es una figura geométrica con tres lados"*
- $e^{i\pi} + 1 = 0$ (identidad de Euler)

Definición 1.3: Paradoja

Una *paradoja* es un enunciado que es cierto y falso simultáneamente.

Ejemplo 1.3

Un sencillo ejemplo de paradoja es la paradoja del mentiroso, cuyo enunciado declara que

"Esta afirmación es falsa"

Si suponemos que el enunciado es cierto, entonces debería también ser falso por lo que afirma, y si fuese falso, entonces debería también ser cierto.

Ejemplo 1.4

Otro conocido ejemplo de paradoja es la paradoja de Russell o paradoja del barbero:

En un lejano poblado de un antiguo emirato había un barbero llamado As-Samet diestro en afeitar cabezas y barbas, maestro en escamondar pies y en poner sanguijuelas. Un día el emir se dio cuenta de la falta de barberos en el emirato, y ordenó que los barberos solo afeitaran a aquellas personas que no pudieran afeitarse por sí mismas. Y así mismo impuso la norma de que todo el mundo se afeitase, (no se sabe si por higiene, por estética, o por demostrar que podía imponer su santa voluntad y mostrar así su poder). Cierto día el emir llamó a As-Samet para que lo afeitara y él le contó sus angustias: "En mi pueblo soy el único barbero. No puedo afeitar al barbero de mi pueblo, ¡que soy yo!, ya que si lo hago, entonces puedo afeitarme por mí mismo, por lo tanto ¡no debería afeitarme! pues desobedecería vuestra orden. Pero, si por el contrario no me afeito, entonces algún barbero debería afeitarme, ¡pero como yo soy el único barbero de allí!, no puedo hacerlo y también así desobedecería a vos mi señor, oh emir de los creyentes, ¡que Allah os tenga en su gloria!" El emir pensó que sus pensamientos eran tan profundos, que lo premió con la mano de la más virtuosa de sus hijas. Así, el barbero As-Samet vivió para siempre feliz y barbón (López Mateos, 1978).

La definición dada de proposición parte del siguiente axioma[2]:

Axioma 1.1: Axioma del cálculo proposicional

Toda proposición es cierta o falsa, pero no ambas cosas a la vez.

Definición 1.4: Valor de verdad

Definimos el *valor de verdad* de una proposición como una aplicación del conjunto de todas las proposiciones $\mathcal{P}$ al conjunto $\{V, F\}$, que asigna el valor verdadero V a una proposición que es cierta, y falso F en caso contrario[a].

[a]Una aplicación es una asociación entre dos conjuntos, en la que a cada elemento del primer conjunto (en este caso, una proposición) se le asigna un *único* elemento del segundo conjunto (en este caso, el valor V o F). Este concepto se desarrolla más adelante, en el Capítulo 3.

A partir de este punto, trabajaremos exclusivamente con proposiciones y diremos que, cuando una proposición es cierta, tiene *valor de verdad* V y, cuando

---

[2]Un axioma es un enunciado que se asume verdadero y que no requiere de demostración.

es falsa, un *valor de verdad* F. Obsérvese que, gracias al Axioma del Cálculo Proposicional, la aplicación del valor de verdad está bien definida.

Ejemplo 1.5

Retomando las proposiciones del Ejemplo 1.2, le asignamos a cada proposición su valor de verdad:

- $F = m \cdot a \to$ V

- $F = \frac{m}{a} \to$ F

- *"El cuadrado es una figura geométrica con tres lados"* $\to$ F

- $e^{i\pi} + 1 = 0 \to$ V

A partir de este punto, representaremos a las proposiciones como letras mayúsculas $P, Q, R, S, \ldots$, llamaremos *variables proposicionales* a aquellas proposiciones cuyo valor de verdad no esté especificado, y las *constantes proposicionales* son los valores de verdad V (Verdadero) y F (Falso).

1.3 Operadores lógicos

Definición 1.5: Conectores u operadores lógicos

Llamaremos *conectores* u *operadores lógicos* a aquellos símbolos lógicos que niegan o unen proposiciones simples para dar lugar a otras proposiciones más complejas.

Debe tenerse en cuenta que una proposición simple sólo puede ser cierta o falsa por el axioma del cálculo proposicional (Axioma 1.1). Sin embargo, para una proposición más compleja, el valor de verdad resultante dependerá de los valores de verdad de cada una de las proposiciones atómicas que la forman y del comportamiento de los conectores que actúen sobre ellas.

A continuación se presentan los operadores lógicos básicos.

Definición 1.6: Operador Negador o Negación

La *negación* de una proposición P es una nueva proposición, que representamos como $\neg P$ (o $\overline{P}$) y leemos como *no P*, que es cierta cuando P es falsa, y falsa cuando P es cierta.

El comportamiento del operador negador se muestra resumidamente en la siguiente tabla:

P	$\neg P$
V	F
F	V

Tabla 1.1: Operador negador.

Ejemplo 1.6

Dadas las proposiciones

P: "Llueve"

Q: "Hace frío"

R: "María lleva paraguas"

sus negaciones son

$\neg P$: "No llueve"

$\neg Q$: "No hace frío"

$\neg R$: "María no lleva paraguas"

Nota *Un uso incorrecto del operador negador cuando traducimos del lenguaje común al lenguaje simbólico ocurre cuando formulamos una expresión negada como una proposición no negada. Por ejemplo, dada la expresión "El cartero no ha venido", no deberíamos representarla como P : "El cartero no ha venido", sino como $\neg P$, siendo P : "El cartero ha venido".*

Definición 1.7: Operador conjuntor o conjunción

La *conjunción* de dos proposiciones P y Q, que es la proposición que representamos como $P \wedge Q$ (también se usan los símbolos . o "and") y leída como P y Q, o bien P *conjunción* Q, sólo toma valor de verdad V cuando las dos proposiciones P y Q toman valor de verdad V simultáneamente, y toma valor de verdad F en cualquier otro caso.

En otras palabras, para que una conjunción sea falsa (tome valor de verdad F), basta con que alguna de las dos proposiciones - P o Q - que intervienen sea falsa.

El comportamiento del operador conjuntor se muestra en la siguiente tabla, a la que denominaremos *tabla de verdad* (este concepto se presenta más adelante, en la Sección 1.4.1):

P	Q	$P \wedge Q$
V	V	**V**
V	F	**F**
F	V	**F**
F	F	**F**

Tabla 1.2: Tabla de verdad del operador conjuntor.

Ejemplo 1.7

Dadas las proposiciones P, Q y R definidas en el Ejemplo 1.6, podemos definir las conjunciones

$P \wedge Q$: *"Hace frío y está lloviendo"*

$P \wedge R$: *"Hace frío y María lleva paraguas"*

Definición 1.8: Operador disyuntor o disyunción

La *disyunción* de dos proposiciones P y Q, representada como la proposición $P \vee Q$ (también se usan los símbolos + u "or") y leída como P o Q, o bien P *disyunción* Q, solamente presenta valor de verdad F cuando las dos proposiciones P y Q toman valor de verdad F, y valor de verdad V en cualquier otro caso.

En otras palabras, para que la disyunción sea cierta (tome valor de verdad V), basta con que alguna de las dos proposiciones - P o Q - que intervienen sea cierta.

La tabla de verdad del disyuntor es:

P	Q	$P \vee Q$
V	V	**V**
V	F	**V**
F	V	**V**
F	F	**F**

Tabla 1.3: Tabla de verdad del operador disyuntor.

Ejemplo 1.8

Dadas las proposiciones P, Q y R definidas en el Ejemplo 1.6, podemos definir las disyunciones

$P \vee Q$: "Hace frío o está lloviendo"

$P \vee \neg R$: "Está lloviendo o María no lleva paraguas"

Definición 1.9: Operador implicador o implicación

La *implicación*, representada como $P \rightarrow Q$ (donde P es el antecedente y Q es el consecuente) y leída como P *implica* Q o *si* P *entonces* Q, solamente presenta valor de verdad **F** cuando P presenta valor de verdad **V** y Q presenta valor de verdad **F**, es decir, cuando P es cierta y Q no lo es. En el resto de casos, la implicación presenta valor de verdad **V**.

En otras palabras, de una proposición cierta (con valor de verdad **V**) no podemos concluir una proposición falsa (con valor de verdad **F**).

La tabla de verdad del implicador es:

P	Q	$P \rightarrow Q$
V	V	**V**
V	F	**F**
F	V	**V**
F	F	**V**

Tabla 1.4: Tabla de verdad del operador implicador.

La implicación lógica es una de las operaciones lógicas más habituales en el razonamiento humano, por lo que existen múltiples formas de expresarla en lenguaje coloquial:

- Si P, Q.

- Q si P.

- Q se sigue de P.

- Q cuando P.

- P sólo si Q.

- Q a no ser que no P.

- P es suficiente para Q.

- Q es necesario para P.

- Una condición suficiente para Q es P.

- Una condición necesaria para P es Q.

Ejemplo 1.9

Dadas las proposiciones P y R definidas en el Ejemplo 1.6, podemos definir la implicación

$$P \to R\text{: ``Si está lloviendo, entonces María lleva paraguas''}$$

Esta proposición tan solo será falsa si está lloviendo (antecedente cierto) y María no lleva paraguas (consecuente falso). Cuando no llueva (antecedente falso), la implicación sigue siendo cierta tanto si María lleva paraguas como si no (independientemente del consecuente).

Definición 1.10: Operador coimplicador o coimplicación

La *coimplicación*, representada como $P \leftrightarrow Q$ o como

$$(P \rightarrow Q) \wedge (Q \rightarrow P)$$

y leída como *P si y solo si (sii)* Q, presenta valor de verdad V cuando las proposiciones P y Q presentan el mismo valor de verdad, ya sea V o F.

En otras palabras, una coimplicación es cierta si el antecedente y el consecuente tienen el mismo valor de verdad, es decir, si los dos son ciertos (valor de verdad V) o los dos son falsos (valor de verdad F).

La tabla de verdad del coimplicador es:

P	Q	$P \leftrightarrow Q$
V	V	V
V	F	F
F	V	F
F	F	V

Tabla 1.5: Tabla de verdad del operador coimplicador.

Ejemplo 1.10

Dadas las proposiciones P, Q y R definidas en el Ejemplo 1.6, podemos definir las coimplicaciones

$P \leftrightarrow Q$: "Hace frío si y sólo si llueve"

$Q \leftrightarrow R$: "Llueve si y sólo si María lleva paraguas"

Nota *Los operadores lógicos vistos hasta el momento son los más habituales en lógica, y los que vamos a emplear. Otros operadores más complejos, como XOR (OR exclusivo), NAND y NOR, suelen aparecer en problemas de circuitos eléctricos, donde también son conocidos como "puertas lógicas". Sin embargo, su aplicación queda fuera de los objetivos de este libro.*

Cuando una proposición presenta varios operadores, es fundamental conocer el orden de las operaciones. La *prevalencia* o precedencia entre operadores determina el orden en el cual los operadores son evaluados en una fórmula. Ante operadores con misma prevalencia, los paréntesis son los que determinan el orden de las operaciones. Las proposiciones englobadas en un mismo paréntesis se operan entre ellas siguiendo la regla del operador que las una. En general, siempre es recomendable el uso de paréntesis, aunque no el abuso de los mismos. Para evitar el exceso de notación, se establecen las siguientes reglas de prevalencia de unos operadores sobre otros:

1. El implicador y el coimplicador tienen la misma prevalencia, y prevalecen sobre el resto. La alternancia de implicadores y coimplicadores requiere el uso de paréntesis.

    - Son incorrectas expresiones del tipo $P \to Q \leftrightarrow R$. En este caso, se requiere del uso de paréntesis para indicar la operación prevalente.

    - Son correctas expresiones del tipo $P \wedge Q \leftrightarrow R$, equivalente a $(P \wedge Q) \leftrightarrow R$, ya que el coimplicador $\leftrightarrow$ prevalece sobre el conjuntor $\wedge$.

2. Los conjuntores y disyuntores tienen la misma prevalencia, y prevalecen sobre los negadores.

    - Son incorrectas expresiones del tipo $P \wedge Q \vee R$. En este caso, se requiere del uso de paréntesis para indicar la operación prevalente.

    - Son correctas expresiones del tipo $P \wedge \neg Q$, equivalente a $P \wedge (\neg Q)$, ya que el conjuntor $\wedge$ prevalece sobre el negador $\neg$.

3. Son correctas expresiones que presentan un único operador, del tipo $P \wedge Q \wedge R$ ó $P \vee Q \vee R$ y no precisan de paréntesis. En estos casos, las operaciones se llevan a cabo dos a dos. El resultado es siempre el mismo, independientemente del orden de las operaciones dos a dos, ya que los operadores conjuntor y disyuntor presentan la propiedad asociativa y conmutativa.

1.4 Fórmulas bien formadas

> **Definición 1.11: Fórmula bien formada (FBF)**
>
> Una *fórmula bien fórmada (FBF)* se define inductivamente[a] como:
>
> 1. Todas las variables, constantes proposicionales, sean verdaderas o falsas, y los valores de verdad V y F son FBF.
>
> 2. Una FBF precedida de un negador es una FBF.
>
> 3. Una FBF seguida de un conector y de otra FBF, haciendo uso correcto de los paréntesis, es otra FBF.
>
> 4. No hay más FBF.
>
> ---
> [a]La definición inductiva consiste en indicar: *i)* los objetos iniciales o elementales del sistema, y *ii)* las reglas u operaciones que permiten formar nuevos objetos del sistema a partir de los objetos iniciales. La definición inductiva ha de ser completa, es decir, han de quedar definidos todos los objetos del sistema dado y sólo ellos.

Dada la definición de la FBF,

- Por la regla 1, todas las variables proposicionales, $P, Q, R, \ldots$ son FBF.

- Utilizando la regla 2, añadimos todas las de la forma $\neg P, \neg Q, \neg R \ldots$.

- Mediante la regla 3, también lo serán expresiones del tipo

$$P \wedge (\neg Q),\ P \vee Q,\ P \rightarrow R,\ \neg R \leftrightarrow P,\ R \vee (\neg R),\ R \vee \mathsf{V},\ P \wedge \mathsf{F} \ldots$$

- Aplicando la regla 3, también lo serán fórmulas más complejas como

$$(P \wedge Q) \vee R,\ (R \rightarrow R) \leftrightarrow (R \leftrightarrow P),\ (R \vee \mathsf{V}) \rightarrow (P \wedge \mathsf{F}) \ldots$$

De este modo construimos todas las FBF posibles.

Ejemplo 1.11

Si analizamos las siguientes expresiones, observamos que

a) $(P \wedge Q) \to (R \vee S \to T)$ es una FBF.

b) $P\wedge \to \neg \to Q$ no es una FBF.

c) $\to \wedge() \vee \neg$ no es una FBF.

Todas las expresiones anteriores son fórmulas. Pero mientra que a) tiene sentido (es una FBF), ni b) ni c) lo tienen.

Definición 1.12: Átomos y moléculas

Llamaremos *átomos* o *proposiciones atómicas* a las proposiciones simples.

Llamaremos *moléculas* o *proposiciones moleculares* a fórmulas bien formadas compuestas por varias variables (o proposiciones simples) conectadas por un único tipo de operador lógico.

Ejemplo 1.12

Dadas las proposiciones atómicas P, Q y R, algunos ejemplos de moléculas son

a) $P \wedge Q \wedge R$.

b) $P \vee Q \vee R$.

c) $P \to R$.

Ejemplo 1.13

Como ejemplo de traducción de proposiciones en lenguaje coloquial al lenguaje formal, consideramos la siguiente expresión:

"Coge el paquete, ve a la central y entrégalo en caja. Si coges el autobús o el metro presenta el billete y te lo pagarán".

Para representarla en el lenguaje lógico o simbólico, consideraremos las siguientes variables proposicionales:

C : "Coger el paquete"

Q : "Ir a la central"

E : "Entregar el paquete en caja"

A : "Coger el autobús"

M : "Coger el metro"

B : "Presentar el billete"

P : "Pagar"

La expresión como FBF quedaría como $C \land (Q \land E) \land (A \lor M \to (B \to P))$.

Consideremos la expresión

""*Te llevaré bombones cuando vaya a verte*".

Las variables proposicionales son:

P : "Llevar bombones"

Q : "Ir a verte"

Con ello, la expresión como FBF quedaría $Q \to P$.

Finalmente, consideremos la expresión

"*No comeré si no hay comida*".

Las variables proposicionales son:

H : "Hay comida"

C : "Comeré"

En este caso, la expresión como FBF quedaría $\neg H \to \neg C$.

Una vez definida y reconocida una FBF, la pregunta que surge es: *¿cómo podemos conocer su valor de verdad?*

1.4.1 Valor de verdad

El valor de verdad de una FBF dependerá de los valores de verdad de cada una de las variables proposicionales y del comportamiento de los operadores que aparezcan en la expresión. Un método es la utilización de las *tablas de verdad*.

Definición 1.13: Tabla de verdad

Una *tabla de verdad* es un procedimiento que nos permite obtener los valores de verdad que toma una FBF a partir de un análisis ordenado de todas las combinaciones posibles de valores de verdad de las proposiciones que aparecen en la fórmula y de la actuación de los operadores sobre ellas. Para ello, se construye una tabla de la siguiente forma:

1. Columnas:

    (a) Pondremos una columna por cada variable que aparezca en la fórmula.

    (b) Pondremos una columna por cada variable que aparezca negada en la fórmula.

    (c) Pondremos una columna por cada molécula que aparezca en la fórmula.

    (d) Pondremos una columna por cada combinación de moléculas que aparezca en la fórmula.

    (e) Pondremos una columna para la fórmula final.

2. Filas: si hay n variables, la tabla tendrá 2^n filas. Una forma de escribir las 2^n combinaciones de valores de verdad de las variables a analizar es la siguiente:

    (a) En la primera variable (columna), pondremos $2^n/2$ valores de verdad V seguidas de $2^n/2$ valores de verdad F (completando así las 2^n filas).

    (b) En la segunda variable, pondremos $2^n/2^2$ valores de verdad V, seguidos de $2^n/2^2$ valores de verdad F, seguidos de $2^n/2^2$ valores de verdad V y seguidos de $2^n/2^2$ valores de verdad F (completando así las 2^n filas).

    (c) En la i-ésima variable, pondremos de forma recurrente valores de verdad V seguidos de $2^n/2^i$ valores de verdad F hasta completar las 2^n filas.

Ejemplo 1.14

A continuación podemos ver las tablas de verdad correspondientes a algunas FBF:

P	Q	$\neg P$	$\neg Q$	$P \to Q$	$\neg Q \to \neg P$	$(P \to Q) \to (\neg Q \to \neg P)$
V	V	F	F	V	V	V
V	F	F	V	F	F	V
F	V	V	F	V	V	V
F	F	V	V	V	V	V

Tabla 1.6: Tabla de verdad de la expresión $(P \to Q) \to (\neg Q \to \neg P)$.

P	Q	R	$\neg P$	$\neg Q$	$\neg R$	$P \wedge Q \wedge \neg R$	$\neg P \vee \neg Q \vee R$	$P \wedge Q \wedge \neg R \leftrightarrow \neg P \vee \neg Q \vee R$
V	V	V	F	F	F	F	V	F
V	V	F	F	F	V	V	F	F
V	F	V	F	V	F	F	V	F
V	F	F	F	V	V	F	V	F
F	V	V	V	F	F	F	V	F
F	V	F	V	F	V	F	V	F
F	F	V	V	V	F	F	V	F
F	F	F	V	V	V	F	V	F

Tabla 1.7: Tabla de verdad de la expresión $P \wedge Q \wedge \neg R \leftrightarrow \neg P \vee \neg Q \vee R$.

P	Q	R	$\neg Q$	$\neg R$	$P \wedge \neg Q$	$Q \vee \neg R$	$(P \wedge \neg Q) \to (Q \vee \neg R)$
V	V	V	F	F	F	V	V
V	V	F	F	V	F	V	V
V	F	V	V	F	V	F	F
V	F	F	V	V	V	V	V
F	V	V	F	F	F	V	V
F	V	F	F	V	F	V	V
F	F	V	V	F	F	F	V
F	F	F	V	V	F	V	V

Tabla 1.8: Tabla de verdad de la expresión $(P \wedge \neg Q) \to (Q \vee \neg R)$.

En función de su valor de verdad, las FBF se clasifican en tres tipos:

1. *Tautología* o teorema: presenta valor de verdad V para cualquier asignación de sus variables, es decir, que siempre es verdadera (véase como ejemplo la Tabla 1.6).

2. *Contradicción*: presenta valor de verdad F para cualquier asignación de sus variables, es decir, que siempre es falsa (véase como ejemplo la Tabla 1.7).

3. *Contingencia*: presenta valores de verdad diferentes dependiendo de la asignación de sus variables, es decir, que puede ser verdadera o falsa en función de sus proposiciones (véase como ejemplo la Tabla 1.8).

Una fórmula que no es contradicción se dice que es *aceptable*. Nótese que, para que una FBF sea aceptable, basta que tome valor de verdad V para alguna de las asignaciones de variables.

El método de las tablas de verdad es muy sencillo y fácil de utilizar, simplemente conociendo las tablas de verdad de los operadores. Sin embargo, y como inconveniente, su complejidad aumenta exponencialmente. Mientras que para una fórmula que contenga 3 variables se deben evaluar $2^3 = 8$ combinaciones o filas, para una que contenga 4 variables requeriría evaluar 16 filas, y para una que contenga 10 variables el número de filas a rellenar sería de $2^{10} = 1024$. Por ello, es conveniente buscar otros métodos que nos indiquen cuando una FBF es una tautología, una contingencia o una contradicción, de una manera menos costosa.

1.4.2 Equivalencias

Definición 1.14: Equivalencia de FBF

Dos FBF α y β decimos que son *equivalentes* (simbólicamente $\alpha \equiv \beta$)[a] si y sólo si la FBF $\alpha \leftrightarrow \beta$ es una tautología. Esto es, dos fórmulas son equivalentes si y sólo si para las distintas asignaciones de valores de verdad de las variables que intervienen en α y β, éstas tienen los mismos valores de verdad.

[a]El símbolo de equivalencia lógica $\equiv$ no pertenece al lenguaje lógico, sino a lo que hemos denominado metalenguaje o lenguaje natural.

Ejemplo 1.15

Comprobamos que $P \vee \neg P \equiv Q \vee \neg Q$ mediante una tabla de verdad:

P	Q	$\neg P$	$\neg Q$	$P \vee \neg P$	$Q \vee \neg Q$	$P \vee \neg P \leftrightarrow Q \vee \neg Q$
V	V	F	F	V	V	V
V	F	F	V	V	V	V
F	V	V	F	V	V	V
F	F	V	V	V	V	V

Tabla 1.9: Demostración de la equivalencia de dos FBF: $P \vee \neg P \equiv Q \vee \neg Q$.

Obsérvese del ejemplo que, para que dos FBF sean equivalentes, no es condición necesaria que ambas contengan las mismas variables. Cuando dos FBF son equivalentes y una determinada variable ocurre sólo en una de ellas, entonces decimos que el valor de verdad de esa fórmula es *independiente* de esa variable. Así, en el último ejemplo, $P \vee \neg P$ es independiente de Q, y $Q \vee \neg Q$ es independiente de P.

Cuando dos FBF son equivalentes, podemos sustituir una fórmula por la otra. A continuación se enumeran las equivalencias lógicas de uso más común que más adelante utilizaremos.

Proposición 1.1: Reglas de equivalencia en lógica de enunciados

Algunas de las equivalencias más conocidas en lógica de enunciados son[a]:

EE-1. $P \wedge \neg P \equiv \mathsf{F}$. Contradicción.

EE-2. $P \vee \neg P \equiv \mathsf{V}$. Tautología.

EE-3. $P \wedge P \equiv P$. Absorción.

EE-4. $P \vee P \equiv P$. Absorción.

EE-5. $P \wedge \mathsf{F} \equiv \mathsf{F}$.

EE-6. $P \wedge \mathsf{V} \equiv P$.

EE-7. $P \vee \mathsf{V} \equiv \mathsf{V}$.

EE-8. $P \vee \mathsf{F} \equiv P$.

EE-9. $P \wedge Q \equiv Q \wedge P$. Conmutatividad.

EE-10. $P \lor Q \equiv Q \lor P$. Conmutatividad.

EE-11. $P \land (Q \lor R) \equiv (P \land Q) \lor (P \land R)$. Distributiva.

EE-12. $P \lor (Q \land R) \equiv (P \lor Q) \land (P \lor R)$. Distributiva.

EE-13. $P \equiv \neg(\neg P)$.

EE-14. $\neg(P \land Q) \equiv \neg P \lor \neg Q$. Ley de Morgan.

EE-15. $\neg(P \lor Q) \equiv \neg P \land \neg Q$. Ley de Morgan.

EE-16. $P \to Q \equiv \neg P \lor Q$.

EE-17. $P \to Q \equiv \neg Q \to \neg P$.

EE-18. $P \leftrightarrow Q \equiv (P \to Q) \land (Q \to P)$.

---

[a]Las equivalencias de la lógica de enunciados se abrevian como EE para distinguirlas de las equivalencias de la lógica de predicados (que se verán más adelante, en el Capítulo 2), abreviadas como EP.

Ejemplo 1.16

Todas las reglas de equivalencia pueden demostrarse fácilmente mediante tablas de verdad. A continuación se demuestran algunas de ellas:

- Demostración de la regla de equivalencia EE-4.:

P	$P \lor P$	$P \leftrightarrow P \lor P$
V	V	V
F	F	V

Tabla 1.10: Demostración de la regla de equivalencia EE-4.

- Demostración de la regla de equivalencia EE-13.:

P	$\neg\, P$	$\neg(\neg P)$	$P \leftrightarrow \neg(\neg P)$
V	F	V	V
F	V	F	V

Tabla 1.11: Demostración de la regla de equivalencia EE-13.

- Demostración de la regla de equivalencia EE-14. (Ley de Morgan):

P	Q	$\neg P$	$\neg Q$	$P \wedge Q$	$\neg(P \wedge Q)$	$\neg P \vee \neg Q$	$\neg(P \wedge Q) \leftrightarrow \neg P \vee \neg Q$
V	V	F	F	V	F	F	V
V	F	F	V	F	V	V	V
F	V	V	F	F	V	V	V
F	F	V	V	F	V	V	V

Tabla 1.12: Demostración de la regla de equivalencia EE-14.

En futuros ejemplos y ejercicios, emplearemos las equivalencias para simplificar fórmulas e incluso, en algunos casos, deducir si la FBF resultante es una tautología o una contradicción.

1.4.3 Reglas de inferencia

Una regla de inferencia es una construcción lógica que nos permite inferir la verdad de una FBF a partir de la verdad establecida en otra u otras.

Definición 1.15: Regla de inferencia de FBF y validez

Dadas las FBF $\alpha_1, \alpha_2, \ldots, \alpha_k$, también denominadas premisas, y la FBF β, también denominada conclusión, se define la *regla de inferencia*[a]

$$\{\alpha_1, \alpha_2, \ldots, \alpha_k\} \models \beta$$

como la FBF

$$\alpha_1 \wedge \alpha_2 \wedge \cdots \wedge \alpha_k \rightarrow \beta$$

Diremos que la regla de inferencia es válida si y sólo si su FBF es una tautología.

---

[a]Nótese que el símbolo $\models$ utilizado para la regla de inferencia no pertenece al lenguaje lógico (no es un operador lógico), sino al metalenguaje.

Una interpretación de la regla de inferencia es que podemos deducir que la proposición β es cierta una vez se ha demostrado que $\alpha_1, \alpha_2, \ldots, \alpha_k$ son ciertas.

A continuación se muestran las reglas de inferencia de uso más común.

Proposición 1.2: Reglas de inferencia en lógica de enunciados

Algunas de las reglas de inferencia en lógica de enunciados más conocidas son[a]:

IE-1. $\{P, Q\} \models P \wedge Q$. Conjunción.

IE-2. $\{P \wedge Q\} \models P$. Simplificación.

IE-3. $\{P \wedge Q\} \models Q$. Simplificación.

IE-4. $\{P\} \models P \vee Q$. Adición.

IE-5. $\{Q\} \models P \vee Q$. Adición.

IE-6. $\{P, P \to Q\} \models Q$. *Modus ponens*.

IE-7. $\{\neg Q, P \to Q\} \models \neg P$. *Modus tollens*.

IE-8. $\{\neg P, P \vee Q\} \models Q$. Silogismo disyuntivo.

IE-9. $\{P \to Q, Q \to R\} \models P \to R$. Silogismo hipotético.

IE-10. $\{P \to Q, R \to S\} \models (P \wedge R) \to (Q \wedge S)$.

IE-11. $\{P \vee Q, \neg P \vee Q\} \models Q$.

---

[a]Las reglas de inferencia de la lógica de enunciados se abrevian como IE, para distinguirlas de las reglas de inferencia de la lógica de predicados (que se verán más adelante, en el Capítulo 2), abreviadas como IP.

Ejemplo 1.17

Todas las reglas de inferencia pueden probarse mediante el método de la tabla de verdad o recurriendo a las reglas de equivalencia. A continuación se demuestran algunas de ellas:

- Demostración de la regla de inferencia IE-7. (*Modus tollens*):

P	Q	$\neg Q$	$P \to Q$	$\neg Q \wedge (P \to Q)$	$\neg Q \wedge (P \to Q) \to P$
V	V	F	V	F	V
V	F	V	F	F	V
F	V	F	V	F	V
F	F	V	V	V	V

Tabla 1.13: Demostración de la regla de inferencia *Modus tollens* IE-7.

- Demostración de la regla de inferencia IE-6. (*Modus ponens*): otra opción para demostrar las regla de inferencia es emplear las reglas de equivalencia vistas anteriormente. Para la regla de inferencia *Modus ponens* IE-6., se desarrollaría del siguiente modo:

$$
\begin{aligned}
\{P \wedge (P \to Q)\} &\equiv \text{(EE-16.)}\ P \wedge (\neg P \vee Q) \\
&\equiv \text{(EE-17.)}\ (P \wedge \neg P) \vee P \wedge Q \\
&\equiv \text{(EE-1.)}\ \mathsf{F} \vee (P \wedge Q) \\
&\equiv \text{(EE-8.)}\ P \wedge Q \\
&\models \text{(IE-2.)}\ Q
\end{aligned}
$$

- Demostración de la regla de inferencia IE-11.:

P	Q	$\neg P$	$P \vee Q$	$\neg P \vee Q$	$(P \vee Q) \wedge (\neg P \vee Q)$	$(P \vee Q) \wedge (\neg P \vee Q) \to Q$
V	V	F	V	V	V	V
V	F	F	V	F	F	V
F	V	V	V	V	V	V
F	F	V	F	V	F	V

Tabla 1.14: Demostración de la regla de inferencia IE-11.

Definición 1.16: Falacia

Una *falacia* se define como un argumento o una supuesta regla de inferencia, aparentemente lógica, pero que no lo es.

Ejemplo 1.18

En lógica, dos errores o falacias comunes en el mal uso de las reglas de inferencia son:

- la falacia de la negación del antecedente:

$$
\{\alpha \to \beta, \neg\alpha\} \models \neg\beta.
$$

Un ejemplo de esta falacia sería: "*Si llueve* (α), *entonces el asesino se moja* (β). *No está mojado* ($\neg\alpha$). *Por lo tanto, no es el asesino* ($\neg\beta$)".

- la falacia de la afirmación del consecuente:

$$\{\alpha \to \beta, \beta\} \models \alpha.$$

Un ejemplo de esta falacia sería: *"Si llueve (α), entonces el asesino se moja (β). Está mojado (β). Por lo tanto, es el asesino (α)"*.

Ninguna de las dos es cierta, y es fácil comprobar a partir de las FBF equivalentes que no son tautologías.

Otra falacia menos habitual en lógica, pero no por ello menos empleada (por ejemplo, eries de televisión o los discursos políticos), es el conocido *argumentum ad hominem* o falacia *ad hominem*. Este argumento se basa en otorgar veracidad o falsedad a una afirmación en función de quién la emite. Por ejemplo, si el sujeto A afirma un razonamiento B, y percibimos algo cuestionable en A, concluimos que hay algo cuestionable en B. La falacia se podría expresar como

$$\{El\ sujeto\ A\ afirma\ B, A\ es\ cuestionable\} \models B\ es\ cuestionable.$$

1.4.4 Métodos de demostración

Una de las aplicaciones más extendidas en la lógica es determinar cuando una conclusión C se deduce de una o varias premisas $P_1, P_2, \ldots, P_k$, o lo que es lo mismo, si la FBF $P_1 \wedge P_2 \wedge \cdots \wedge P_k \to C$ asociada a la regla de inferencia $\{P_1, P_2 \cdots P_k\} \models C$ es una tautología. Para estudiar los métodos de demostración, tomaremos como referencia la tabla de verdad del implicador (Tabla 1.4),

α	β	$\alpha \to \beta$
V	V	V
V	F	F
F	V	V
F	F	V

en la que el antecedente $\alpha = P_1 \wedge P_2 \wedge \cdots \wedge P_k$ es la conjunción de las premisas, y el consecuente $\beta = C$ es la conclusión.

Demostración trivial

Si el consecuente β de la implicación es cierto (V), entonces concluimos que la implicación siempre es cierta, independientemente del valor del antecedente α. A esta demostración se le conoce como *demostración trivial*, y su regla de inferencia viene dada por

$$\{\beta\} \models \alpha \to \beta.$$

α	β	$\alpha \to \beta$
V	Ⓥ	V
V	F	F
F	Ⓥ	V
F	F	V

Ejemplo 1.19

Dada la proposición

$$P \vee (Q \wedge \neg R) \to (P \wedge Q) \vee \neg P \vee \neg Q,$$

analizamos el valor de verdad del consecuente para llevar a cabo la demostración trivial. Aplicando las reglas de equivalencia EE-14. y EE-2. para simplificar la expresión, deducimos que

$$(P \wedge Q) \vee \neg P \vee \neg Q \equiv \underbrace{(P \wedge Q)}_{\alpha} \vee \neg(P \wedge Q) \equiv \alpha \vee \neg\alpha \equiv \mathsf{V}.$$

Habiendo deducido que el consecuente siempre es cierto, entonces la implicación es una tautología por demostración trivial, independientemente del valor de verdad del antecedente.

El esquema de la prueba puede escribirse del siguiente modo:

Demostración. Por demostración trivial.

1	$(P \wedge Q) \vee \neg P \vee \neg Q$	Consecuente
2	$\quad (P \wedge Q) \vee \neg(P \wedge Q)$	1, EE-14. (Morgan), EE-2. (Taut.)
3	$P \vee (Q \wedge \neg C) \rightarrow (P \wedge Q) \vee \neg P \vee \neg Q$	Dem. trivial

■

Demostración vacía

Si el antecedente α de la implicación es falso (F), entonces la implicación siempre es cierta, independientemente del valor del consecuente β. A esta demostración se le conoce como *demostración vacía*, y su regla de inferencia viene dada por

$$\{\neg\alpha\} \models \alpha \rightarrow \beta.$$

α	β	$\alpha \rightarrow \beta$
V	V	V
V	F	F
F	V	V
F	F	V

Ejemplo 1.20

Dada la proposición

$$A \wedge \neg A \rightarrow B \vee C,$$

observamos que el antecedente $A \wedge \neg A \equiv \mathsf{F}$ por la regla de equivalencia EE-1. Por lo tanto, la implicación siempre será cierta, sin importar el valor del consecuente.

Demostración. Por demostración vacía.

1	$A \wedge \neg A$	Antecedente, EE-1. (Contr.)
2	$A \wedge \neg A \to B \vee C$	Dem. vacía

■

Demostración directa

Si el antecedente α de la implicación es cierto (V), entonces la implicación es cierta siempre que el valor del consecuente o conclusión β también lo sea. A esta demostración se le conoce como *demostración directa*, y su regla de inferencia viene dada por

$$\{\alpha, \ \beta\} \models \alpha \to \beta.$$

α	β	$\alpha \to \beta$
V	V	V
V	F	F
F	V	V
F	F	V

Ejemplo 1.21

Dada la proposición

$$(P \wedge Q \to \neg R) \wedge (P \vee Q \to R) \to (P \to \neg Q),$$

demostramos directamente el consecuente, $P \to \neg Q$ partiendo de las dos premisas que forman el antecedente, $(P \wedge Q) \to \neg R$ y $P \vee Q \to R$.

Demostración. Por demostración directa.

1	$(P \land Q \to \neg R) \land (P \lor Q \to R)$	Hipótesis: antecedente cierto
2	$P \land Q \to \neg R$	1, IE-2. (Simplif.)
3	$P \lor Q \to R$	1, IE-2. (Simplif.)
4	P	Hipótesis: P (antecedente) cierto
5	$P \lor Q$	4, IE-4. (Ad.)
6	R	3, IE-6. (MP)
7	$R \to \neg(P \land Q)$	2, EE-17.
8	$\neg(P \land Q)$	6, 7, IE-6. (MP)
9	$\neg P \lor \neg Q$	8, EE-14. (Morgan)
10	$\neg Q$	4, 9, IE-8. (SD)
11	$P \to \neg Q$	4, 10, Dem. directa

∎

Ejemplo 1.22

Queremos demostrar, de forma directa, que la conclusión C se deduce de las premisas P_1, P_2 y P_3, donde

P_1: $P \land Q \to R$.

P_2: $P \lor Q \to U$.

P_3: $R \to \neg U$.

C: $P \to \neg Q$.

Demostración. Por demostración directa.

1	P	Hipótesis: P (antecedente) cierto
2	$P \lor Q$	1, IE-4. (Ad.)
3	$\quad P \lor Q \to U$	P_2
4	$\quad U$	2, 3, IE-6. (MP)
5	$R \to \neg U$	P_3
6	$\quad U \to \neg R$	5, EE-17.
7	$\quad \neg R$	4, 6, IE-6. (MP)
8	$P \land Q \to R$	P_1
9	$\quad \neg(P \land Q)$	7, 8, IE-7. (MT)
10	$\quad \neg P \lor \neg Q$	9, EE-14. (Morgan)
11	$\quad \neg Q$	1, 10, IE-8. (SD)
12	$P \to \neg Q$	1, 11, Dem. directa

∎

Demostración indirecta

Si el consecuente β de la implicación es falso (**F**), entonces la implicación es cierta siempre que el valor del antecedente α también sea falso (véase la regla de equivalencia EE-17.). A esta demostración se le conoce como *demostración indirecta*, y su regla de inferencia viene dada por

$$\{\neg\beta,\ \neg\alpha\} \models \alpha \to \beta.$$

α	β	$\alpha \to \beta$
V	V	V
V	F	F
F	V	V
F	(F)	V

Ejemplo 1.23

Dada la proposición

$$(P \wedge Q \to \neg R) \wedge (P \vee Q \to R) \to (P \to \neg Q),$$

demostramos indirectamente negando inicialmente el consecuente, $(P \to \neg Q)$.

Demostración. Por demostración indirecta.

1	$\neg(P \to \neg Q)$	Hipótesis: consecuente falso
2	$\neg(\neg P \vee \neg Q)$	1, EE-16.
3	$\neg(\neg(P \wedge Q))$	2, EE-14. (Morgan)
4	$P \wedge Q$	3, EE-13.
5	P	4, IE-2. (Simplif.)
6	Q	4, IE-2. (Simplif.)
7	$P \vee Q$	5, IE-4.
8	$\neg((P \wedge Q \to \neg R) \wedge (P \vee Q \to R))$	Hipótesis: antecedente falso
9	$P \wedge Q \to \neg R$	8, IE-2. (Simplif.)
10	$\neg R$	4, 9, IE-6. (MP)
11	$P \vee Q \to R$	8, IE-2. (Simplif.)
12	R	7, 11, IE-6. (MP)
13	$\neg(R \wedge \neg R)$	8, 10, 12, IE-1. (Conj.)
14	$\neg R \vee R \equiv \mathsf{V}$	13, EE-14. (Morgan), EE-2. (Taut.)
15	$\neg(P \to \neg Q) \to \neg((P \wedge Q \to \neg R) \wedge (P \vee Q \to R))$	1, 8, 14
16	$(P \wedge Q \to \neg R) \wedge (P \vee Q \to R) \to (P \to \neg Q)$	12, Dem. indirecta (EE-17.)

∎

Ejemplo 1.24

Queremos demostrar, de forma indirecta, que la conclusión C se deduce de las premisas P_1, P_2 y P_3, donde

P_1: $P \wedge Q \rightarrow R$.

P_2: $P \vee Q \rightarrow U$.

P_3: $R \rightarrow \neg U$.

C: $P \rightarrow \neg Q$.

Demostración. Por demostración indirecta.

1	Q	Hipótesis: Q (consecuente) falso
2	$P \vee Q$	1, IE-4.
3	$P \vee Q \rightarrow U$	P_2
4	U	2, 3, IE-6. (MP)
5	$R \rightarrow \neg U$	P_3
6	$\neg R$	4, 5, IE-7. (MT)
7	$P \wedge Q \rightarrow R$	P_1
8	$\neg (P \wedge Q)$	6, 7, IE-7. (MT)
9	$\neg P \vee \neg Q$	8, EE-14. (Morgan)
10	$\neg P$	1, 9, IE-8. (SD)
11	$Q \rightarrow \neg P$	1, 10, Dem. directa
12	$P \rightarrow \neg Q$	11, Dem. indirecta

■

Demostración por contradicción

Si el antecedente α de la implicación es cierto (F) y el consecuente β es falso, entonces la implicación es falsa. A esta demostración se le conoce como *demostración por contradicción* o *por reducción al absurdo*.

α	β	$\alpha \rightarrow \beta$
V	V	V
V	F	F
F	V	V
F	F	V

La reducción al absurdo consiste en asumir que la FBF del antecedente α es falsa, o equivalentemente, asumir que $\neg\alpha$ es cierta. Si partiendo de esta hipótesis, se alcanza alguna contradicción $P \wedge \neg P$, donde P es alguna proposición de la fórmula, entonces podemos afirmar que $\neg\alpha \rightarrow P \wedge \neg P$. Como $P \wedge \neg P \equiv \mathsf{F}$ (regla EE-1.), y $\neg\alpha \equiv \mathsf{V}$, deduciríamos que la implicación $\neg\alpha \rightarrow P \wedge \neg P$ es falsa, es decir, que el suponer $\neg\alpha \equiv \mathsf{V}$ nos conduce a una contradicción (o absurdo). Por lo tanto, se concluye que $\alpha \equiv \mathsf{V}$.

Formalmente, si queremos demostrar que $\alpha \rightarrow \beta$ por reducción al absurdo, inicialmente asumimos que $\neg(\alpha \rightarrow \beta)$ es cierto. Aplicando equivalencias, deducimos que

$$\neg(\alpha \rightarrow \beta) \equiv_{\text{EE-16.}} \neg(\neg\alpha \vee \beta) \equiv_{\text{EE-15.}} \alpha \wedge \neg\beta$$

Por tanto, para demostrar por reducción al absurdo $\alpha \rightarrow \beta$, partimos de que $\alpha \wedge \neg\beta$ es cierto, es decir, que el antecendente α es cierto y que el consecuente β es falso (que $\neg\beta$ es cierto).

Ejemplo 1.25

Dada la proposición

$$(P \wedge Q \rightarrow \neg R) \wedge (P \vee Q \rightarrow R) \rightarrow (P \rightarrow \neg Q),$$

asumimos el consecuente como falso para llegar a una contradicción, y por lo tanto demostrar que la implicación es cierta. Formalmente, partimos de que

$$(P \wedge Q \rightarrow \neg R) \wedge (P \vee Q \rightarrow R) \wedge \neg(P \rightarrow \neg Q)$$

es cierto.

Equivalentemente, por simplificación, podemos afirmar que son ciertas las siguientes proposiciones:

- $P \wedge Q \rightarrow \neg R$

- $P \vee Q \rightarrow R$

- $\neg(P \rightarrow \neg Q)$

Demostración. Demostración por reducción al absurdo.

1	$\neg(P \rightarrow \neg Q)$	Hipótesis: consecuente falso
2	$\neg(\neg P \vee \neg Q)$	1, EE-16.
3	$\neg(\neg(P \wedge Q))$	2, EE-14. (Morgan)
4	$P \wedge Q$	3, EE-13.
5	P	4, IE-2. (Simplif.)
6	Q	4, IE-2. (Simplif.)
7	$P \vee Q$	5, IE-4. (Ad.)
8	$(P \wedge Q \rightarrow \neg R) \wedge (P \vee Q \rightarrow R)$	Hipótesis: antecedente cierto
9	$P \wedge Q \rightarrow \neg R$	8, IE-2. (Simplif.)
10	$P \vee Q \rightarrow R$	8, IE-2. (Simplif.)
11	$P \wedge Q \rightarrow \neg R$	9
12	$\neg R$	4, 9, IE-6. (MP)
13	$P \vee Q \rightarrow R$	10
14	R	7, 10, IE-6. (MP)
15	$R \wedge \neg R \equiv \mathsf{F}$	12, 14, IE-1. (Conj.), EE-1. (Contr.)
16	$(P \wedge Q \rightarrow \neg R) \wedge (P \vee Q \rightarrow R) \rightarrow (P \rightarrow \neg Q)$	15, Dem. por contradicción

∎

Otra forma de resolver una demostración por contradicción es construir una tabla de verdad del siguiente modo:

1. En la primera fila, se le asigna al operador principal el valor de verdad F, indicando de este modo que la fórmula se asume como falsa.

2. En las siguientes filas, se van reemplazando los valores de verdad que han de tener las distintas variables, para que la fórmula sea falsa, hasta que se alcanza una contradicción.

En nuestro caso, aplicamos el procedimiento del siguiente modo:

1. Consideremos la fórmula falsa.

$(P \wedge Q \to \neg R) \wedge (P \vee Q \to R) \quad \to \quad (P \to \neg Q)$
F

2. La implicación sólo puede falsa cuando el antecedente es verdadero y el consecuente falso.

$(P \wedge Q \to \neg R)$	$\wedge$	$(P \vee Q \to R)$	$\to$	$(P \to \neg Q)$
		F		
V		F	F	

3. La conjunción es cierta cuando lo son cada una de las fórmulas. La implicación es falsa cuando el antecedente es verdadero y el consecuente falso.

$(P \wedge Q$	$\to$	$\neg R)$	$\wedge$	$P \vee Q$	$\to$	$R)$	$\to$	$(P$	$\to$	$\neg Q)$
						F				
	V					F			F	
V	V				V	F	V	F	F	

4. De la tabla anterior hemos deducido que los valores de verdad $P \equiv V$ y $Q \equiv V$, por lo que los sustituimos en el resto de la fórmula.

$(P$	$\wedge$	Q	$\to$	$\neg R$	$\wedge$	$(P$	$\vee$	Q	$\to$	$R)$	$\to$	$(P$	$\to$	$\neg Q)$
			V							F				
		V	V						V	F			F	
V	V	V	V		V	V		V	V	F	V	F	F	

5. Conocidos los valores de verdad de P y Q, obtenemos los valores de verdad resultantes operando con ellos.

(P	∧	Q	→	¬R)	∧	(P	∨	Q	→	R)	→	(P	→	¬Q)
											F			
			V								F		F	
		V		V					V		F	V	F	F
V	V	V		V			V	V		V	F	V	F	F
V	V	V	V	(V)	V	V	V	V	V	(V)	F	V	F	F

6. Puesto que los dos implicadores del primer miembro son verdaderos y los antecedentes en ambos casos (conjuntor y disyuntor) también lo son, necesariamente los consecuentes deben ser verdaderos. Sin embargo, se llega a la contradicción $R \equiv V$ y $\neg R \equiv V$.

Por lo tanto, se concluye que la suposición de que la implicación $(P \wedge Q \to \neg R) \wedge (P \vee Q \to R) \to (P \to \neg Q)$ es falsa no puede hacerse y, por consiguiente, la fórmula es cierta[a].

---

[a]En el enlace https://www.youtube.com/watch?v=O7LOh4Sa5qE se puede encontrar un video explicativo sobre la aplicación del método paso a paso.

Ejemplo 1.26

Queremos demostrar, por contradicción (o reducción al absurdo), que la conclusión C se deduce de las premisas P_1, P_2 y P_3, donde

P_1: $P \wedge Q \to R$.

P_2: $P \vee Q \to U$.

P_3: $R \to \neg U$.

C: $P \to \neg Q$.

Demostración. Demostración por reducción al absurdo.

1	$\neg(P \to Q)$	Hipótesis: conclusión falsa
2	$\neg(\neg P \vee \neg Q)$	1, EE-16.
3	$P \wedge Q$	2, EE-15. (Morgan)
4	P	3, IE-2. (Simplif.)
5	Q	3, IE-3. (Simplif.)
6	$P \vee Q$	4, IE-4. (Ad.)
7	$P \wedge Q \to R$	P_1
8	R	3, 7, IE-6. (MP)
9	$P \vee Q \to U$	P_2
10	U	6, 9, IE-6. (MP)
11	$R \to \neg U$	P_3
12	$\neg U$	8, 11, IE-6. (MP)
13	$\neg U \wedge U$	10, 12, IE-1. (Conj.), EE-1. (Contr.)
14	$P \to Q$	Dem. por contradicción

■

1.5 Ejercicios propuestos

Ejercicio 1.1

Sean las premisas y la conclusión:

P_1: $\neg P \to Q \vee R$.

P_2: $S \to \neg Q \vee R$.

P_3: $\neg P \wedge \neg R$.

C: $\neg S$.

Demuestre que la regla de inferencia $\{P_1, P_2, P_3\} \models C$ es válida.

Ejercicio 1.2

Sean las premisas y la conclusión:

P_1: $\neg U \vee V \vee \neg Q$.

P_2: $(U \wedge \neg V) \vee P$.

P_3: $S \wedge T \to \neg P \wedge Q$.

C: $\neg T \vee \neg S$.

Demuestre que la regla de inferencia $\{P_1, P_2, P_3\} \models C$ es válida.

Ejercicio 1.3

"Esta tarde no es soleada y es más fresca que la de ayer. Yo voy a nadar sólo si sale el sol. Si no voy a nadar, entonces haré un viaje en canoa. Si hago un viaje en canoa, volveré a casa antes de la puesta de sol". Demuestre que *"estaré en casa antes de la puesta de sol".*

Ejercicio 1.4

"Si me mandas un e-mail, entonces acabaré de escribir el programa. Si no me mandas un e-mail, entonces me iré a dormir pronto. Si voy a dormir pronto, me levantaré descansado". Demuestre que *"si no acabo el programa, me levantaré descansado".*

Ejercicio 1.5

"Si compro kiwis y compro manzanas, entonces haré para merendar una macedonia de kiwi y manzana o un batido de kiwi y manzana. Si tengo poco dinero, entonces ahorraré una parte del dinero y compraré manzanas. Si ahorro una parte del dinero, entonces compraré kiwis. No me he hecho un batido de frutas". Demuestre que *"si tengo poco dinero, entonces merendaré una macedonia de kiwi y manzana".*

Capítulo 2

Lógica de predicados

2.1 Introducción

Los límites de la lógica proposicional quedan evidenciados simplemente obser-
vando la complejidad del lenguaje humano. Por ejemplo, si consideramos las
oraciones *"Juan es trabajador"* y *"Pepe es trabajador"*, y queremos expresarlas
mediante proposiciones lógicas, deberíamos utilizar proposiciones distintas para cada una de ellas. Sin embargo, la simbología no revelaría las características
comunes de estas dos oraciones. Resulta evidente que *"ser trabajador"* es un
atributo común de Pepe y de Juan. Por lo tanto, si introducimos algún símbolo
para poder indicar *ser trabajador* como atributo común de ciertos elementos
y un método que nos permita conjuntarlo con los nombres de los individuos,
tendremos un sistema - la *lógica de predicados* - que nos permitirá representar
oraciones sobre cualquier individuo que *sea trabajador*.

La parte *ser trabajador* de las oraciones anteriores es un *predicado*. Cualquier
predicado describe alguna propiedad sobre uno o más objetos a los que hace
referencia. Formalmente, *simbolizamos los predicados con letras mayúsculas, y
los objetos o individuos con letras minúsculas*. De este modo, podemos expresar
una oración simbólicamente en términos de letras de un predicado seguidos de
un nombre o nombres de los objetos a los cuales se aplica el predicado. Así,
si T representa el predicado *ser trabajador*, j representa a *Juan* y p a *Pepe*,

entonces las afirmaciones *"Juan es trabajador"* y *"Pepe es trabajador"* pueden expresarse como $T(j)$ y $T(p)$, respectivamente.

Por otro lado, si tenemos expresiones del tipo

"Todos los pájaros tienen plumas. Una gaviota es un pájaro. Entonces una gaviota tiene plumas",

la tercera expresión, la conclusión, se deduce de las dos anteriores, las premisas. La conclusión intuitivamente es cierta, pero no se sigue de las reglas de inferencia, ni de las reglas de equivalencia estudiadas en lógica proposicional. De hecho, el objeto y el predicado de ambas premisas no pueden separarse como proposiciones o enunciados. Por el contrario, la validez de la conclusión se deriva del hecho de que:

1. el predicado *tener plumas* que se aplica sobre los *Todos los pájaros* les confiere a todos los individuos del conjunto *pájaros* la propiedad que describe el predicado.

2. el predicado *ser pájaro*, que se aplica sobre el individuo *Una gaviota*, le confiere al individuo la propiedad de *ser pájaro*. A su vez, a los individuos con la propiedad *ser pájaro* se les aplica la propiedad de *tener plumas*, según la primera premisa.

Construcciones similares abundan en matemáticas. Por ejemplo:

- *"Para cualquier valor del dominio, su imagen mediante la función f, es siempre la misma."*

- *"Si la función f es continua en el intervalo cerrado de extremos a y b, y derivable en el intervalo abierto de extremos a y b, con derivada nula, entonces dicha función es constante en el intervalo cerrado de extremos a y b."*

También en cualquier ciencia aparecen expresiones de este tipo:

- En informática: *"Dado un programa P, para todas las posibles entradas x, en una entrada de x, el programa P se detiene o produce un valor de salida x."*

- En medicina: *"Todos los estimulantes poseen capacidad estimulante α, asimismo los más selectivos poseen capacidad estimulante β."*

- En química: *"Los sulfuros pueden obtenerse neutralizando los hidróxidos alcalinos solubles con ácido sulfhídrico."*

Para extender la lógica de enunciados a la lógica de predicados (o también llamada lógica de primer orden), es necesario adaptar las reglas y métodos de la lógica de enunciados a un nuevo marco de referencia. Por ello, en este capítulo presentamos un estudio detallado de los denominados *cuantificadores* y de sus propiedades, las nuevas *reglas de equivalencia e inferencia*, y los *métodos de demostración* propios de la lógica de predicados.

2.2 Lógica de predicados

Definición 2.1: Predicado

Definiremos *predicado*, $P(x_1, x_2, \ldots, x_n)$, como una aplicación de las variables x_i, $i = 1, 2, ..., n$ en los valores de verdad V y F.

A las x_i se les llama *variables* o *parámetros*, P es el nombre del predicado, y n es el *grado* del predicado.

Utilizaremos las últimas letras del alfabeto, $x, y, z, t, w, \ldots$ para indicar las variables, y las primeras, $a, b, c, \ldots$ para indicar las variables que toman un valor constante.

Ejemplo 2.1

Definimos los siguientes predicados y su grado:

$$\text{Mayor}(x,y) = M(x,y) := \{x > y\} = \begin{cases} \text{V}, & \text{si } x > y \\ \text{F}, & \text{si } x \leq y \end{cases} \quad (\text{grado } 2)$$

$$\text{Menor}(x,y) = m(x,y) := \{x < y\} = \begin{cases} \text{V}, & \text{si } x < y \\ \text{F}, & \text{si } x \geq y \end{cases} \quad (\text{grado } 2)$$

$$\text{Suma}(x,y,z) = S(x,y,z) := \{x + y = z\} = \begin{cases} \text{V}, & \text{si } x + y = z \\ \text{F}, & \text{otro caso} \end{cases} \quad (\text{grado } 3)$$

$$\text{Primo}(x) = P(x) := \{x \text{ es primo}\} = \begin{cases} \text{V}, & \text{si } x \text{ es primo} \\ \text{F}, & \text{otro caso} \end{cases} \quad (\text{grado } 1)$$

Para simplificar la notación, a la hora de definir un predicado, solamente indicaremos el caso en el que toma el valor de verdad V, asumiendo que, en caso contrario, toma el valor F.

2.2.1 Cuantificadores

Al definir un predicado P, es necesario saber sobre cuántos valores de sus variables se satisface. No es lo mismo el resultado de un predicado si solo es verdadero para unos valores concretos de sus variables que si es verdadero para todos los posibles valores que puedan tomar. La cuestión, por lo tanto, es, *¿cómo podemos cuantificar los predicados?* Para dar respuesta a la pregunta, se definen los cuantificadores, que son símbolos lógicos que nos indican para cuántos valores de la variable el predicado es verdadero.

A continuación definimos dos tipos de cuantificadores, y mostramos su aplicación en diferentes ejemplos.

Definición 2.2: Cuantificador universal

El *cuantificador universal*, que se representa por el símbolo $\forall$ y se expresa como $\forall x\ P(x)$ o *para todo x* $P(x)$, indica que, para cualquier valor de la variable x, el predicado $P(x)$ toma valor de verdad V.

Ejemplo 2.2

Dada la afirmación *"Todos los hombres son respetados."*, definimos los predicados

$$R(x) = \{x \text{ es respetado}\}$$
$$H(x) = \{x \text{ es un hombre}\}$$

y escribimos

$$\forall x\ H(x) \to R(x).$$

Esta expresión se leería como: "Para todo valor de x, si $H(x)$ toma valor de verdad V ($H(x)$ es verdadero), entonces $R(x)$ toma valor de verdad V ($R(x)$ también es verdadero)".

Dada la afirmación *"Si x es mayor que y, entonces y es menor que x"*, tomando los predicados Mayor y Menor definidos en el Ejemplo 2.1, escribimos

$$\forall x \forall y \; M(x,y) \to m(y,x).$$

Esta expresión se leería como: "Para todo valor de x y para todo valor de y, si $M(x,y)$ es verdadero, entonces $m(x,y)$ también es verdadero".

Definición 2.3: Cuantificador existencial

El *cuantificador existencial*, que se representa por el símbolo $\exists$, se expresa como $\exists x \; P(x)$ y se lee como *existe x tal que P(x)*, indica que el predicado $P(x)$ toma el valor de verdad V para algún valor de x.

Ejemplo 2.3

Dada la afirmación *"Algún hombre es trabajador."*, definimos los predicados

$$T(x) := \{x \text{ es trabajador}\}$$
$$H(x) := \{x \text{ es un hombre}\}$$

y escribimos

$$\exists x \; H(x) \wedge T(x).$$

Esta expresión se leería como: "Existe algún valor x tal que $H(x)$ y $T(x)$ son ambas verdaderas para dicho valor".

Dada la afirmación *"Dado un entero a, siempre hay otro entero menor"*, tomamos el predicado Menor definido en el Ejemplo 2.1, definimos el predicado

$$Z(x) := \{x \text{ es un entero}\}$$

y escribimos

$$Z(a) \to \exists y \; Z(y) \wedge m(y, a).$$

Esta expresión se leería como: "Dado un número a tal que $Z(a)$ es verdadero, entonces existe algún valor y tal que $Z(y)$ y $m(y, a)$ son ambas verdaderas para dichos valores".

Tal y como hemos comprobado en los anteriores ejemplos, el uso de cuantificadores y de lógicas de primer orden nos permite ampliar el campo de aplicación de las lógicas que hasta el momento habíamos estudiado.

Definición 2.4: Rango, variables acotadas y libres

Llamaremos *rango* de un cuantificador a la Fórmula Bien Formada (expresión construida con la gramática de predicados y variables definidas) sobre la que actúa.

Decimos que *una variable x está acotada* por un cuantificador si está dentro del rango de dicho cuantificador. Una variable que no esté acotada por un cuantificador diremos que es *libre*.

Ejemplo 2.4

Retomando el segundo caso del Ejemplo 2.3,

$$Z(a) \to \exists y \; Z(y) \wedge m(y, a),$$

la variable y está acotada por el cuantificador existencial ($\exists y$), puesto que está contenida dentro del rango del cuantificador (es decir, dentro de la fórmula sobre la que se aplica el cuantificador existencial) y la variable a no está acotada por el cuantificador existencial, ya que se encuentra fuera de su rango. En otras palabras, el cuantificador restringe los valores que la variable acotada y (sobre la que actúa) pueden tomar.

Llegados a este punto es importante remarcar que, en cualquier fórmula, cualquier ocurrencia de una variable debe estar acotada. Por lo tanto, *cuando aparezca una variable libre en una fórmula, entenderemos que viene acotada por un cuantificador universal.* Formalmente, es lo mismo escribir

$$\exists x \; P(x, y) \quad \text{que} \quad \forall y \; \exists x \; P(x, y).$$

Nótese también que, *cuando una variable está acotada por un cuantificador, cualquier letra puede ser utilizada para representar la variable sin que afecte a la fórmula, siempre y cuando esa misma letra no aparezca ya en dicha fórmula.* Así, es lo mismo escribir

$$\forall x\ P(x,y) \quad \text{que} \quad \forall z\ P(z,y),$$

y también significa lo mismo

$$\exists x\ P(x) \quad \text{que} \quad \exists t\ P(t).$$

Sin embargo, no sería lo mismo

$$\forall x\ P(x,y,z) \quad \text{que} \quad \forall z\ P(x,y,z),$$

ya que, en el primer caso, el cuantificador universal tan solo acota a la primera variable del predicado, mientras que, en el segundo caso, el cuantificador está acotando a la tercera variable del predicado, por la notación escogida.

Definición 2.5: Constante

Una *constante* es una variable que toma un valor concreto de su dominio dentro de una fórmula.

Ejemplo 2.5

Dada la afirmación *"Hay números mayores que a"*, tomamos el predicado Mayor, definido en el Ejemplo 2.1, y escribimos

$$\exists x\ M(x,a),$$

donde a actúa como constante.

Dada la afirmación *"Cualquier número natural es mayor que 0."*, tomamos el predicado Mayor, definido en el Ejemplo 2.1, y definiendo

$$N(x) := \{x \text{ es un natural}\},$$

escribimos

$$\forall x \ N(x) \to M(x,0),$$

donde 0 actúa como constante.

Sin embargo, la sustitución de una variable por una constante no puede llevarse a cabo de manera arbitraria, sino que deben seguirse dos reglas:

a) Cuando x sustituye una variable libre por una constante, debemos sustituir todas las ocurrencias de la variable.

b) Si una fórmula tiene cuantificadores, nunca se deberá sustituir una variable acotada por estos cuantificadores.

Ejemplo 2.6

Dada la expresión

$$\exists x \ \forall y \ \forall z \ S(x,y,z) \wedge M(x,y) \wedge P(x),$$

si fijamos la variable $y = 4$, entonces tenemos que

$$\exists x \ \forall z \ S(x,4,z) \wedge M(x,4) \wedge P(x),$$

y si adicionalmente fijamos $x = 2$, entonces

$$\forall z \ S(2,4,z) \wedge M(2,4) \wedge P(2).$$

Nota   *Si analizamos el valor de verdad de un predicado acotado por un cuantificador, observamos que:*

- *$\forall x \ P(x)$ es verdadero (valor verdad* **V***) cuando el predicado $P(x)$ es verdadero para todos los valores de x, y $\forall x \ P(x)$ es falso (valor verdad* **F***) cuando $P(x)$ es falso para algún valor de x.*

- *$\exists x \ P(x)$ es verdadero cuando exista algún valor de x para el cual $P(x)$ sea verdadero, y será falso cuando $P(x)$ sea falso para todo valor de x.*

2.2.2   Universo del discurso

Al tomar predicados, surgen inmediatamente algunas preguntas en relación a las variables: *¿Qué valores toman las variables? ¿Son independientes dichos valores de las fórmulas?*

Definición 2.6: Universo del discurso

Dada una fórmula α dónde aparezcan distintas variables de predicado $x_1, x_2, x_3 \ldots x_n$, llamaremos *universo del discurso U*, o simplemente *universo*, al conjunto de todos los valores que pueden tomar esas variables (también se conoce como dominio).

Es evidente que, si las fórmulas se aplican sobre el universo, la elección del mismo puede cambiar el resultado de una fórmula (véase el Ejemplo 2.7). En general, el universo contendrá todo aquello que se puede conceptuar. Sin embargo, en ocasiones resulta conveniente hacer una elección restringida del universo, ya que una elección inadecuada, por defecto o por exceso, daría lugar a fórmulas innecesariamente complejas o imposibles.

Ejemplo 2.7

Sea $P(x) = \{x$ es menor que $100\}$, y sean las fórmulas siguientes:

  a) $\forall x \, P(x)$.

  b) $\exists x \, P(x)$.

Consideremos los universos $U_1 = \{1, 2, 3, 4\}$, $U_2 = \{10, 100, 1000\}$ y $U_3 = \{1000, 2000, 3000\}$. Entonces tenemos que

  a) $\forall x \, P(x)$ es verdadero para el universo U_1, ya que todos sus elementos cumplen el predicado (son menores a 100), pero falso para U_2 y U_3 (existen algunos valores que no lo cumplen).

  b) $\exists x \, P(x)$ es verdadero para U_1 y U_2, puesto que en dichos universos existe al menos un valor que cumple el predicado (que es menor a 100), pero es falso para U_3 (ningún valor es menor a 100).

2.3 Lógicas de primer orden

Definición 2.7: Lógicas de primer orden

Las *Lógicas de primer orden* se definen inductivamente como:

i) Todas las variables proposicionales x, los predicados $P(x)$ y los valores de verdad V y F son lógicas de primer orden. Un predicado con alguna de sus variables constante es una lógica de primer orden.

ii) Si α y β son lógicas de primer orden, cualquier combinación haciendo uso correcto de los operadores lógicos y de los parentésis es una lógica de primer orden, siempre y cuando todas las ocurrencias de todos los predicados con el mismo nombre tengan el mismo número de variables.

iii) Si α es lógica de primer orden y x no está ya acotada dentro de α, las fórmulas con cuantificadores como $\forall x\ \alpha$ o $\exists x\ \alpha$ son lógicas de primer orden.

iv) No hay más lógicas de primer orden.

Veamos en el Ejemplo 2.8 la importancia de definir correctamente las fórmulas y entender cómo se aplican los conectores en la lógica de primer orden.

Ejemplo 2.8

Supongamos las siguientes afirmaciones:

a) *"Todos los enteros son racionales"*

b) *"Algún entero es negativo"*

Para formalizar ambas afirmaciones, definimos los predicados

$$Z(x) = \{x \text{ es un entero}\},$$
$$Q(x) = \{x \text{ es un racional}\},$$
$$N(x) = \{x \text{ es negativo}\},$$

y el universo del discurso particular

$$U = \{7, 23, \sqrt{2}, \text{Haendel}, \text{Bach}\}.$$

Por lo tanto,

a) *"Todos los enteros son racionales"* puede escribirse como

$$\forall x \; Z(x) \to Q(x).$$

Si aplicamos la lógica sobre los elementos del universo U, observamos que

$$
\begin{aligned}
x = 7 : \quad & Z(7) \to Q(7) = \mathsf{V} \to \mathsf{V} = \mathsf{V} \\
x = 23 : \quad & Z(23) \to Q(23) = \mathsf{V} \to \mathsf{V} = \mathsf{V} \\
x = \sqrt{2} : \quad & Z(\sqrt{2}) \to Q(\sqrt{2}) = \mathsf{F} \to \mathsf{F} = \mathsf{V} \\
x = \text{Haendel} : \quad & Z(\text{Haendel}) \to Q(\text{Haendel}) = \mathsf{F} \to \mathsf{F} = \mathsf{V} \\
x = \text{Bach} : \quad & Z(\text{Bach}) \to Q(\text{Bach}) = \mathsf{F} \to \mathsf{F} = \mathsf{V} \\
\forall x : \quad & \mathbf{Z(x)} \to \mathbf{Q(x)} \equiv \mathsf{V}
\end{aligned}
$$

Observamos que el implicador mantiene la afirmación inicial de que todos los números naturales son racionales, incluso habiendo elementos del universo que no son naturales ni racionales (de hecho, que ni siquiera son números).

Podría pensarse que otra forma de escribir la afirmación es

$$\forall x \; Z(x) \land Q(x),$$

pero al aplicarla sobre el universo U, comprobamos que arroja resultados incorrectos:

$$
\begin{aligned}
x = 7 : \quad & Z(7) \land Q(7) = \mathsf{V} \land \mathsf{V} = \mathsf{V} \\
x = 23 : \quad & Z(23) \land Q(23) = \mathsf{V} \land \mathsf{V} = \mathsf{V} \\
x = \sqrt{2} : \quad & Z(\sqrt{2}) \land Q(\sqrt{2}) = \mathsf{F} \land \mathsf{F} = \mathsf{F} \\
x = \text{Haendel} : \quad & Z(\text{Haendel}) \land Q(\text{Haendel}) = \mathsf{F} \land \mathsf{F} = \mathsf{F} \\
x = \text{Bach} : \quad & Z(\text{Bach}) \land Q(\text{Bach}) = \mathsf{F} \land \mathsf{F} = \mathsf{F} \\
\forall x : \quad & \mathbf{Z(x)} \land \mathbf{Q(x)} \equiv \mathsf{F}
\end{aligned}
$$

En caso de emplear el conjuntor, cuando aparecen elementos que no cumplen alguno de los dos predicados, la lógica de primer orden es falsa. Por ello, estaríamos afirmando que en nuestro universo U existen números naturales que no son racionales cuando, en realidad, todos los números naturales que encontramos en el universo son racionales.

b) *"Algún entero es negativo"* puede escribirse como

$$\exists x \ Z(x) \land N(x).$$

Si de nuevo analizamos todos los elementos del universo U, observamos que

$$
\begin{aligned}
x = 7 : \quad & Z(7) \land N(7) = \mathsf{V} \land \mathsf{F} = \mathsf{F} \\
x = 23 : \quad & Z(23) \land Q(23) = \mathsf{V} \land \mathsf{F} = \mathsf{F} \\
x = \sqrt{2} : \quad & Z(\sqrt{2}) \land N(\sqrt{2}) = \mathsf{F} \land \mathsf{F} = \mathsf{F} \\
x = \text{Haendel} : \quad & Z(\text{Haendel}) \land F(\text{Haendel}) = \mathsf{F} \land \mathsf{F} = \mathsf{F} \\
x = \text{Bach} : \quad & Z(\text{Bach}) \land F(\text{Bach}) = \mathsf{F} \land \mathsf{F} = \mathsf{F} \\
\exists x : \quad & \mathbf{Z(x)} \land \mathbf{Q(x)} \equiv \mathsf{F}
\end{aligned}
$$

En este caso, observamos que el conjuntor tan solo considera aquellos elementos que cumplen los dos predicados, es decir, que son naturales y negativos. En el universo U, vemos que no existen naturales negativos, tal y como indica la lógica de primer orden.

Si se plantease como alternativa

$$\forall x \ Z(x) \to Q(x),$$

observamos cómo esta lógica no es correcta al aplicarla sobre el universo U, ya que

$$
\begin{aligned}
x = 7 : \quad & Z(7) \to N(7) = \mathsf{V} \to \mathsf{F} = \mathsf{F} \\
x = 23 : \quad & Z(23) \to N(23) = \mathsf{V} \to \mathsf{F} = \mathsf{F} \\
x = \sqrt{2} : \quad & Z(\sqrt{2}) \to N(\sqrt{2}) = \mathsf{F} \to \mathsf{F} = \mathsf{V} \\
x = \text{Haendel} : \quad & Z(\text{Haendel}) \to N(\text{Haendel}) = \mathsf{F} \to \mathsf{F} = \mathsf{V} \\
x = \text{Bach} : \quad & Z(\text{Bach}) \to Q(\text{Bach}) = \mathsf{F} \to \mathsf{F} = \mathsf{V} \\
\exists x : \quad & \mathbf{Z(x)} \to \mathbf{Q(x)} \equiv \mathsf{V}
\end{aligned}
$$

En caso de emplear el implicador, observamos que elementos que no cumplen alguno de los predicados son ciertos. En este caso, estaríamos afirmando que en nuestro universo U existen números naturales que son negativos, cuando podemos comprobar que todos los naturales que aparecen son positivos.

Es importante resaltar que, si queremos simbolizar expresiones del tipo *"Todo A implica B"* (donde $A = A(x)$ y $B = B(x)$ son predicados), la expresión adecuada es la condicional

$$\forall x \, A(x) \to B(x),$$

mientras que para expresiones del tipo *"Para algún A, entonces B"*, la forma correcta es la conjuntiva

$$\exists x \, A(x) \wedge B(x).$$

Nota *Debemos ser cuidadosos cuando una variable x esté acotada con un cuantificador universal $\forall$ y los predicados involucren a esta variable en una cláusula conjuntiva $\wedge$.*

De la misma manera, tendremos que serlo cuando la variable x esté acotada por un cuantificador existencial $\exists$ y los predicados involucren a x en el antecedente de un implicador $\to$.

2.3.1 *Equivalencias en lógicas de primer orden*

Definición 2.8: Equivalencia entre lógicas de primer orden

Dos lógicas de primer orden α y β decimos que son *equivalentes*, $\alpha \equiv \beta$, si toman los mismos valores de verdad para los mismos valores de las variables, sea cual sea el universo de referencia.

En caso de equivalencia, podremos sustituir una lógica de primer orden por otra. De forma general, podemos establecer una serie de reglas de equivalencia.

Proposición 2.1: Equivalencias en lógica de predicados

Algunas de las equivalencias en lógicas de predicados más conocidas son:

EP-1. $\forall x \, P(x) \equiv \forall y \, P(y)$.

EP-2. $\exists x \, P(x) \equiv \exists y \, P(y)$.

EP-3. $\forall x \, P(x) \vee b \equiv \forall x \, (P(x) \vee b)$.

EP-4. $\forall x\; P(x) \wedge b \;\equiv\; \forall x\; (P(x) \wedge b)$.

EP-5. $\exists x\; P(x) \wedge b \;\equiv\; \exists x\; (P(x) \wedge b)$.

EP-6. $\neg \forall x\; P(x) \;\equiv\; \exists x\; \overline{P}(x)$.

EP-7. $\neg \exists x\; P(x) \;\equiv\; \forall x\; \overline{P}(x)$.

EP-8. $\forall x\; P(x) \wedge \forall x\; Q(x) \;\equiv\; \forall x\; (P(x) \wedge Q(x))$.

EP-9. $\exists x\; P(x) \vee \exists x\; Q(x) \;\equiv\; \exists x\; (P(x) \vee Q(x))$.

EP-10. $\forall x\; P(x) \vee \forall x\; Q(x) \;\equiv\; \forall x\; \forall y\; (P(x) \vee Q(y))$.

EP-11. $\exists x\; P(x) \wedge \exists x\; Q(x) \;\equiv\; \exists x\; \exists y\; (P(x) \wedge Q(y))$.

Veamos una demostración de alguna equivalencia en el Ejemplo 2.9.

Ejemplo 2.9

Demuéstrese que

$$\neg\, \forall x\; P(x) \;\equiv\; \exists x\; \overline{P}(x).$$

Demostración. $\forall x\; P(x)$ es verdadero si $P(x)$ es verdadero para cualquier $x \in U$. Por lo tanto, la negación de la fórmula, $\neg\, \forall x\; P(x)$, es verdadera si existe algún valor $a \in U$ tal que $P(a)$ es falso, o equivalentemente $\neg P(a)$ es verdadero. Por lo tanto, de forma general, también podemos escribir $\exists x\; \overline{P}(x)$. ∎

El resto de demostraciones no son excesivamente complejas, y se dejan como ejercicio al lector.

Nota   *Téngase en cuenta que, en general, los cuantificadores universal y existencial*

1. *No conmutan:*

$$\forall y \, \exists x \, P(x,y) \; \not\equiv \; \exists x \, \forall y \, P(x,y).$$

2. *No pueden extraerse como cuantificador común si aparecen aplicados en diferentes predicados separados por operadores lógicos:*

$$\forall x \, P(x) \vee \forall x \, Q(x) \; \not\equiv \; \forall x \, (P(x) \vee Q(x)),$$
$$\exists x \, P(x) \wedge \exists x \, Q(x) \; \not\equiv \; \exists x \, (P(x) \wedge Q(x)).$$

Ejemplo 2.10

Afirmar que *"Todo hijo tiene un padre"* no es equivalente a afirmar que *"Existe un hijo de todos los padres existentes"*. Formalmente, si definimos el predicado

$$P(h,p) = \{h \text{ es el hijo del padre } p\},$$

entonces, podemos escribir dos expresiones conmutando los cuantificadores

$$\forall h \, \exists p \, P(h,p) \equiv \text{``Todo hijo tiene un padre''},$$
$$\exists h \, \forall p \, P(h,p) \equiv \text{``Existe un hijo de todos los padres''},$$

pero que no tienen el mismo significado.

Ejemplo 2.11

Afirmar que *"Existe una persona que juega bien al ajedrez y otra que es estudiante"* no es equivalente a afirmar que *"Existe una persona que juega bien al ajedrez y es estudiante"*. Formalmente, si x es la variable persona, y definimos los predicados

$$P(x) = \{x \text{ juega al ajedrez}\},$$
$$Q(x) = \{x \text{ es estudiante}\},$$

entonces la afirmación *"Existe una persona que juega bien al ajedrez y otra que es estudiante"* se puede escribir como $\exists x\ P(x) \wedge \exists x\ Q(x)$, mientras que la afirmación *"Existe una persona que juega bien al ajedrez y es estudiante"* se puede escribir como $\exists x\ (P(x) \wedge Q(x))$.

Supongamos que en nuestro universo existen dos personas $U = \{x_1, x_2\}$, de tal modo que la primera, x_1 juega bien al ajedrez y no estudia, y la otra, x_2, estudia pero no juega bien al ajedrez, es decir, $P(x_1)$ y $Q(x_2)$ son las únicas afirmaciones ciertas. Por lo tanto, existe una persona que juega bien al ajedrez y otra que es estudiante, es decir, que $\exists x\ P(x) \wedge \exists x\ Q(x)$ es cierto. Sin embargo, no existe ninguna persona que simultáneamente juegue bien al ajedrez y sea estudiante. Por ello, la afirmación $\exists x\ (P(x) \wedge Q(x))$ es falsa, y deducimos que

$$\exists x\ P(x) \wedge \exists x\ Q(x)\ \not\equiv\ \exists x\ (P(x) \wedge Q(x)).$$

2.3.2 Forma normal prenex

Definición 2.9: Forma normal prenex (FNP)

Una fórmula bien formada, lógica de primer orden, decimos que está en *forma normal prenex* (FNP) si viene dada de la forma

$$Q_1\ x_1\ Q_2\ x_2\ \ldots Q_p\ x_p\ \alpha,$$

donde los Q_i son cuantificadores universales o existenciales, las x_i son variables de predicado y α es una fórmula que no contiene cuantificadores.

Ejemplo 2.12

Dadas las siguientes expresiones,

- $\forall x\ \forall y\ P(x, y)$ es FNP,

- $\forall x\ \exists y\ S(x, y, 4)$ es FNP,

- $\forall x\ (P(x) \rightarrow \exists x\ R(x, y))$ no es FNP,

- $\forall x\ P(x) \wedge Q(x) \rightarrow \exists x\ \forall y\ R(x, y)$ no es FNP,

- $\exists x\ \forall y\ \exists z\ P(x) \wedge Q(x, y) \rightarrow R(y, z)$ es FNP.

La FNP se aplica en el campo de las matemáticas en algunas demostraciones de cálculo (como el teorema de incompletitud de Gödel), y en el desarrollo de variantes como la skolemización o forma normal skolem (fórmulas sin cuantificadores existenciales). En el campo de la programación, la FNP es muy útil para desarrollar programación lógica.

Para cualquier fórmula bien formada que no esté en FNP, existe una fórmula bien formada en FNP equivalente, y ésta puede ser obtenida utilizando las reglas de equivalencia enumeradas en la Sección 2.3.1. Y, puesto que toda lógica de primer orden tiene su FNP equivalente, trabajaremos normalmente con estas últimas, aplicando las transformaciones necesarias cuando sea preciso.

Para obtener la FNP equivalente a una fórmula dada, se procede de la siguiente manera:

1. Eliminamos los implicadores y los coimplicadores utilizando las reglas de equivalencia de la lógica de predicados.

2. Recorremos todas las ocurrencias del negador, de manera que aparezcan inmediatamente antes de los predicados o de las variables proposicionales sobre las que actúan.

3. Utilizamos las reglas de equivalencia para situar todos los cuantificadores a la izquierda de las fórmulas bien formadas.

Veamos un ejemplo:

Ejemplo 2.13

Deseamos transformar a FNP la expresión

$$\exists x\, P(x) \leftrightarrow \exists x\, Q(x).$$

En primer lugar, eliminamos implicadores y coimplicadores de la fórmula en orden:

$$\exists x\, P(x) \leftrightarrow \exists x\, Q(x) \equiv (\exists x\, P(x) \to \exists x\, Q(x)) \wedge (\exists x\, Q(x) \to \exists x\, P(x))$$
$$(\text{EE-16.}) \equiv (\neg\exists x\, P(x) \vee \exists x\, Q(x)) \wedge (\neg\exists x\, Q(x) \vee \exists x\, P(x))$$

A continuación, introducimos los negadores dentro de las expresiones sobre las que actúan:

$$\exists x\, P(x) \leftrightarrow \exists x\, Q(x) \equiv (\neg \exists x\, P(x) \vee \exists x\, Q(x)) \wedge (\neg \exists x\, Q(x) \vee \exists x\, P(x))$$
$$(\text{EP-7.}) \equiv (\forall x\, \neg P(x) \vee \exists x\, Q(x)) \wedge (\forall x\, \neg Q(x) \vee \exists x\, P(x))$$

Finalmente, extraemos los cuantificadores de las expresiones:

$$\exists x\, P(x) \leftrightarrow \exists x\, Q(x) \equiv (\forall x\, \neg P(x) \vee \exists x\, Q(x)) \wedge (\forall x\, \neg Q(x) \vee \exists x\, P(x))$$
$$(\text{EP-3.}) \equiv \forall x\, (\neg P(x) \vee \exists y\, Q(y)) \wedge \forall x\, (\neg Q(x) \vee \exists y\, P(y))$$
$$(\text{EP-8.}) \equiv \forall x\, ((\neg P(x) \vee \exists y\, Q(y)) \wedge (\neg Q(x) \vee \exists y\, P(y)))$$
$$(\text{EP-11.}) \equiv \forall x\, \exists y\, \exists z\, ((\neg P(x) \vee Q(y)) \wedge (\neg Q(x) \vee P(z)))$$

2.3.3 Reglas de inferencia

Habiendo definido las lógicas de primer orden, podemos definir una serie de reglas de inferencia (construcciones lógicas de deducción) muy extendidas en lógica de predicados.

Proposición 2.2: Reglas de inferencia en lógica de predicados

Algunas de las reglas de inferencia más extendidas en la lógica de predicados son:

IP-1. Cuantificación existencial: $\{P(a)\} \models \exists x\, P(x)$.

IP-2. Especificación existencial: $\{\exists x\, P(x)\} \models P(a)$.

IP-3. Especificación universal: $\{\forall x\, P(x)\} \models P(a)$.

IP-4. $\{\forall x\, P(x) \vee \forall x\, Q(x)\} \models \forall x\, (P(x) \vee Q(x))$

IP-5. $\{\exists x\, (P(x) \wedge Q(x))\} \models \exists x\, P(x) \wedge \exists x\, Q(x)$

Cabe mencionar que *las reglas de inferencia de la lógica de enunciados siguen teniendo la misma aplicación y validez en la lógica de predicados, concretamente en los predicados en los cuales las variables hayan sido fijadas.*

2.3.4 Métodos de demostración

Además de los métodos de demostración que ya conocemos para fórmulas bien formadas, las lógicas de primer orden tienen sus propios métodos de demostración.

Demostración por un ejemplo

Para ver que $\exists x\ \alpha(x)$ es verdadero, es suficiente ver que $\alpha(x)$ es verdadero para algún valor determinado de x. Así, para demostrar la veracidad de la afirmación *"Hay algún número primo impar"*, basta con comprobar que existe algún caso (por ejemplo, el 3) que es primo e impar.

Demostración por un contraejemplo

Para ver que $\forall x\ \alpha(x)$ es falso, basta con encontrar algún valor de x, para el cual $\alpha(x)$ es falso. Para demostrar, por ejemplo, la falsedad de la aforirmación *"Todos los primos son impares"*, bastaría con encontrar un contraejemplo (por ejemplo, el 2) que sea un número primo y par.

Demostración por generalización

Para ver que $\forall x\ \alpha(x)$ es verdadero, basta con ver que $\alpha(x)$ es verdadero para un x arbitrario. Nótese que no es lo mismo que ver que es verdadero para algún x en particular. Por ejemplo, para demostrar que *"Cualquier grafo conexo no dirigido tiene al menos $n-1$ aristas, siendo n el número de vértices"*, tomaríamos un grafo arbitrario conexo, no dirigido, con n vértices y, aplicando sus propiedades generales, demostraríamos que la afirmación se cumple para dicho grafo arbitrario. Como la elección del grafo conexo no dirigido de la demostración habría sido arbitraria, entonces la afirmación se cumpliría para todo grafo conexo no dirigido.

Ejemplo 2.14

Demuéstrese el siguiente esquema lógico:

P_1: $\forall x \ (P(x) \to Q(x))$.

P_2: $\forall x \ \left(S(x) \to \overline{R}(x)\right)$.

P_3: $\forall x \ \left(\overline{P}(x) \to S(x)\right)$.

C: $\forall x \ (R(x) \to Q(x))$.

Demostración. Por generalización.

1	$R(a)$	Hipótesis: $R(x)$ cierto para $x = a$ (arbitrario), IP-3.
2	$\forall x \ (S(x) \to \overline{R}(x))$	P_2
3	$\quad S(a) \to \overline{R}(a)$	2, IP-3. (Esp. univ.), $x = a$
4	$\quad \overline{S}(a)$	1, 3, IE-7. (MT)
5	$\forall x \ \left(\overline{P}(x) \to S(x)\right)$	P_3
6	$\quad \overline{P}(a) \to S(a)$	5, IP-3. (Esp. univ.), $x = a$
7	$\quad P(a)$	4, 6, IE-7. (MT)
8	$\forall x \ (P(x) \to Q(x))$	P_1
9	$\quad P(a) \to Q(a)$	8, IP-3. (Esp. univ.), $x = a$
10	$\quad Q(a)$	7, 9, IE-6. (MP)
11	$R(a) \to Q(a)$	1, 10, Dem. directa
12	$\forall x \ (R(x) \to Q(x))$	11, Dem. por generalización ($x = a$ arbitrario, 1)

■

Ejemplo 2.15

Demuéstrese el siguiente esquema lógico:

P_1: $\forall x \ \left(\overline{Q}(x) \to P(x)\right)$.

P_2: $\forall x \ \left(\overline{R}(x) \vee \overline{Q}(x)\right)$.

P_3: $\forall x \ \left(\overline{S}(x) \vee \overline{P}(x)\right)$.

C: $\forall x \ \left(R(x) \to \overline{S}(x)\right)$.

Demostración. Por generalización.

1	$R(a)$	Hipótesis: $R(x)$ cierto para $x = a$ (arbitrario), IP-3.
2	$\forall x \ \left(\overline{R}(x) \vee \overline{Q}(x)\right)$	P_2
3	$\overline{R}(a) \vee \overline{Q}(a)$	2, IP-3. (Esp. univ.), $x = a$
4	$\overline{Q}(a)$	1, 3, IE-8. (SD)
5	$\forall x \ \left(\overline{Q}(x) \to P(x)\right)$	P_1
6	$\overline{Q}(a) \to P(a)$	5, IP-3. (Esp. univ.), $x = a$
7	$P(a)$	4, 6, IE-6. (MP)
8	$\forall x \ (\overline{S}(x) \vee \overline{P}(x))$	P_3
9	$\overline{S}(a) \vee \overline{P}(a)$	8, IP-3. (Esp. univ.), $x = a$
10	$\overline{S}(a)$	7, 9, IE-8. (SD)
11	$R(a) \to \overline{S}(a)$	1, 10, Dem. directa
12	$\forall x \ \left(R(x) \to \overline{S}(x)\right)$	11, Dem. por generalización ($x = a$ arbitrario, 1)

■

Ejemplo 2.16

Demuéstrese el siguiente esquema lógico:

P_1: $\forall x \forall y \ (P(x,y) \to Q(x,y))$.

P_2: $\exists x \forall y \ (R(x,y) \to P(x,y))$.

C: $\exists x \forall y \ (R(x,y) \to Q(x,y))$.

Demostración. Por generalización.

1	$\forall y\, R(a,y) \to P(a,y)$	P_2, $R(x,y)$ cierto para $x=a$ (particular), IP-2.
2	$R(a,b) \to P(a,b)$	P_2, $R(a,y)$ cierto para $y=b$ (arbitraria), IP-3.
3	$P(a,b) \to Q(a,b)$	P_1, $x=a$, $y=b$, IP-3.
4	$R(a,b) \to Q(a,b)$	2, 3, IE-9., Dem. directa
5	$\forall y\, R(a,y) \to Q(a,y)$	4, Dem. por generalización ($y=b$ arbitrario, 2)
6	$\exists x\, \forall y\, R(x,y) \to Q(x,y)$	5, IP-1. ($x=a$, 1), Dem. directa

■

Nota *En las demostraciones que mezclan cuantificadores existenciales $\exists$ y universales $\forall$ en sus premisas, es conveniente comenzar la demostración con especificaciones existenciales. De este modo, el caso particular (o existencial) de una premisa se puede posteriormente analizar en las premisas que se aplican sobre todos los valores de la variable (universales). En caso contrario, comenzar con una especificación universal - fijando arbitrariamente el valor de la variable - no garantiza que el valor escogido sea el que cumpla el caso particular de la premisa con el cuantificador existencial.*

2.3.5   Teorema y validez

Definición 2.10: Teorema

Una fórmula bien formada, lógica de primer orden, decimos que es un *teorema*, si y sólo si su verdad puede establecerse utilizando los métodos de demostración, las reglas de inferencia y las reglas de equivalencia que conocemos.

Definición 2.11: Validez

Una lógica de primer orden, decimos que es *válida* o *tiene validez* si y sólo si es un teorema.

2.4   Inducción matemática

La inducción matemática es uno de los métodos de demostración más poderosos para demostrar que un predicado es verdadero, cuando sus variables toman valores en ciertos dominios.

Empezaremos considerando un predicado $P_n = P(n)$ que depende de una única variable n[1] se mueve en un conjunto o dominio $\mathcal{D}$ contenido en el conjunto de los naturales, $\mathbb{N} = \{0, 1, 2, \dots\}$, es decir, $\mathcal{D} \subset \mathbb{N}$.

Supongamos un dominio $\mathcal{D} \subset \mathbb{N}$ en sentido creciente[2], es decir, que los elementos de $\mathcal{D}$ se pueden etiquetar como

$$\mathcal{D} = \{a, a+1, a+2, \dots\}.$$

Proposición 2.3: Reglas de inferencia de inducción (dominios crecientes)

Formalmente, las reglas de inferencia de inducción correspondientes a los dominios crecientes son las siguientes:

MI-1. $\{P_a, \ \forall n, n+1 \in \mathcal{D} \ (P_n \rightarrow P_{n+1})\} \models \forall n \ P_n$.

MI-2. $\{P_a \wedge P_{a+1}, \ \forall n, n+1, n+2 \in \mathcal{D} \ (P_n \wedge P_{n+1} \rightarrow P_{n+2})\} \models \forall n \ P_n$.

$\vdots$

MI-k. $\{P_a \wedge P_{a+1} \wedge \cdots \wedge P_{a+(k-1)}, \ \forall n, n+1, \dots, n+k \in \mathcal{D} \ (P_n \wedge P_{n+1} \wedge \cdots \wedge P_{n+(k-1)} \rightarrow P_{n+k})\} \models \forall n \ P_n$.

La validez de estas reglas se prueba de forma análoga en todos los casos. Por ello, demostraremos únicamente la regla MI-1.

---

[1]La inducción también se puede extender a predicados de varias variables.

[2]En función del sentido del dominio, se definen las reglas de infererencia por inducción. De forma análoga a la que se desarrolla en dominios crecientes, se puede definir la inducción en dominios decrecientes.

Teorema 2.1

La regla de inferencia MI-1 es válida.

Demostración. Partimos de la regla

$$\{P_a,\ \forall n, n+1 \in \mathcal{D}\ (P_n \to P_{n+1})\} \models \forall n\ P_n.$$

La Fórmula Bien Formada asociada a la regla de inferencia es

$$P_a \wedge \forall n, n+1 \in \mathcal{D}\ (P_n \to P_{n+1}) \to \forall n\ P_n,$$

y la demostramos por contradicción o reducción al absurdo.

Suponemos inicialmente que $\forall n\ P_n$ (todos los enunciados P_n son verdaderos) **es una afirmación falsa** y, por lo tanto, $\exists n\ \neg P_n$ (existe algún o algunos enunciados P_n falsos) es una afirmación cierta. Dados todos los valores $\{n_1, n_2, \dots\} \subset \mathcal{D}$ para los cuales $\neg P_n$ es cierto, definimos

$$c = n_1 = \min\{n \in \mathcal{D} :\ \neg P_n\}$$

como el mínimo valor n para el cual el predicado es falso.[a]

Sabemos que $c > a$, ya que, por la primera premisa, el primer predicado P_a es cierto (donde $a \in \mathcal{D}$ es el primer elemento del dominio). Como, por la definición de c, $\forall n < c\ P_n$ (el predicado P_n es cierto para todos los valores de n inferiores a c), sabemos que P_{c-1} es cierto. Por la segunda premisa de la regla de inferencia, sabemos que $P_{c-1} \to P_c$ y, por *modus ponens*, P_c es cierto. Si P_c y $\neg P_c$ son ciertos, entonces se ha alcanzado la contradicción y, por consiguiente, la suposición inicial - $\forall n\ P_n$ - es ciertas.

Un esquema de la demostración es el siguiente:

1	$P_a \wedge \forall n, n+1 \in \mathcal{D}\ (P_n \to P_{n+1})$	Premisas
2	P_a	1, IE-2. (Simplif.)
3	$\forall n, n+1 \in \mathcal{D}\ (P_n \to P_{n+1})$	1, IE-2. (Simplif.)
4	$\neg(\forall n\ P_n)$	Hipótesis: consecuente falso.
5	$\exists n\ \neg P_n$	4, EP-6.
6	$c = \min\{n : (n \in \mathcal{D}) \wedge \neg P_n\}$	Definimos c
7	$\neg P_a$	6, $c = a$
8	$\neg P_a \wedge P_a$	2, 7, IE-1. (Conj.), EE-1. (Contr.)
9	$P_{c-1}, \neg P_c$	6, $c > a$
10	$P_{c-1} \to P_c$	3, $n = c-1$
11	P_c	9, 10, IE-6. (MP)
12	$\neg P_c \wedge P_c$	8, 11, IE-1. (Conj.), EE-1. (Contr.)
13	$\forall n\ P_n$	8, 12, Dem. por contr.
14	$P_a \wedge \forall n, n+1 \in \mathcal{D}\ (P_n \to P_{n+1}) \to \forall n\ P_n$	1, 13

∎

[a]La existencia de un elemento mínimo c queda garantizada por la ley del buen orden, que afirma que *para todo conjunto, existe un buen orden*. La definición de buen orden se desarrolla más ampliamente en el Capítulo 4.

De forma descriptiva, la demostración por inducción en dominios crecientes consta de tres pasos:

Fórmula	P_a	P_n	$P_n \to P_{n+1}$	$\forall n\ P_n$
Paso	Base de inducción	Hipótesis de inducción	Paso de inducción	Conclusión
Descripción	Se demuestra que el predicado P_a es cierto para el primer valor del dominio a	Se asume como hipótesis que P_k es cierto para un cierto valor del dominio $n = k$	Se demuestra que P_{k+1} es cierto apoyándonos en la base e hipótesis de inducción, y en las reglas de equivalencia e inferencia	Si se cumplen los tres pasos entonces la regla de inferencia es cierta

Tabla 2.1: Descripción de la prueba de inducción.

Usando una analogía, "la inducción matemática nos permite demostrar que podemos subir tan alto como queramos en una escalera si demostramos que podemos subir el primer peldaño (el caso base) y que desde cada peldaño podemos subir al siguiente (el paso inductivo)" (Graham et al., 1989).

A continuación se muestran algunos ejemplos en los cuales se aplica la demostración por inducción.

Ejemplo 2.17

Demuéstrese que, para todo número natural n, se cumple que

$$S(n) = \sum_{i=0}^{n} i = \frac{n(n+1)}{2}.$$

Demostración. Aplicamos la regla de inducción MI-1. El método de inducción se aplica del siguiente modo:

1. *Base de inducción*: demostramos un caso en el que la fórmula se cumpla. A partir de este, demostraremos los consecutivos. En este caso, es inmediato comprobar que

$$n = 0 \rightarrow S(0) = \sum_{i=0}^{0} i = 0 = \frac{0 \times 1}{2} = \frac{n(n+1)}{2}.$$

2. *Hipótesis de inducción*: asumimos que la fórmula se cumple para un cierto valor $n = k$, es decir, que

$$n = k \rightarrow S(k) = \sum_{i=0}^{k} i = \frac{k(k+1)}{2}.$$

3. *Paso de inducción*: demostramos el caso $n = k+1$. En este ejemplo, lo hacemos por demostración directa:

$$S(k+1) = \sum_{i=0}^{k+1} i = \sum_{i=0}^{k} i + (k+1)$$

$$= \frac{k(k+1)}{2} + (k+1)$$

$$= \frac{k(k+1)}{2} + \frac{2(k+1)}{2}$$

$$= \frac{k(k+1) + 2(k+1)}{2}$$

$$= \frac{(k+1)(k+2)}{2}.$$

Por lo tanto, por inducción, queda demostrado que $\forall n \; S(n)$ es cierto. ■

Ejemplo 2.18

Se define la sucesión Fibonacci $F(0), F(1), \ldots$ (comenzando por el 0 y el 1) como aquella en la que un número es suma de los dos anteriores, es decir,

$$F(0) = 0,$$
$$F(1) = 1,$$
$$F(2) = F(0) + F(1) = 1,$$
$$F(3) = F(1) + F(2) = 2,$$
$$\vdots$$
$$F(n) = F(n-2) + F(n-1),$$
$$\vdots$$

Queremos demostrar $\forall n \geq 0$ que

$$F(n) = \frac{1}{\sqrt{5}} \left(\frac{1+\sqrt{5}}{2} \right)^n - \frac{1}{\sqrt{5}} \left(\frac{1-\sqrt{5}}{2} \right)^n$$

$$= \frac{1}{\sqrt{5}} a^n - \frac{1}{\sqrt{5}} b^n,$$

donde

$$a = \frac{1+\sqrt{5}}{2}, \quad b = \frac{1-\sqrt{5}}{2}.$$

Demostración. Aplicamos la regla MI-2 de inducción:

1. *Base de inducción*: comprobamos que para $n = 0, 1$ la fórmula se cumple:

$$F(0) = \frac{1}{\sqrt{5}}a^0 - \frac{1}{\sqrt{5}}b^0 = \frac{1}{\sqrt{5}} - \frac{1}{\sqrt{5}} = 0,$$

$$F(1) = \frac{1}{\sqrt{5}}\left(\frac{1+\sqrt{5}}{2}\right) - \frac{1}{\sqrt{5}}\left(\frac{1-\sqrt{5}}{2}\right) = \frac{2\sqrt{5}}{2\sqrt{5}} = 1.$$

2. *Hipótesis de inducción*: asumimos que la fórmula se cumple para $n = k,\ k+1$, por lo que

$$F(n-1) = F(k) = \frac{1}{\sqrt{5}}a^k - \frac{1}{\sqrt{5}}b^k,$$

$$F(n) = F(k+1) = \frac{1}{\sqrt{5}}a^{k+1} - \frac{1}{\sqrt{5}}b^{k+1}.$$

3. *Paso de inducción*: demostramos el caso $n = k+2$.

   Teniendo en cuenta que

$$a^2 = \frac{\left(1+\sqrt{5}\right)^2}{2^2} = \frac{1+5+2\sqrt{5}}{4} = \frac{6+2\sqrt{5}}{4}$$

$$= \frac{3+\sqrt{5}}{2} = \frac{2}{2} + \frac{1+\sqrt{5}}{2} = 1 + a,$$

$$b^2 = \frac{\left(1-\sqrt{5}\right)^2}{2^2} = \frac{1+5-2\sqrt{5}}{4} = \frac{6-2\sqrt{5}}{4}$$

$$= \frac{3-\sqrt{5}}{2} = \frac{2}{2} + \frac{1-\sqrt{5}}{2} = 1 + b,$$

   deducimos que

$$F(n) = F(k+2) = F(k+1) + F(k)$$
$$= \frac{1}{\sqrt{5}}(a^{k+1} - b^{k+1} + a^k - b^k)$$
$$= \frac{1}{\sqrt{5}}(a^k(a+1) - b^k(b+1))$$
$$= \frac{1}{\sqrt{5}}(a^k a^2 - b^k b^2)$$
$$= \frac{1}{\sqrt{5}}a^{k+2} - \frac{1}{\sqrt{5}}b^{k+2}$$
$$= \frac{1}{\sqrt{5}}a^n - \frac{1}{\sqrt{5}}b^n.$$

Por lo tanto, por inducción, queda demostrado que $\forall n\ F(n)$ es cierto.

■

2.5   Ejercicios propuestos

Ejercicio 2.1

Obtenga las lógicas de orimer orden de las siguientes oraciones, y demuestre que la fórmula bien formada es cierta:

1. *"Si los filósofos no son interesados, y si algunas personas vanidosas son jugadores, y si las personas vanidosas son interesadas, entonces algunos jugadores no son filósofos".*

2. *"Si algunas vacaciones tienen días lluviosos, y todos los días lluviosos son aburridos, entonces algunas vacaciones son aburridas".*

Ejercicio 2.2

Obtenga las lógicas de primer orden de las siguientes oraciones, y demuestre que la fórmula bien formada es cierta:

1. P_1: *"Ningún poema interesante es impopular entre la gente de buen gusto".*

   P_2: *"Ningún poema moderno carece de sentimientos".*

   P_3: *"Todos tus poemas flotan como pompas de jabón".*

   P_4: *"Ningún poema con sentimiento es popular entre la gente de buen gusto".*

   P_5: *"Ningún poema antiguo flota como pompas de jabón".*

   C: *"Ninguno de tus poemas me parecen interesantes".*

2. P_1: *"Todos los escritores que entienden la naturaleza humana son listos".*

   P_2: *"Nadie que no pueda enternecer el corazón de un hombre es un verdadero poeta".*

   P_3: *"Shakespeare escribió Hamlet".*

   P_4: *"Ningún escritor que no entienda la naturaleza humana puede enternecer el corazón de un hombre".*

   P_5: *"Nadie que no fuese un verdadero poeta pudo haber escrito Hamlet".*

   C: *"Shakespeare era listo".*

Ejercicio 2.3

Demuestre las conclusiones a partir de las premisas dadas:

1. P_1: $\exists x \, \big(P(x) \wedge \big[\forall y (P(y) \wedge R(y)) \to \overline{G}(x,y) \big] \big).$

   P_2: $\forall x \, P(x) \to R(x).$

   C: $\exists x \, \big(P(x) \wedge \forall y \, [P(y) \to \overline{G}(x,y)] \big).$

2. P_1: $\forall x \, \exists y \, (P(x,y) \wedge S(x,y)).$

   P_2: $\forall x \, \forall y \, (P(x,y) \to R(x,y)).$

   C: $\forall x \, \exists y \, (R(x) \wedge S(x,y)).$

3. P_1: $\forall x\, \forall y\, \big(P(x) \land Q(y) \land S(y) \to \overline{R}(x,y)\big)$.

      P_2: $\exists x\, \forall y\, \big(P(x) \land Q(y) \land \overline{U}(x,y) \to \overline{T}(x,y)\big)$.

      P_3: $\exists x\, \forall y\, \big(P(x) \to Q(y) \land S(y) \land T(x,y)\big)$.

      C: $\exists x\, \exists y\, \big(P(x) \land Q(y) \land U(x,y) \land \overline{R}(x,y)\big)$.

Ejercicio 2.4

Transforme las siguientes fórmulas bien formadas a forma normal prenex:

1. $\forall x\, \exists y\, R(x,y) \land \exists z\, S(z) \to \exists w\, P(w)$.

2. $\forall x\, R(x) \land \forall y\, S(y) \lor \exists y\, R(y) \to S(y)$.

3. $\forall x\, P(x) \land \forall y\, Q(y) \to S(y)$.

Ejercicio 2.5

Demuestre por inducción las siguientes fórmulas

1. $\sum_{i=0}^{n} i^2 = \frac{n(n+1)(2n+1)}{6}$.

2. $\sum_{i=0}^{n}(x+ia) = (n+1)x + an$.

3. $\sum_{i=0}^{n} \frac{1}{2^i} = 2 - \frac{1}{2^n}$.

Ejercicio 2.6

Demuestre por reducción al absurdo que el producto de números impares es un número impar.

Capítulo 3

Conjuntos y correspondencias

3.1   Introducción

La teoría de conjuntos, desarrollada inicialmente por el matemático Georg Cantor en 1874, es una de las áreas básicas de las matemáticas a partir de la cual, combinada con la lógica, permite construir estructuras matemáticas de cualquier tipo: números, funciones, espacios, estructuras geométricas, etc. En nuestro caso, con la teoría de conjuntos pretendemos asentar las bases de dos campos fundamentales que veremos posteriormente: las relaciones y los cardinales. En este capítulo estudiaremos los conjuntos como objetos, su representación y sus operaciones. También profundizaremos en los tipos de asociación o correspondencia entre los elementos).

3.2   Conjuntos

Las unidades elementales de la teoría de conjuntos son los conjuntos.

> **Definición 3.1: Conjunto**
>
> Un *conjunto* es una colección de objetos bien definida[a]. Los objetos que forman parte de él se denominan *elementos del conjunto*.
>
> ---
> [a]Se entiende como *bien definida* aquella colección que, por su definición, nos permite saber de forma fehaciente si un objeto pertenece o no pertenece a la colección.

Los conjuntos suelen denotarse con letras mayúsculas: A, B, C,... Los elementos genéricos de un conjunto suelen denotarse con letras minúsculas: x, y, z,... Para indicar la pertenencia (o no pertenencia) de un elemento x a un conjunto C,

- si x es un elemento de C, escribiremos $x \in C$, y leeremos "x pertenece a C".

- si x no es un elemento de C, escribiremos $x \notin C$, y leeremos "x no pertenece a C".

> **Ejemplo 3.1**
>
> Si definimos el conjunto C como $C = \{1, 2, 3, 4, 5, 6\}$, entonces podemos afirmar que $4 \in C$ (el elemento 4 pertenece al conjunto C) y que $10 \notin C$ (el elemento 10 no pertenece al conjunto C).

A la hora de definir un conjunto, existen principalmente dos formas:

- Por extensión: todos los elementos del conjunto se expresan entre llaves y separados por comas.

- Por compresión: mediante un predicado, es decir, una propiedad que caracterice a los elementos del conjunto.

Adicionalmente, existen una serie de conjuntos muy característicos que se representan por letras caligráficas. Los más conocidos son:

- $\mathbb{N}$: números naturales.

- $\mathbb{Z}$: números enteros.

- $\mathbb{Q}$: números racionales.

- $\mathbb{R}$: números reales.

- $\mathbb{C}$: números complejos.

Ejemplo 3.2

El conjunto A de los números naturales del 1 al 10 puede representarse

- por extensión, como $A = \{1, 2, 3, 4, 5, 6, 7, 8, 9, 10\}$.

- por compresión, como $A = \{x \in \mathbb{N} \mid 1 \leq x \leq 10\}$ [a].

---
[a]Los símbolos "|" o ":" se leen como "tal(es) que", indicando que el elemento o los elementos que le preceden cumplen la condición o condiciones que se escriben tras el símbolo. En este ejemplo, leeríamos "A es el conjunto de elementos x pertenecientes al conjunto de números naturales $\mathbb{N}$ tales que se encuentran entre 1 y 10".

Para la representación gráfica de los conjuntos es habitual emplear los diagramas de Venn. En estos diagramas, los conjuntos se representan mediante formas geométricas, habitualmente círculos y rectángulos, y permiten representar las diferentes operaciones. Otra forma de representación típica en conjuntos numéricos es el uso de rectas y segmentos.

Ejemplo 3.3

La representación de los conjuntos $A = \{1, 2, 3, 4, 5\}$ y $B = \{4, 5, 6, 7, 8\}$ mediante el diagrama de Venn, y del conjunto $C = [0, 1] = \{x \in \mathbb{R} \mid 0 \leq x \leq 1\}$ mediante la recta se muestra en la Figura 3.1.

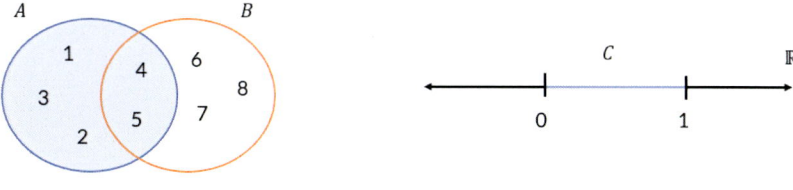

Diagrama de Venn　　　　　Recta y segmento

Figura 3.1: Representación de conjuntos.

Definición 3.2: Igualdad de conjuntos

Dos conjuntos A y B son *iguales* si contienen exactamente los mismos elementos. Se simboliza como $A = B$.

Ejemplo 3.4

Si definimos los conjuntos $A = \{1, 2, 3\}$, $B = \{x \in \mathbb{N} \mid 1 \leq x \leq 3\}$ y $C = \{2, 3, 4\}$, entonces podemos afirmar que $A = B$ (A y B son iguales), que $A \neq C$ (A y C no son iguales) y $B \neq C$ (B y C no son iguales).

Definición 3.3: Conjunto vacío

El *conjunto vacío*, representado como $\emptyset$, es aquel que no contiene ningún elemento.

Definición 3.4: Subconjunto

Dados dos conjuntos A y B, se dice que A *es subconjunto de* B o que A *está contenido en* B, y se simboliza como $A \subseteq B$, si todos los elementos de A pertenecen también a B.

De la definición es inmediato deducir que el conjunto vacío $\emptyset$ y el conjunto B son subconjuntos de B y que $A = B \leftrightarrow (A \subseteq B) \wedge (B \subseteq A)$.

Proposición 3.1: Propiedades de los subconjuntos

Sean los conjuntos $A, B, C \subseteq U$. Algunas de las propiedades de los subconjuntos son las siguientes:

1. Subconjunto vacío: $\emptyset \subseteq A$, $\forall A$.

2. Inclusión del propio conjunto: $A \subseteq A$.

3. Transitividad de subconjuntos: $A \subseteq B$, $B \subseteq C \rightarrow A \subseteq C$.

La representación de un subconjunto y de la propiedad de la transitividad de subconjuntos se muestra en los diagramas de Venn de la Figura 3.2.

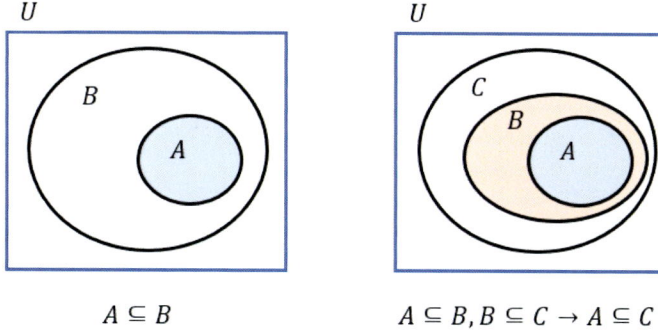

Figura 3.2: Subconjuntos.

Definición 3.5: Conjunto de las partes

Si C es un conjunto cualquiera, se define el *conjunto de las partes* o *conjunto potencia* $\mathcal{P}(C)$ como el conjunto cuyos elementos son todos los subconjuntos de C, es decir,

$$\mathcal{P}(C) = \{A \mid A \subseteq C\}.$$

Ejemplo 3.5

Como ejemplos del conjunto de partes:

- Dado el conjunto vacío $\emptyset$, el conjunto de partes de $\emptyset$ es $\mathcal{P}(C) = \{\emptyset\}$.

- Dado el conjunto $A = \{a, b, c\}$, el conjunto de partes de A es

$$\mathcal{P}(A) = \{\emptyset, \{a\}, \{b\}, \{c\}, \{a, b\}, \{a, c\}, \{b, c\}, A\}.$$

Definición 3.6: Producto cartesiano

Dados dos conjuntos $A, B \subseteq U$, se define el *producto cartesiano de A y B*, $A \times B$, como el conjunto de pares ordenados (a, b) tales que $a \in A$ y $b \in B$, es decir,

$$A \times B = \{(a, b) \mid a \in A \wedge b \in B\}.$$

Generalizando la expresión, dados los conjuntos $A_1, A_2, \ldots, A_k$, el producto cartesiano $A_1 \times A_2 \times \cdots \times A_k$ es aquel formado por las k-tuplas $(a_1, a_2, \ldots, a_k)$, donde $a_i \in A_i, \forall i = 1, 2, \ldots, k$, es decir,

$$A_1 \times A_2 \times \cdots \times A_k = \{(a_1, a_2, \ldots, a_k) \mid a_i \in A_i, \forall i = 1, 2, \ldots, k\}.$$

Ejemplo 3.6

Si consideramos los conjuntos $A = \{a, b\}$, $B = \{1, 2\}$ y $C = \{6, 7\}$, entonces

$$A \times B = \{(a, 1), (a, 2), (b, 1), (b, 2)\},$$
$$B \times A = \{(1, a), (1, b), (2, a), (2, b)\},$$
$$A \times B \times C = \{(a, 1, 6), (a, 2, 6), (b, 1, 6), (b, 2, 6), (a, 1, 7), (a, 2, 7), (b, 1, 7), (b, 2, 7)\}.$$

Nota *El producto cartesiano no es conmutativo, es decir, $A \times B \neq B \times A$.*

3.3 Operaciones de conjuntos

Definición 3.7: Conjunto universal

El *conjunto universal* o *universo* U es el conjunto que contiene a todos los elementos de interés en un estudio o contexto.

En el contexto de las operaciones de conjuntos, asumiremos que todos los subconjuntos con los que trabajamos son subconjuntos del universo U (representado como un rectángulo en los diagramas de Venn).

Definición 3.8: Complementario de un conjunto

Dado un conjunto $A \subseteq U$, se denomina *complementario de A* al conjunto

$$A^c := \{x \in U \mid x \notin A\},$$

es decir, a aquel conjunto formado por todos los elementos del universo U que no pertenecen al conjunto A.

Proposición 3.2: Propiedades del complementario

Sean los conjuntos $A, B \subseteq U$. Algunas de las propiedades del complementario son las siguientes:

1. Complementario del universo: $U^c = \emptyset$.

2. Complementario del conjunto vacío: $\emptyset^c = U$.

3. Igualdad de complementarios: $A = B \leftrightarrow A^c = B^c$.

4. Inclusión entre complementarios: $B \subseteq A \leftrightarrow A^c \subseteq B^c$.

   Demostración. Dados dos conjuntos cualesquiera A y B, demostramos la coimplicación en ambos sentidos:

   ($\rightarrow$) Supongamos que $B \subseteq A$. Esto quiere decir que todo elemento perteneciente a B cumple la propiedad de que pertenece a A, es decir, $\forall x, \ x \in B \rightarrow x \in A$. Por lo tanto, si el elemento no pertenece a A tampoco pertenecerá a B, es decir, $\forall x, \ x \notin A \rightarrow x \notin B$ (*modus tollens*), o equivalentemente (por la definición de conjunto complementario), $\forall x, \ x \in A^c \rightarrow x \in B^c$, o lo que es lo mismo, $A^c \subseteq B^c$.

1	$\forall x, \ x \notin A \rightarrow x \notin B$	Premisa: $A^c \subseteq B^c$
2	$a \notin A \rightarrow a \notin B$	1, $x = a$ (arbitrario), IP-3.
3	$a \in B \rightarrow a \in A$	2, EE-17.
4	$\forall x, \ x \in B \rightarrow x \in A$	3, Dem. por generalización $B \subseteq A$

   ($\leftarrow$) Supongamos que $A^c \subseteq B^c$. Esto quiere decir que todo elemento no perteneciente a A cumple la propiedad de que no pertenece a B, es decir, $\forall x, \ x \notin A \rightarrow x \notin B$. Por lo tanto, si el elemento pertenece a B, entonces pertenecerá a A, es decir, $\forall x, \ x \in B \rightarrow x \in A$ (*modus tollens*), o equivalentemente, $\forall x, \ x \in B \rightarrow x \in A$, o lo que es lo mismo, $B \subseteq A$.

1	$\forall x \ x \in B \rightarrow x \in A$	Premisa: $B \subseteq A$
2	$a \in B \rightarrow a \in A$	1, $x = a$ (arbitrario), IP-3.
3	$a \notin B \rightarrow a \notin A$	2, EE-17.
4	$\forall x \ x \notin A \rightarrow x \notin B$	3, Dem. por generalización $A^c \subseteq B^c$

   ∎

La demostración del resto de propiedades se deja como ejercicio al lector.

Definición 3.9: Unión de conjuntos

Dados dos conjuntos $A, B \subseteq U$, se denomina *unión de A y B* al conjunto

$$A \cup B := \{x \in U \mid x \in A \vee x \in B\},$$

es decir, a aquel conjunto formado por todos los elementos del conjunto universal U que pertenecen, o bien a A, o bien a B.

Generalizando para un conjunto de conjuntos $\mathcal{A} \subseteq \mathcal{P}(U)$, definimos la unión de los conjuntos de $\mathcal{A}$ como

$$\bigcup_{C \in \mathcal{A}} C := \{x \in U \mid x \in C \text{ para algún } C \in \mathcal{A}\}.$$

Si $\mathcal{A}$ consta de un numero finito de conjuntos $A_1, A_2, \ldots, A_k$, denotaremos su unión como $A_1 \cup A_2 \cup \cdots \cup A_k$.

Definición 3.10: Intersección de conjuntos

Dados dos conjuntos $A, B \subseteq U$, se denomina *intersección de A y B* al conjunto

$$A \cap B := \{x \in U \mid x \in A \wedge x \in B\},$$

es decir, a aquel conjunto formado por todos los elementos del conjunto universal U que pertenecen a la vez a A y a B.

Generalizando para un conjunto de conjuntos $\mathcal{A} \subseteq \mathcal{P}(U)$, definimos la intersección de los conjuntos de $\mathcal{A}$ como

$$\bigcap_{C \in \mathcal{A}} C := \{x \in U \mid x \in C, \ \forall C \in \mathcal{A}\}.$$

Si $\mathcal{A}$ consta de un numero finito de conjuntos $A_1, A_2, \ldots, A_k$, denotaremos su intersección como $A_1 \cap A_2 \cap \cdots \cap A_k$.

Ejemplo 3.7

Si para todo numero real estrictamente positivo $a > 0$ definimos el conjunto $B_a :=$ $[-a, a] \subseteq \mathbb{R}$, se tiene que la unión e intersección de los infinitos conjuntos B_a se puede expresar como

$$\bigcup_{a>0} B_a = \mathbb{R}, \quad \bigcap_{a>0} B_a = \{0\}.$$

Proposición 3.3: Propiedades de la unión y la intersección

Sean $A, B \subseteq U$. Algunas de las propiedades de la unión y la intersección entre conjuntos son las siguientes:

1. Inclusión en la unión: $A \subseteq A \cup B$.

2. Inclusión de la intersección: $A \cap B \subseteq A$.

3. Inclusiones entre conjunto y subconjunto: $A \subseteq B \leftrightarrow A \cap B = A \leftrightarrow A \cup B = B$.

Definición 3.11: Conjuntos disjuntos

Dados dos conjuntos $A, B \subseteq U$, decimos que son conjuntos *disjuntos* o *excluyentes* si $A \cap B = \emptyset$, es decir, si A y B no tienen ningún elemento en común.

De forma general, dados los conjuntos $A_1, A_2 \ldots, A_k$, decimos que son *disjuntos dos a dos*, *mutuamente disjuntos*, *mutuamente excluyentes* si

$$A_i \neq A_j \rightarrow A_i \cap A_j = \emptyset, \ \forall i, j \in \{1, 2, \ldots, k\}, \ i \neq j$$

Definición 3.12: Diferencia de conjuntos

Dados dos conjuntos $A, B \subseteq U$, se denomina *diferencia de A y B* al conjunto

$$A - B := \{x \in U \mid x \in A \wedge x \notin B\},$$

es decir, a aquel conjunto formado por todos los elementos del conjunto universal U que pertenecen a A, pero no a B.

Por su definición, la diferencia también se puede expresar como $A - B = A \cap B^c$.

Definición 3.13: Diferencia simétrica de conjuntos

Dados dos conjuntos $A, B \subseteq U$, se denomina *diferencia simétrica de A y B* al conjunto

$$A \triangle B := (A - B) \cup (B - A),$$

es decir, a aquel conjunto formado por todos los elementos del conjunto universal U que pertenecen a A, pero no a B, o a B, pero no a A.

Las operaciones entre conjuntos se pueden observar gráficamente en los diagramas de Venn de la Figura 3.3.

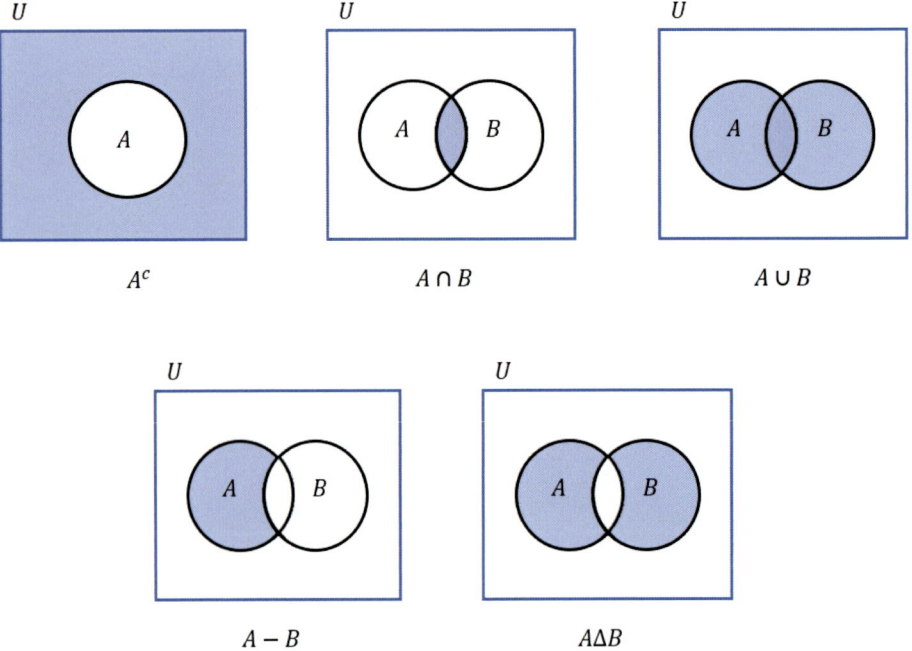

Figura 3.3: Operaciones de conjuntos (la región coloreada representa el resultado de la operación).

Proposición 3.4: Propiedades booleanas de conjuntos

Sean los conjuntos $A, B, C \subseteq U$ y las formas proposicionales p, q, r. Las propiedades booleanas entre conjuntos y su respectiva equivalencia con las operaciones proposicionales son las siguientes[a]:

1. *Propiedades asociativas*:

$$(A \cup B) \cup C = A \cup (B \cup C) \quad | \quad (p \vee q) \vee r \equiv p \vee (q \vee r)$$
$$(A \cap B) \cap C = A \cap (B \cap C) \quad | \quad (p \wedge q) \wedge r \equiv p \wedge (q \wedge r)$$

2. *Propiedades conmutativas*:

$$A \cup B = B \cup A \quad | \quad p \vee q \equiv q \vee p$$
$$A \cap B = B \cap A \quad | \quad p \wedge q \equiv q \wedge p$$

3. *Propiedades distributivas*:

$$A \cup (B \cap C) = (A \cup B) \cap (A \cup C) \quad | \quad p \vee (q \wedge r) \equiv (p \vee q) \wedge (p \vee r)$$
$$A \cap (B \cup C) = (A \cap B) \cup (A \cap C) \quad | \quad p \wedge (q \vee r) \equiv (p \wedge q) \vee (p \wedge r)$$

4. *Elementos neutros*:

$$A \cup \emptyset = A \quad | \quad p \vee \mathsf{F} \equiv p$$
$$A \cap U = A \quad | \quad p \wedge \mathsf{V} \equiv p$$

5. *Elementos complementarios*:

$$A \cup A^c = U \quad | \quad p \vee \neg p \equiv \mathsf{V}$$
$$A \cap A^c = \emptyset \quad | \quad p \wedge \neg p \equiv \mathsf{F}$$

Nótese que las propiedades relacionadas con la unión $\cup$ en conjuntos son equivalentes al operador disyuntor $\vee$ en proposiciones, mientras que las propiedades relacionadas con la intersección $\cap$ en conjuntos son equivalentes a las del operador conjuntor $\wedge$ en proposiciones.

---

[a]Nótese la equivalencia entre la operación unión $\cup$ y el operador disyuntor $\vee$, y entre la operación intersección $\cap$ y el operador conjuntor $\wedge$. Esta equivalencia proviene de las definiciones de la unión y la intersección, que implícitamente contienen a los operadores disyuntor y conjuntor, respectivamente.

Proposición 3.5: Otras propiedades

Sean los conjuntos $A, B, C \subseteq U$, y las formas proposicionales p, q, r. Otras propiedades entre conjuntos (y su respectiva equivalencia con las operaciones proposicionales) son las siguientes:

1. *Propiedades de absorción:*

$$A \cup U = U \quad | \quad p \vee \mathsf{V} \equiv \mathsf{V}$$
$$A \cap \emptyset = \emptyset \quad | \quad p \wedge \mathsf{F} \equiv \mathsf{F}$$

2. *Propiedades de idempotencia:*

$$A \cup A = A \quad | \quad p \vee p \equiv p$$
$$A \cap A = A \quad | \quad p \wedge p \equiv p$$

3. *Propiedades simplificativas:*

$$A \cup (A \cap B) = A \quad | \quad p \vee (p \wedge q) \equiv p$$
$$A \cap (A \cup B) = A \quad | \quad p \wedge (p \vee q) \equiv p$$

4. *Propiedad del doble complementario (o la doble negación):*

$$(A^c)^c = A \quad | \quad \neg(\neg p) \equiv p$$

5. *Leyes de Morgan:*

$$(A \cup B)^c = A^c \cap B^c \quad | \quad \neg(p \vee q) \equiv \neg p \wedge \neg q$$
$$(A \cap B)^c = A^c \cup B^c \quad | \quad \neg(p \wedge q) \equiv \neg p \vee \neg q$$

3.4 Recubrimientos y particiones

Definición 3.14: Recubrimiento

Diremos que el conjunto de conjuntos $A = \{A_1, \ldots, A_n\} \subseteq \mathcal{P}(U)$ (si es finito) o $A = \{A_1, \ldots, A_n, \ldots\} \subseteq \mathcal{P}(U)$ (si es infinito) es un *recubrimiento* de un conjunto B si

$$B \subseteq \bigcup_{A_i \in A} A_i.$$

En otras palabras, un recubrimiento de B es un colección de conjuntos cuya unión contiene a B.

Ejemplo 3.8

Sean los conjuntos $A_1 = \{1, 2, 3\}, A_2 = \{2, 3, 4\}, A_3 = \{4, 5, 6, 7\}$. Entonces, $\{A_1, A_2, A_3\}$ es un recubrimiento del conjunto $B = \{x \in \mathbb{N} \mid 1 \leq x \leq 5\}$, pero no lo es del conjunto $C = \{1, 2, 3, 7, 8\}$.

Definición 3.15: Partición

Diremos que el conjunto de conjuntos $A = \{A_1, \ldots, A_n\} \subseteq \mathcal{P}(U)$ (si es finito) o $A = \{A_1, \ldots, A_n, \ldots\} \subseteq \mathcal{P}(U)$ (si es infinito) es una *partición* de un conjunto B si los conjuntos A_i son disjuntos dos a dos, es decir, si $A_i \cap A_j = \emptyset$, $\forall i \neq j$, y si

$$B = \bigcup_{A_i \in A} A_i.$$

En otras palabras, una partición de B es un colección de conjuntos cuya unión es exactamente igual a B. Es inmediato deducir por su definición que toda partición de B es también un recubrimiento.

Ejemplo 3.9

Sean los conjuntos $A_1 = \{1, 2, 3\}, A_2 = \{4, 5, 6\}, A_3 = \{7, 8, 9, 10\}$. Entonces, $\{A_1, A_2, A_3\}$ es una partición del conjunto $B = \{x \in \mathbb{N} \mid 1 \leq x \leq 10\}$, pero no lo es del conjunto $C = \{x \in \mathbb{N} \mid 1 \leq x \leq 8\}$ (aunque sí que sería un recubrimiento).

Ejemplo 3.10

La Figura 3.4 muestra un ejemplo gráfico de recubrimiento y de partición. En el caso del recubrimiento, se aprecia cómo la unión de los conjuntos (las distintas figuras geométricas) contenidos en el conjunto A recubre al conjunto B (el rectángulo azul oscuro) incluso excediéndolo, es decir, $B \subset \cup_i A_i$. En el caso de la partición, se observa que la unión de los conjuntos (los rectángulos) contenidos en A recubre a B de forma exacta, es decir, $B = \cup_i A_i$, y además dichos conjuntos son disjuntos dos a dos (los rectángulos no se solapan entre sí), es decir, $A_i \cap A_j = \emptyset, \forall i \neq j$.

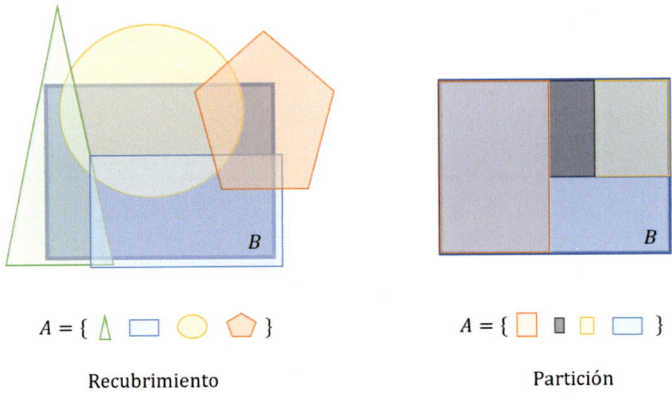

$$A = \{\ \triangle\ \square\ \bigcirc\ \pentagon\ \}$$

Recubrimiento

$$A = \{\ \square\ \blacksquare\ \square\ \square\ \}$$

Partición

Figura 3.4: Esquema gráfico de un recubrimiento (izquierda) y una partición (derecha) A del conjunto B (Ejemplo 3.10).

3.5 Correspondencias

Definición 3.16: Correspondencia

Dados dos conjuntos A y B, se denomina *correspondencia* entre A y B, representada como $f : A \rightarrow B$, a una asociación de elementos de A con elementos de B. A es el *conjunto inicial* y B es el *conjunto final*.

Si un elemento $a \in A$ está asociado con un elemento $b \in B$, se dice que b es la *imagen* de a, o que a es *anti-imagen* de b.

A partir de la definición de correspondencia, podemos definir una serie de conjuntos de interés.

Definición 3.17: Dominio, imagen y grafo de una correspondencia

Dada una correspondencia $f : A \to B$, definimos

- el *conjunto de imagenes* de $a \in A$ como $f(a) = \{b \in B \mid f(a) = b,\ a \in A\}$,

- el *conjunto de anti-imágenes* de $b \in B$ como $f^{-1}(b) = \{a \in A \mid f(a) = b,\ b \in B\}$,

- el *dominio* de f como $\mathrm{Dom}(f) = \{a \in A \mid f(a) \in B\}$.

- el *rango, recorrido* o *imagen* de f como $\mathrm{Rango}(f) = \mathrm{Im}(f) = \mathrm{Rec}(f) = f(A) = \{b \in B \mid \exists a \in A :\ f(a) = b\}$.

- el *grafo* de f como $\mathrm{Grafo}(f) = \{(a,b) \in A \times B \mid b \in f(a)\}$.

Nota   *Una correspondencia f está unívocamente determinada por su conjunto $\mathrm{Grafo}(f)$, ya que, por su definición, incluye todos los pares de elementos asociados. Por lo tanto, una correspondencia también se puede considerar como un subconjunto del producto cartesiano $F \subseteq A \times B$.*

Ejemplo 3.11

Sean $A = \{x \in \mathbb{N} \mid 0 \le x \le 10\}$ y $B = \{0, 1, -1, 2, -2, 3, -3, 7\}$ dos conjuntos, y $f : A \to B$ una correspondencia dada por la Figura 3.5a.

Entonces,

- $f(1) = \{-1, 1\}$, $f(3) = \emptyset$.

- $f^{-1}(0) = \{0\}$, $f^{-1}(-3) = \{9, 10\}$, $f^{-1}(7) = \emptyset$.

- $\mathrm{Dom}(f) = \{0, 1, 4, 9, 10\}$.

- $\mathrm{Im}(f) = \{0, 1, -1, 2, -2, 3, -3\}$.

- $\mathrm{Grafo}(f) = \{(0,0), (1,1), (1,-1), (4,2), (4,-2), (9,3), (9,-3), (10,-3)\}$.

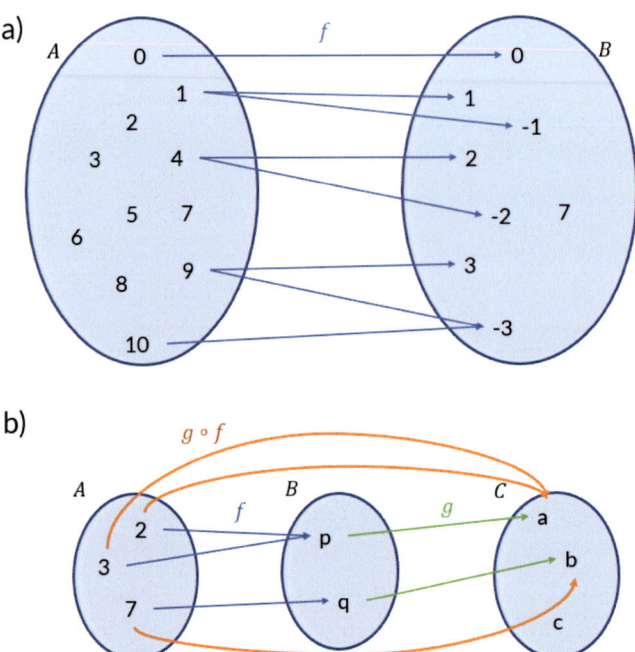

Figura 3.5: Esquema gráfico de a) una correspondencia $f : A \to B$ (Ejemplo 3.11) y b) una composición de correspondencias $g \circ f : A \to C$ (Ejemplo 3.13).

Definición 3.18: Correspondencia inversa

Dada una correspondencia $f : A \to B$, se denomina *correspondencia inversa de f* a aquella correspondencia $f^{-1} : B \to A$ cuyo grafo asociado es

$$\text{Grafo}\left(f^{-1}\right) = \{(b, a) \in B \times A \mid (a, b) \in \text{Grafo}(f)\}.$$

Ejemplo 3.12

La correspondencia inversa $f^{-1} : B \to A$ de la correspondencia $f : A \to B$ presentada en el Ejemplo 3.11 tiene como grafo al conjunto

$$\text{Grafo}\left(f^{-1}\right) = \{(0,0), (1,1), (-1,1), (2,4), (-2,4), (3,9), (-3,9), (-3,10)\}.$$

Definición 3.19: Composición de correspondencias

Sean $f : A \to B$ y $g : B \to C$ dos correspondencias, con grafos $F \subseteq A \times B$ y $G \subseteq B \times C$, respectivamente. Se define la *composición de g y f* como aquella correspondencia $g \circ f : A \to C$ tal que $(g \circ f)(a) = g(f(a))$ para todo $a \in A$. En otras palabras, es la correspondencia cuyo grafo es

$$\text{Grafo}(g \circ f) = \{(a, c) \in A \times C \mid \exists b \in B : (a, b) \in F \ \wedge \ (b, c) \in G\}.$$

Ejemplo 3.13

Sean los conjuntos $A = \{2, 3, 7\}$, $B = \{p, q\}$ y $C = \{a, b\}$, y sean las aplicaciones $f : A \to B$, con $\text{Grafo}(f) = \{(2, p), (3, p), (7, q)\}$, y $g : B \to C$, con $\text{Grafo}(f) = \{(p, a), (q, b)\}$. Entonces, la composición $g \circ f : A \to C$ (Figura 3.5b) viene dada por

$$\text{Grafo}(g \circ f) = \{(3, a), (2, a), (7, b)\}.$$

Definición 3.20: Función

Se dice que una correspondencia $f : A \to B$ es una *función* si todo elemento de A tiene, a lo sumo, una imagen.

Ejemplo 3.14

Sean los conjuntos $A = \{2, 3, 7, 9\}$ y $B = \{p, q, r, s\}$. Un ejemplo de función sería $f : A \to B$ con $\text{Grafo}(f) = \{(2, p), (3, p), (7, q)\}$, ya que todo elemento de A tiene como máximo una imagen en B (Figura 3.6).

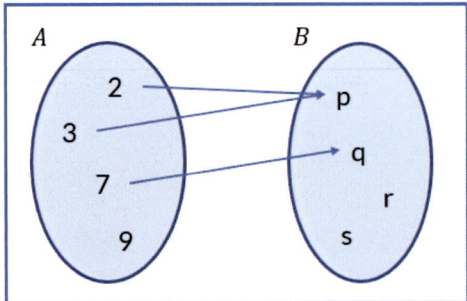

Figura 3.6: Esquema gráfico de una función (Ejemplo 3.14).

Definición 3.21: Aplicación

Se dice que una correspondencia $f : A \to B$ es una *aplicación* si todo elemento de A tiene exactamente una imagen. En otras palabras, f es una aplicación si f es una función y $\mathrm{Dom}(f) = A$.

Ejemplo 3.15

Sean los conjuntos $A = \{2, 3, 7, 9\}$ y $B = \{p, q, r, s\}$. Un ejemplo de aplicación sería $f : A \to B$ con $\mathrm{Grafo}(f) = \{(2, p), (3, p), (7, q), (9, q)\}$, ya que todo elemento de A tiene exactamente una imagen en B (Figura 3.7).

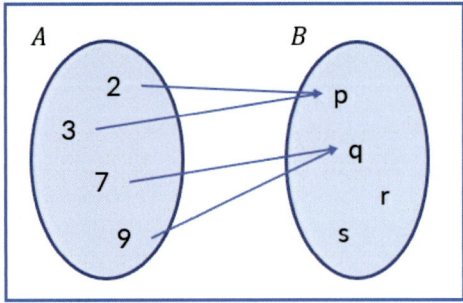

Figura 3.7: Esquema gráfico de una aplicación (Ejemplo 3.15).

Definición 3.22: Aplicación inyectiva

Se dice que una aplicación $f : A \to B$ es *inyectiva* (o que es una *inyección*) si todos los elementos de A tienen imagenes distintas, es decir, si se satisface la condicion

$$\forall a_1, a_2 \in A, \ a_1 \neq a_2 \Rightarrow f(a_1) \neq f(a_2),$$

o la condicion equivalente

$$\forall a_1, a_2 \in A, \ f(a_1) = f(a_2) \Rightarrow a_1 = a_2.$$

Ejemplo 3.16

Sean los conjuntos $A = \{2, 3, 7\}$ y $B = \{p, q, r, s\}$. Un ejemplo de aplicación inyectiva sería $f : A \to B$ con Grafo(f) = $\{(2, p), (3, q), (7, r)\}$, ya que todos los elementos de A tienen imágenes distintas al resto en B (Figura 3.8).

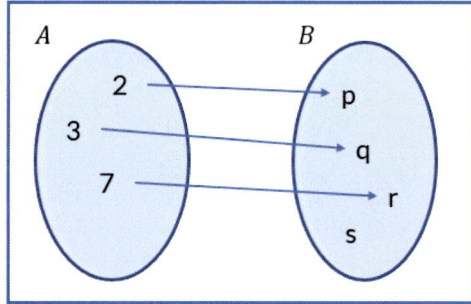

Figura 3.8: Esquema gráfico de una aplicación inyectiva (Ejemplo 3.16).

Definición 3.23: Aplicación suprayectiva

Se dice que una aplicación $f : A \to B$ es *suprayectiva* o *sobreyectiva* (o que es una *suprayección* o *sobreyección*) cuando todos los elementos de B tienen alguna antiimagen, es decir, si se satisface la condicion

$$\forall b \in B \; \exists a \in A : \; f(a) = b,$$

o la condicion equivalente $\mathrm{Im}(f) = B$.

Ejemplo 3.17

Sean los conjuntos $A = \{2, 3, 7\}$ y $B = \{p, q, r, s\}$. Un ejemplo de aplicación suprayectiva sería $f : A \to B$ con $\mathrm{Grafo}(f) = \{(2, p), (3, q), (7, r), (7, s)\}$, ya que todos los elementos de B son imagen de algún elemento de A (Figura 3.9).

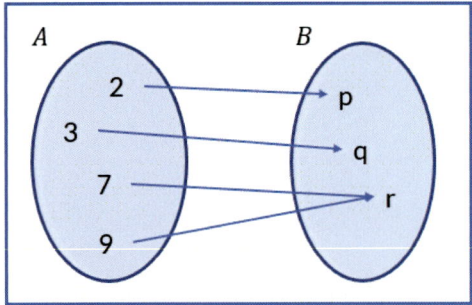

Figura 3.9: Esquema gráfico de una aplicación suprayectiva (Ejemplo 3.17).

Definición 3.24: Aplicación biyectiva

Una aplicacion $f : A \to B$ se dice que es *biyectiva* (o que es una *biyección*) cuando es inyectiva y suprayectiva.

Ejemplo 3.18

Sean los conjuntos $A = \{2, 3, 7, 9\}$ y $B = \{p, q, r, s\}$. Un ejemplo de aplicación biyectiva sería $f : A \rightarrow B$ con Grafo$(f) = \{(2, p), (3, q), (7, r), (9, s)\}$, ya que todo elemento de A presenta una imagen distinta al resto, y todo elemento de B presenta una anti-imagen (Figura 3.10).

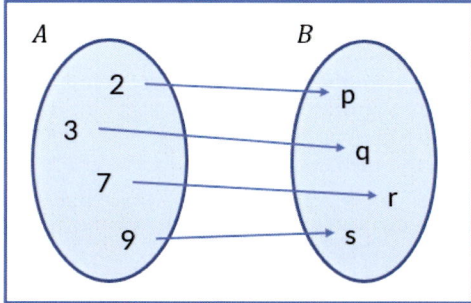

Figura 3.10: Esquema gráfico de una aplicación biyectiva (Ejemplo 3.18).

Ejemplo 3.19

Consideremos los conjuntos $X = \mathbb{N}$ (números naturales) e $Y = \{2x \mid x \in \mathbb{N}\}$ (números naturales pares). Se tiene que $Y \subset X$, ya que Y está estrictamente contenido en X, o en otras palabras, está contenido en Y pero no es igual a Y. Entre ellos, existe una biyección $f : X \rightarrow Y$: $f(x) = 2x$ que los relaciona.

Definición 3.25: Aplicación identidad

Dado un conjunto A, se define la aplicacion identidad en A como aquella aplicacion biyectiva $id_A : A \rightarrow A$ tal que $id_A(a) = a$ para todo $a \in A$.

Proposición 3.6: Propiedades de la composición de funciones

Sean $f : A \to B$ y $g : B \to C$ dos aplicaciones. Algunas de las propiedades de estas aplicaciones son las siguientes:

1. si f y g son inyectivas entonces $g \circ f$ también lo es.

   Demostración. Sean $x_1, x_2 \in A$ dos elementos tales que $(g \circ f)(x_1) = (g \circ f)(x_2)$, es decir, que $g(f(x_1)) = g(f(x_2))$. Como g es inyectiva, entonces $f(x_1) = f(x_2)$. Y como f también es inyectiva, concluimos que $x_1 = x_2$. Por lo tanto, $g \circ f$ es inyectiva. ∎

2. si f y g son suprayectivas entonces $g \circ f$ también lo es.

   Demostración. Sea $z \in C$ un elemento cualquiera. Por ser g suprayectiva, sabemos que existe un elemento $y \in B$ tal que $z = g(y)$. Y por ser f suprayectiva, también sabemos que existe un elemento $x \in A$ tal que $y = f(x)$. Entonces, para todo $z \in B$, existe un elemento $x \in A$ tal que $z = g(y) = g(f(x)) = (g \circ f)(x)$. Por lo tanto, $g \circ f$ es suprayectiva. ∎

3. si f y g son biyectivas entonces $g \circ f$ también lo es.

   Demostración. Si g y f son inyectivas y suprayectivas, entonces $g \circ f$ es inyectiva y suprayectiva, tal y como se ha demostrado con las anteriores propiedades. Por lo tanto, $g \circ f$ es biyectiva. ∎

4. f es biyectiva si y solo si su correspondencia inversa f^{-1} es una aplicación.

5. f es biyectiva si y solo si existe otra aplicación $h : B \to A$ tal que $h \circ f = id_A$ y $f \circ h = id_B$. Además, en este caso, $h = f^{-1}$.

Las demostraciones de las Propiedades 4 y 5 se dejan como ejercicio al lector.

3.6   Ejercicios propuestos

Ejercicio 3.1

Sean los conjuntos $A = \{1, 2, 3, 4, 5\}$, $B = \{2, 4, 6, 8, 10\}$ y $C = \{3, 4, 5, 6\}$, dentro del universo $U = \{1, 2, 3, 4, 5, 6, 7, 8, 9, 10\}$. Calcule

1. $(A \cup B) \cap (A \cup C)$

2. $A^c \cup B^c$

3. $U - (A \cup B \cup C)$

4. $B \times A$

5. $A \triangle B$

Ejercicio 3.2

Sean A, B y C conjuntos arbitrarios contenidos en el universo U. Demuestre que

1. $A^c - B^c = B - A$

2. $A - (B \cup C) = (A - B) \cap (A - C)$

3. $(A \cup B) - C = (A - C) \cup (B - C)$

4. $(A \cap B) - C = (A - C) \cap (B - C)$

Ejercicio 3.3

Sean los conjuntos $A = \{1, 3, 4\}$ y $B = \{1, 4, 6\}$, dentro del universo $U = \{1, 2, 3, 4, 5, 6\}$. Calcule $R = A - B$, $S = B - A$, $V = A \cap B$ y $W = U - (A \cup B)$ y compruebe si $\{R, S, V, W\}$ es una partición del universo U.

Ejercicio 3.4

Sean los conjuntos $X = \{2, 4, 5\}$ y $B = \{1, 2, 4, 6\}$. Indique cuáles de los siguientes grafos son aplicaciones de X en Y y su tipo:

1. $F = \{(2, 4), (4, 1), (5, 6), (4, 2)\}$

2. $G = \{(2, 4), (4, 6), (5, 1)\}$

3. $H = \{(2, 6), (4, 6), (5, 1)\}$

4. $J = \{(2, 2), (4, 4)\}$

Ejercicio 3.5

Sea g la correspondencia de $\mathbb{N}$ en $\mathbb{N}$, definida por $G = \{(x, y) : x + 2y = 12\}$.

1. Describa el grafo G por extensión.

2. Calcule el dominio y el rango de esta correspondencia.

3. Obtenga el grafo G^{-1} de la correspondencia inversa g^{-1} por extensión.

4. Halle el grafo $G \circ G$ de la composición $g \circ g$.

Ejercicio 3.6

Sean $A = \mathbb{R} - \{3\}$ y $B = \mathbb{R} - \{1\}$. Considere la función f de A en B dada por

$$f(x) = \frac{x - 1}{x - 3}.$$

la cual es inyectiva y suprayectiva. Halle una fórmula de la función inversa f^{-1}.

Capítulo 4

Relaciones

4.1 Introducción

Existen muchas aplicaciones de la teoría de conjuntos en las cuales no sólo es importante definir correctamente los conjuntos, sino también las *relaciones de orden* entre sus elementos. Dentro del área de la informática, por ejemplo, las relaciones son esenciales a la hora de diseñar e implementar *bases de datos relacionales*. En una base de datos relacional, toda la información está representada por una serie de relaciones entre los datos, y que pueden ser tan variadas como los diferentes datos que definamos e introduzcamos en ellas. Asimismo, para que la base de datos funcione eficientemente, cualquier búsqueda debe poder realizarse, y además en un tiempo razonable. Por ello, es necesario que cada una de las relaciones nos permita *ordenar* los elementos del conjunto.

En este capítulo estudiaremos los conceptos de relación, clausuras y orden, y sus diferentes tipos, así como los algoritmos para hallar órdenes en los conjuntos.

4.2 Relaciones

Definición 4.1: Par ordenado

Un *par ordenado* o *dupla* es una pareja de elementos ordenados $\langle a_1, a_2 \rangle$. Un par ordenado viene definido tanto por sus elementos como por el orden en el que aparecen[a].

---

[a]Dos pares ordenados, $\langle a_1, a_2 \rangle$ y $\langle b_1, b_2 \rangle$, son equivalentes si y solo si $a_1 = b_1$ y $a_2 = b_2$.

> **Nota**   *No es lo mismo un par ordenado que un conjunto. Dados dos elementos, el 5 y el 8 por ejemplo, el par ordenado $\langle 5, 8 \rangle$ no equivale al conjunto $\{5, 8\}$, ya que $\{5, 8\} = \{8, 5\}$, mientras que $\langle 5, 8 \rangle \neq \langle 8, 5 \rangle$. En otras palabras, el orden de los elementos en un par ordenado importa, mientras que en un conjunto no.*

Definición 4.2: Producto cartesiano

Sean los conjuntos A_1 y A_2. Definimos el *producto cartesiano* $A_1 \times A_2$ de los conjuntos como

$$A_1 \times A_2 = \{\langle a_1, a_2 \rangle : \ a_1 \in A_1, \ a_2 \in A_2\}.$$

En otras palabras, es el conjunto de todos los posibles pares ordenados que se forman con un primer elemento de A_1 y con un segundo elemento de A_2.

Ejemplo 4.1

Sean los conjuntos $A_1 = \{x, y\}$ y $A_2 = \{1, 2\}$. Entonces, definimos

$$A_1 \times A_2 = \{\langle x, 1 \rangle, \langle x, 2 \rangle, \langle y, 1 \rangle, \langle y, 2 \rangle\}, \quad A_2 \times A_1 = \{\langle 1, x \rangle, \langle 1, y \rangle, \langle 2, x \rangle, \langle 2, y \rangle\}.$$

Definición 4.3: *k*-**tupla ordenada y dominio**

Llamaremos *k-tupla ordenada*, o simplemente *k-tupla*, para $k \in \mathbb{N}$, $k > 0$, con *i*-ésima componente a_i, a una sucesión de k elementos u objetos $\langle a_1, \ldots, a_i, \ldots, a_k \rangle$.

En particular, si $k = 2$, $\langle a_1, a_2 \rangle$ es un *par ordenado*, y si $k = 3$, $\langle a_1, a_2, a_3 \rangle$ es una *tripleta ordenada*.

Para la *i*-ésima componente a_i, llamaremos *dominio* al conjunto de valores que puede tomar la componente a_i.

Definición 4.4: Producto cartesiano generalizado

Sea la colección o conjunto de conjuntos $\{A_1, \ldots, A_n\}$, con $n \in \mathbb{N}$, $n > 0$. Definimos el *producto cartesiano generalizado* $A_1 \times \cdots \times A_n$ como el conjunto de las *n*-tuplas

$$A_1 \times \cdots \times A_n = \{\langle a_1, \ldots, a_n \rangle : a_i \in A_i, \ i = 1, \ldots, n\}.$$

Definición 4.5: Relación *n*-aria

Dados los conjuntos $A_1, \ldots, A_n$, una *relación n-aria* R sobre $\{A_1, \ldots, A_n\}$ es un subconjunto del producto cartesiano $\{A_1 \times \cdots \times A_n\}$.

Como casos particulares,

- si $n = 2$, se dice que R es una *relación binaria*; si $n = 3$, una *relación ternaria*, etc.

- si $R = \emptyset$ entonces R es la *relación vacía*.

- si R coincide con $A_1 \times \cdots \times A_n$, entonces R es conocida como *relación universal* y se representa por U.

> **Nota** *En este capítulo, nos centraremos exclusivamente en estudiar las relaciones binarias.*

Definición 4.6: Dominio y codominio de una relación binaria

Sea R una relación binaria definida sobre $A \times B$, o también denominada como *relación definida de A en/sobre B*. Al conjunto A se le llama *dominio de la relación*, y al conjunto B se le llama *codominio* o *conjunto imagen*.

Si $A = B$, representaremos por $\langle A, R \rangle$ a la relación binaria R definida sobre el producto cartesiano $A \times A$, y diremos que $\langle A, R \rangle$ es *la relación R sobre (el conjunto) A*. Dado $\langle A, R \rangle$, si dos elementos $a, b \in A$ están relacionados, lo representaremos por aRb, o bien lo denotaremos como $\langle a, b \rangle \in R$.

Definición 4.7: Matriz de una relación binaria

Sea $\langle A, R \rangle$ una relación binaria R definida sobre A. Llamaremos *matriz de la relación R sobre A* a la matriz $M_R = [r_{ij}]_{n \times n}$, donde n es el número de elementos de A, y donde

$$r_{ij} = \begin{cases} 1 & \text{si } \langle a_i, a_j \rangle \in R \\ 0 & \text{si } \langle a_i, a_j \rangle \notin R \end{cases}$$

A menudo, una forma más cómoda de resolver cuestiones sobre relaciones es empleando la teoría de grafos (véase Capítulo 7).

Definición 4.8: Grafo dirigido

Un *grafo dirigido* o *dígrafo* es el par ordenado $D = \langle A, R \rangle$, donde A es un conjunto y R es una relación binaria sobre A[a].

---

[a]Desde la perspectiva de la teoría de grafos, A será el conjunto de nodos o vértices, y los elementos de R serán los arcos o aristas del grafo D, y la matriz M_R asociada a la relación equivale a la matriz de adyacencia del grafo.

Ejemplo 4.2

Dado el conjunto $A = \{x, y, z, t\}$ y la relación $R = \{\langle x, x \rangle, \langle x, y \rangle, \langle z, y \rangle, \langle t, z \rangle\}$, el grafo dirigido $D = \langle A, R \rangle$ viene representado por la Figura 4.1, y su matriz de adyacencia viene dada por

$$M_R = \begin{pmatrix} 1 & 1 & 0 & 0 \\ 0 & 0 & 0 & 0 \\ 0 & 1 & 0 & 0 \\ 0 & 0 & 1 & 0 \end{pmatrix}.$$

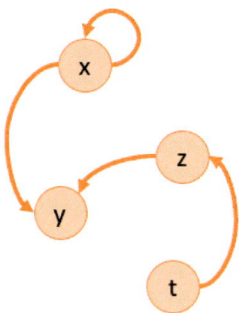

Figura 4.1: Esquema gráfico de un grafo dirigido (Ejemplo 4.2).

Definición 4.9: Tipos de relaciones binarias

Sea R una relación binaria definida sobre el conjunto A y $M_R = [r_{ij}]_{n \times n}$ su matriz de relación. Entonces:

1. R es *reflexiva* si xRx, $\forall x \in A$. Las matrices de las relaciones reflexivas se caracterizan porque todas sus entradas diagonales son no nulas, es decir, si $r_{ii} = 1$, $\forall i \in \{1, \ldots, n\}$.

2. R es *irreflexiva* si $x \not{R} x$, $\forall x \in A$, donde $x \not{R} y$ representa que los elementos x e y no están relacionados por R. Las matrices de las relaciones irreflexivas se caracterizan porque todas sus entradas diagonales son nulas, es decir, si $r_{ii} = 0$, $\forall i \in \{1, \ldots, n\}$.

3. R es *simétrica* si $xRy \Rightarrow yRx$, $\forall x, y \in A^a$. Las matrices de las relaciones simétricas se caracterizan porque coinciden con su matriz transpuesta, es decir, $M_R = M_R^T$, o bien $r_{ij} = r_{ji}$, $\forall i, j \in \{1, \ldots, n\}$.

4. R es *antisimétrica* si $(xRy) \wedge (yRx) \Rightarrow x = y$, $\forall x, y \in A$. Las matrices de las relaciones antisimétricas se caracterizan porque toda entrada no diagonal no nula es opuesta a su entrada transpuesta, es decir, si $r_{ij} = 1$, entonces $r_{ji} \neq r_{ji} = 0$, $\forall i, j \in \{1, \ldots, n\}$, $i \neq j$. Por ello, $M_R \wedge M_R^T \leq I^b$, donde I es la matriz identidad, es decir, la conjunción de la matriz con su transpuesta da lugar a una matriz nula, a excepción de la diagonal, en la que pueden haber entradas no nulas.

5. R es *asimétrica* si $xRy \Rightarrow y \not{R} x$, $\forall x, y \in A$. Las matrices de las relaciones asimétricas se caracterizan porque toda entrada diagonal es nula, $r_{ii} = 0$, $\forall i \in \{1, \ldots, n\}$, y toda entrada no diagonal no nula es opuesta a su entrada transpuesta, es decir, si $r_{ij} = 1$, entonces $r_{ji} \neq r_{ji} = 0$, $\forall i, j \in \{1, \ldots, n\}$, $i \neq j$. Por ello, $M_R \wedge M_R^T = O_{n \times n}$, es decir, la conjunción de la matriz M_R con su transpuesta equivale a la matriz nula $O_{n \times n}$.

6. R es *transitiva* si $(xRy) \wedge (yRz) \Rightarrow xRz$, $\forall x, y, z \in A$. Las matrices de las relaciones transitivas se caracterizan porque si dos entradas $r_{ij} = 1, r_{jk} = 1$ (son no nulas), entonces $r_{ik} = 1$ (también es no nula), $\forall i, j, k \in \{1, \ldots, n\}$. Alternativamente, puede demostrarse que una relación transitiva cumple que $M_R^2 = M_R \odot M_R \leq M_R$, donde $\odot$ es el producto booleano de matrices^c.

---

^{a}La implicación $a \Rightarrow b$ significa que, si se afirma a, entonces también se afirma b. Es importante distinguirla de la implicación lógica $a \rightarrow b$ (véase la Definición 1.9 del Capítulo 1). Por un lado, la implicación $a \rightarrow b$ representa una única proposición, de modo que si no conocemos los dos valores de verdad de a y b, no podemos saber si es cierta o falsa. Por otro lado, en la implicación $a \Rightarrow b$, a y b actúan como dos proposiciones independientes, y el símbolo $\Rightarrow$ nos indica que, si a es verdadero, entonces b también lo es. Por lo tanto, el valor de verdad de b depende del valor de verdad de a.

^{b}El símbolo $\leq$ en la expresión $A \leq B$, donde A y B son dos matrices de dimensión $n \times n$, indica que cualquier entrada a_{ij} de la matriz A es menor o igual a su correspondiente entrada b_{ij} de la matriz B, $\forall i, j \in \{1, \ldots, n\}$.

^{c}El producto booleano de matrices es equivalente al producto de matrices del álgebra lineal, reemplazando la suma por el disyuntor $\vee$ y el producto por el conjuntor $\wedge$.

Desde la perspectiva de la teoría de grafos, si una relación es reflexiva (todo elemento $x \in A$ está relacionado consigo mismo), el grafo dirigido D presentará un bucle en cada nodo. Si, por el contrario, R es irreflexiva (ningún elemento $x \in A$ está relacionado consigo mismo), el grafo dirigido no presentará ningún bucle en sus nodos. Por otro lado, si la relación R fuese simétrica, el grafo pasaría a ser un grafo no dirigido (la relación entre dos elementos siempre es en ambos sentidos).

Nótese también que, por presentar definiciones contradictorias, una relación puede no ser simultáneamente reflexiva e irreflexiva, o simultáneamente asimétrica y simétrica. Sin embargo, deficiones como la de relación antisimétrica y asimétrica son prácticamente idénticas, salvando que la relación asimétrica exige adicionalmente que no exista ninguna relación de un elemento consigo mismo. Por ello, si una relación es asimétrica, necesariamente también es antisimétrica, mientras que una relación antisimétrica no necesariamente tiene por qué ser asimétrica. De hecho, la relación asimétrica también se suele denominar *antisimétrica en sentido estricto.*

Ejemplo 4.3

Dado el conjunto $A = \{1, 2, 3\}$,

- la matriz

$$M_{R_1} = \begin{pmatrix} 1 & 0 & 0 \\ 0 & 1 & 0 \\ 0 & 0 & 1 \end{pmatrix} = I$$

representa la relación R_1 igualdad o identidad sobre A (cada elemento únicamente está relacionado consigo mismo), y es

  - reflexiva: todas las entradas de la diagonal son 1,

  - simétrica: la matriz transpuesta coincide con la matriz de relación, que es $M_{R_1} = I = I^T = M_{R_1}^T$,

  - antisimétrica: todas las entradas no diagonales son nulas, por lo que

$$M_{R_1} \wedge M_{R_1}^T = I \wedge I = I,$$

  - transitiva: el producto de matrices es

$$M_{R_1}^2 = M_{R_1} \odot M_{R_1} = I \odot I = I = M_R.$$

- la matriz

$$M_{R_2} = \begin{pmatrix} 1 & 0 & 0 \\ 0 & 0 & 1 \\ 0 & 1 & 0 \end{pmatrix}$$

representa la relación R_2 sobre A, la cual es

- simétrica: todas las entradas son iguales a sus respectivas transpuestas, o

$$M_{R_2} = \begin{pmatrix} 1 & 0 & 0 \\ 0 & 0 & 1 \\ 0 & 1 & 0 \end{pmatrix} = M_{R_2}^T,$$

pero no es

- reflexiva ni irreflexiva: las entradas diagonales toman valores 0 y 1,

- antisimétrica ni asimétrica: como contraejemplo, los elementos $\langle 3, 2 \rangle$ y $\langle 2, 3 \rangle$ están relacionados simétricamente, cuando no deberían estarlo, o bien $M_{R_2} \wedge M_{R_2}^T = M_{R_2} \wedge M_{R_2} = M_{R_2} > I$,

- transitiva: estando los elementos $\langle 2, 3 \rangle$ y $\langle 3, 2 \rangle$ relacionados, no encontramos la relación transitiva $\langle 3, 3 \rangle$, o matricialmente,

$$M_{R_2}^2 = M_{R_2} \odot M_{R_2} = \begin{pmatrix} 1 & 0 & 0 \\ 0 & 0 & 1 \\ 0 & 1 & 0 \end{pmatrix} \odot \begin{pmatrix} 1 & 0 & 0 \\ 0 & 0 & 1 \\ 0 & 1 & 0 \end{pmatrix} = \begin{pmatrix} 1 & 0 & 0 \\ 0 & 0 & 0 \\ 0 & 0 & 1 \end{pmatrix} > M_{R_2}.$$

- la matriz

$$M_{R_3} = \begin{pmatrix} 0 & 1 & 0 \\ 0 & 0 & 1 \\ 1 & 0 & 0 \end{pmatrix}$$

representa la relación R_3 sobre A, la cual es

- irreflexiva: todas las entradas diagonales son 0,

– antisimétrica y asimétrica: las entradas no nulas tienen entradas transpuestas opuestas, o bien

$$M_{R_3} \wedge M_{R_3}^T = \begin{pmatrix} 0 & 1 & 0 \\ 0 & 0 & 1 \\ 1 & 0 & 0 \end{pmatrix} \wedge \begin{pmatrix} 0 & 0 & 1 \\ 1 & 0 & 0 \\ 0 & 1 & 0 \end{pmatrix} = \begin{pmatrix} 0 & 0 & 0 \\ 0 & 0 & 0 \\ 0 & 0 & 0 \end{pmatrix} = O_{n \times n} \leq I,$$

pero no es

– simétrica: estando los elementos $\langle 1, 2 \rangle$ relacionados, no encontramos la relación simétrica $\langle 2, 1 \rangle$, o matricialmente,

$$M_{R_3} = \begin{pmatrix} 0 & 1 & 0 \\ 0 & 0 & 1 \\ 1 & 0 & 0 \end{pmatrix} \neq \begin{pmatrix} 0 & 0 & 1 \\ 1 & 0 & 0 \\ 0 & 1 & 0 \end{pmatrix} = M_{R_3}^T,$$

– transitiva: estando los elementos $\langle 1, 2 \rangle$ y $\langle 2, 3 \rangle$ relacionados, no encontramos la relación transitiva $\langle 1, 3 \rangle$, o matricialmente,

$$M_{R_3}^2 = M_{R_3} \odot M_{R_3} = \begin{pmatrix} 0 & 1 & 0 \\ 0 & 0 & 1 \\ 1 & 0 & 0 \end{pmatrix} \odot \begin{pmatrix} 0 & 1 & 0 \\ 0 & 0 & 1 \\ 1 & 0 & 0 \end{pmatrix} = \begin{pmatrix} 0 & 0 & 1 \\ 1 & 0 & 0 \\ 0 & 1 & 0 \end{pmatrix} > M_{R_3}.$$

- la matriz

$$M_{R_4} = \begin{pmatrix} 0 & 0 & 0 \\ 0 & 0 & 0 \\ 0 & 0 & 0 \end{pmatrix}$$

representa la relación vacía R_4 sobre A, la cual es

– irreflexiva: todas las entradas diagonales son 0,

– simétrica: todas las entradas son no nulas, por lo que

$$M_{R_4} = O_{4 \times 4} = O_{4 \times 4}^T = M_{R_4},$$

– antisimétrica y asimétrica: todas las entradas son no nulas, por lo que

$$M_{R_4} \wedge M_{R_4}^T = O_{4 \times 4} \wedge O_{4 \times 4}^T = O_{4 \times 4} \leq I,$$

– transitiva: no existe ninguna relación, y matricialmente,

$$M_{R_4}^2 = M_{R_4} \odot M_{R_4} = O_{4 \times 4} = M_{R_4}.$$

- la matriz

$$M_{R_5} = \begin{pmatrix} 1 & 1 & 1 \\ 1 & 1 & 1 \\ 1 & 1 & 1 \end{pmatrix}$$

representa la relación universal R_5 sobre A, la cual es

- reflexiva: todas las entradas diagonales son 1,

- simétrica: todas las entradas son no nulas, por lo que

$$M_{R_5} = \begin{pmatrix} 1 & 1 & 1 \\ 1 & 1 & 1 \\ 1 & 1 & 1 \end{pmatrix} = M_{R_5}^T,$$

- transitiva: el producto booleano es

$$M_{R_5}^2 = M_{R_5} \odot M_{R_5} = \begin{pmatrix} 1 & 1 & 1 \\ 1 & 1 & 1 \\ 1 & 1 & 1 \end{pmatrix} \odot \begin{pmatrix} 1 & 1 & 1 \\ 1 & 1 & 1 \\ 1 & 1 & 1 \end{pmatrix} = \begin{pmatrix} 1 & 1 & 1 \\ 1 & 1 & 1 \\ 1 & 1 & 1 \end{pmatrix} = M_{R_5},$$

pero no

- antisimétrica ni asimétrica: como contraejemplo, los elementos $\langle 1, 2 \rangle$ y $\langle 2, 1 \rangle$ están relacionados simétricamente, cuando no deberían estarlo, o bien $M_{R_5} \wedge M_{R_5}^T = M_{R_5} \wedge M_{R_5} = M_{R_5} > I$.

Definición 4.10: Relación inversa

Sea R una relación definida de A en B. La *relación inversa* de R, denotada por R^{-1}, es una relación definida de B en A de la siguiente forma:

$$R^{-1} = \{\langle y, x \rangle : \langle x, y \rangle \in R\}.$$

La matriz de la relación inversa viene dada por $M_{R^{-1}} = M_R^T$.

Definición 4.11: Relación complementaria

Dada una relación R definida de A en B, llamaremos *relación complementaria* de R, y la representaremos por R^c a la relación

$$R^c = U - R,$$

donde U es la relación universal, en la que todos sus elementos se encuentran relacionados entre sí.

La matriz de la relación complementaria viene dada por $M_{R^c} = M_U - M_R$, donde M_U es la matriz de la relación universal U (con todas sus entradas iguales a 1).

Ejemplo 4.4

Retomando el Ejemplo 4.2, donde definíamos la relación

$$R = \{\langle x,x\rangle, \langle x,y\rangle, \langle z,y\rangle, \langle t,z\rangle\}$$

sobre el conjunto $A = \{x,y,z,t\}$, con matriz de la relación

$$M_R = \begin{pmatrix} 1 & 1 & 0 & 0 \\ 0 & 0 & 0 & 0 \\ 0 & 1 & 0 & 0 \\ 0 & 0 & 1 & 0 \end{pmatrix},$$

tenemos que

- la relación inversa $R^{-1} = \{\langle x,x\rangle, \langle y,x\rangle, \langle y,z\rangle, \langle z,t\rangle\}$, y cuya matriz de relación es

$$M_{R^{-1}} = \begin{pmatrix} 1 & 0 & 0 & 0 \\ 1 & 0 & 1 & 0 \\ 0 & 0 & 0 & 1 \\ 0 & 0 & 0 & 0 \end{pmatrix} = M_R^T;$$

103

- la relación complementaria

$$R^c = \{\langle y,y \rangle, \langle z,z \rangle, \langle t,t \rangle, \langle x,z \rangle, \langle x,t \rangle, \langle y,x \rangle, \langle y,z \rangle, \langle y,t \rangle, \langle z,x \rangle, \langle z,t \rangle, \langle t,x \rangle, \langle t,y \rangle\},$$

y cuya matriz de relación es

$$M_{R^c} = \begin{pmatrix} 0 & 0 & 1 & 1 \\ 1 & 1 & 1 & 1 \\ 1 & 0 & 1 & 1 \\ 1 & 1 & 0 & 1 \end{pmatrix} = M_U - M_R,$$

donde M_U es la matriz de la relación universal (con todas las entradas no nulas).

Las dos relaciones, inversa y complementaria, se representan con dígrafos en la Figura 4.2.

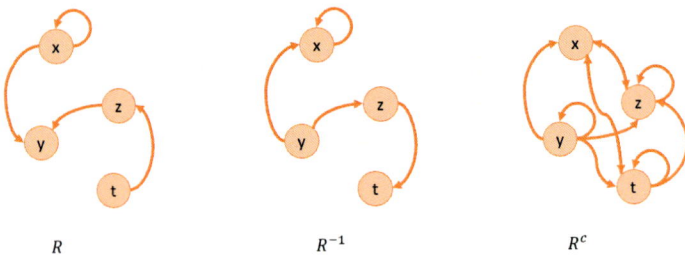

$$R \qquad\qquad R^{-1} \qquad\qquad R^c$$

Figura 4.2: Dígrafos de las relaciones inversa y complementaria (Ejemplo 4.4).

Definición 4.12: Composición de relaciones

Sea R_1 una relación de A en B y R_2 de B en C. La *composición* de A en C, denotada por $R_2 \circ R_1$ o $R_2\, R_1$, viene dada por

$$R_2\, R_1 = \{\langle a,c \rangle : a \in A,\ c \in C,\ \exists b \in B :\ (\langle a,b \rangle \in R_1) \wedge (\langle b,c \rangle \in R_2)\}.$$

La matriz de la relación composición equivale al producto booleano entre las matrices de las dos relaciones, $M_{R_2\, R_1} = M_{R_1} \odot M_{R_2}$.

En términos de teoría de grafos, $\langle a, c \rangle \in R_2 \, R_1$ si existe un camino de longitud 2 desde el nodo $a \in A$ hasta el nodo $c \in C$. De este camino, la primera arista es un elemento de R_1 y, la segunda, de R_2.

Ejemplo 4.5

Sea el conjunto $A = \{a, b, c, d\}$ y las relaciones $R = \{\langle a, b \rangle, \langle b, a \rangle, \langle b, c \rangle, \langle c, d \rangle\}$ y $S = \{\langle a, c \rangle, \langle b, d \rangle, \langle c, c \rangle\}$, cuyas matrices de relación son

$$M_R = \begin{pmatrix} 0 & 1 & 0 & 0 \\ 1 & 0 & 1 & 0 \\ 0 & 0 & 0 & 1 \\ 0 & 0 & 0 & 0 \end{pmatrix}, \quad M_S = \begin{pmatrix} 0 & 0 & 1 & 0 \\ 0 & 0 & 0 & 1 \\ 0 & 0 & 1 & 0 \\ 0 & 0 & 0 & 0 \end{pmatrix}.$$

Entonces,

- la relación inversa es $R^{-1} = \{\langle b, a \rangle, \langle a, b \rangle, \langle c, b \rangle, \langle d, c \rangle\}$, o matricialmente,

$$M_{R^{-1}} = M_R^T = \begin{pmatrix} 0 & 1 & 0 & 0 \\ 1 & 0 & 0 & 0 \\ 0 & 1 & 0 & 0 \\ 0 & 0 & 1 & 0 \end{pmatrix}.$$

- la relación complementaria es

$$R^c = \{\langle a, a \rangle, \langle b, b \rangle, \langle c, c \rangle, \langle d, d \rangle, \langle a, c \rangle, \langle a, d \rangle, \langle c, a \rangle, \langle d, a \rangle, \langle c, b \rangle, \langle d, c \rangle, \langle b, d \rangle, \langle d, b \rangle\},$$

o matricialmente,

$$M_{R^c} = M_U - M_R = \begin{pmatrix} 1 & 0 & 1 & 1 \\ 0 & 1 & 0 & 1 \\ 1 & 1 & 1 & 0 \\ 1 & 1 & 1 & 1 \end{pmatrix},$$

donde M_U es la matriz de la relación universal (con todas las entradas no nulas).

- una relación composición es $S \circ R = \{\langle a, d \rangle, \langle b, c \rangle\}$, o matricialmente,

$$M_{S \circ R} = M_R \odot M_S = \begin{pmatrix} 0 & 1 & 0 & 0 \\ 1 & 0 & 1 & 0 \\ 0 & 0 & 0 & 1 \\ 0 & 0 & 0 & 0 \end{pmatrix} \odot \begin{pmatrix} 0 & 0 & 1 & 0 \\ 0 & 0 & 0 & 1 \\ 0 & 0 & 1 & 0 \\ 0 & 0 & 0 & 0 \end{pmatrix} = \begin{pmatrix} 0 & 0 & 0 & 1 \\ 0 & 0 & 1 & 0 \\ 0 & 0 & 0 & 0 \\ 0 & 0 & 0 & 0 \end{pmatrix}.$$

- otra relación composición es $R \circ S = \{\langle a, d \rangle, \langle c, d \rangle\}$, o matricialmente,

$$M_{R \circ S} = M_S \odot M_R = \begin{pmatrix} 0 & 0 & 1 & 0 \\ 0 & 0 & 0 & 1 \\ 0 & 0 & 1 & 0 \\ 0 & 0 & 0 & 0 \end{pmatrix} \odot \begin{pmatrix} 0 & 1 & 0 & 0 \\ 1 & 0 & 1 & 0 \\ 0 & 0 & 0 & 1 \\ 0 & 0 & 0 & 0 \end{pmatrix} = \begin{pmatrix} 0 & 0 & 0 & 1 \\ 0 & 0 & 0 & 0 \\ 0 & 0 & 0 & 1 \\ 0 & 0 & 0 & 0 \end{pmatrix}.$$

Las relaciones descritas se muestran en la Figura 4.3.

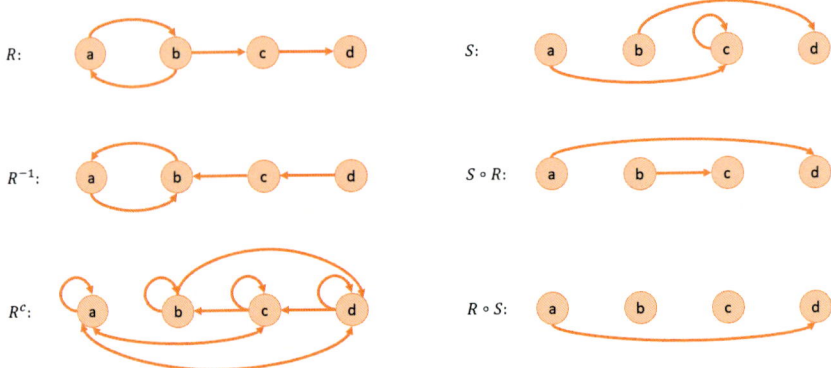

Figura 4.3: Esquema gráfico de las relaciones inversa, complementaria y composición (Ejemplo 4.5).

Ejemplo 4.6

Sea $R_1 = \{$"ser hermano de"$\}$, y $R_2 = \{$"ser padre de"$\}$. Entonces:

a) $R_1 \, R_2 =$ "ser tío paterno de".

b) $R_2 \, R_2 =$ "ser abuelo paterno de".

c) $R_1 \, R_1 = R_1$.

d) $R_2 \, R_1 = R_2$.

Proposición 4.1: Propiedades de la relación inversa

Sean R_1, R_2, R_3 relaciones definidas de un conjunto A en otro conjunto B. Entonces, se cumplen las siguientes propiedades:

1. $(R_1^{-1})^{-1} = R_1$

   Demostración. Sea $\langle x, y \rangle$ un elemento arbitrario de R. Entonces,

   $$\langle x, y \rangle \in R \leftrightarrow \langle y, x \rangle \in R^{-1} \leftrightarrow \langle x, y \rangle \in (R^{-1})^{-1}.$$

   Si esto es cierto para un elemento arbitrario $\langle x, y \rangle \in R$, es cierto para todo $\langle x, y \rangle \in R$. Por consiguiente, $(R^{-1})^{-1} = R$. ∎

2. $(R_1 \cup R_2)^{-1} = R_1^{-1} \cup R_2^{-1}$

   Demostración. Sea $\langle x, y \rangle$ un elemento arbitrario de $(R_1 \cup R_2)^{-1}$. Entonces,

   $$\begin{aligned}
   \langle x, y \rangle \in (R_1 \cup R_2)^{-1} &\leftrightarrow \langle y, x \rangle \in R_1 \cup R_2 \\
   &\leftrightarrow (\langle y, x \rangle \in R_1) \vee (\langle y, x \rangle \in R_2) \\
   &\leftrightarrow (\langle x, y \rangle \in R_1^{-1}) \vee (\langle x, y \rangle \in R_2^{-1}) \\
   &\leftrightarrow \langle x, y \rangle \in R_1^{-1} \cup R_2^{-1}.
   \end{aligned}$$

   Si esto es cierto para un elemento arbitrario $\langle x, y \rangle \in (R_1 \cup R_2)^{-1}$, es cierto para todo $\langle x, y \rangle \in (R_1 \cup R_2)^{-1}$. Por consiguiente, $(R_1 \cup R_2)^{-1} = R_1^{-1} \cup R_2^{-1}$. ∎

3. $(R_1 \cap R_2)^{-1} = R_1^{-1} \cap R_2^{-1}$

4. $(A \times B)^{-1} = B \times A$

5. $\emptyset^{-1} = \emptyset$

6. $(R_1^c)^{-1} = (R_1^{-1})^c$

   Demostración. Sea $\langle x, y \rangle$ un elemento arbitrario de $(R_1^c)^{-1}$. Entonces,

   $$\begin{aligned}
   \langle x, y \rangle \in (R_1^c)^{-1} &\leftrightarrow \langle y, x \rangle \in R_1^c \\
   &\leftrightarrow \langle y, x \rangle \notin R_1 \\
   &\leftrightarrow \langle x, y \rangle \notin R_1^{-1} \\
   &\leftrightarrow \langle x, y \rangle \in (R_1^{-1})^c.
   \end{aligned}$$

   Si esto es cierto para un elemento arbitrario $\langle x, y \rangle \in (R_1^c)^{-1}$, es cierto para todo $\langle x, y \rangle \in (R_1^c)^{-1}$. Por consiguiente, $(R_1^c)^{-1} = (R_1^{-1})^c$. ∎

7. $(R_1 - R_2)^{-1} = R_1^{-1} - R_2^{-1}$

Demostración. Sabiendo que $R_1 - R_2 = R_1 \cap R_2^c$, y aplicando las Propiedades 3 y 6, tenemos que

$$\begin{aligned}
(R_1 - R_2)^{-1} &= (R_1 \cap R_2^c)^{-1} \\
&= R_1^{-1} \cap (R_2^c)^{-1} \\
&= R_1^{-1} \cap (R_2^{-1})^c \\
&= R_1^{-1} - R_2^{-1}.
\end{aligned}$$

■

8. Si $A = B$, entonces $(R_1 R_2)^{-1} = R_2^{-1} R_1^{-1}$

9. $R_1 \subset R_2 \Rightarrow R_1^{-1} \subset R_2^{-1}$

La demostración de las proposiciones no demostradas se deja como ejercicio al lector.

Proposición 4.2: Propiedades de la composición

Sea R_1 una relación definida de A en B, y sean R_2 y R_3 relaciones definidas de B en C, y sea R_4 una relación definida de C en D. Entonces,

1. $(R_3 \cup R_2) \, R_1 = R_3 \, R_1 \cup R_2 \, R_1$

Demostración. Sea $\langle a, c \rangle$ un elemento cualquiera de $(R_3 \cup R_2) \, R_1$. Entonces,

$$\begin{aligned}
\langle a, c \rangle \in (R_3 \cup R_2) \, R_1 &\leftrightarrow \exists b \in B : (\langle a, b \rangle \in R_1) \wedge (\langle b, c \rangle \in R_3 \, R_2) \\
&\leftrightarrow \exists b \in B : (\langle a, b \rangle \in R_1) \wedge [(\langle b, c \rangle \in R_3) \vee (\langle b, c \rangle \in R_2)] \\
&\leftrightarrow \exists b \in B : [(\langle a, b \rangle \in R_1) \wedge (\langle b, c \rangle \in R_3)] \\
&\qquad \vee [(\langle a, b \rangle \in R_1) \wedge (\langle b, c \rangle \in R_2)] \\
&\leftrightarrow \exists b \in B : (\langle a, b \rangle \in R_1) \wedge (\langle b, c \rangle \in R_3) \\
&\qquad \vee \exists b \in B : (\langle a, b \rangle \in R_1) \wedge (\langle b, c \rangle \in R_2) \\
&\leftrightarrow (\langle a, c \rangle \in R_3 \, R_1) \vee (\langle a, c \rangle \in R_2 \, R_1) \\
&\leftrightarrow \langle a, c \rangle \in R_3 \, R_1 \cup R_2 \, R_1.
\end{aligned}$$

Si esto es cierto para un elemento arbitrario $\langle a, c \rangle \in (R_3 \cup R_2) \, R_1$, es cierto para todo $\langle a, c \rangle \in (R_3 \cup R_2) \, R_1$. Entonces, por generalización, $(R_3 \cup R_2)R_1 = R_3 \, R_1 \cup R_2 \, R_1$. ■

2. $(R_3 \cap R_2)\ R_1 \subset R_3\ R_1 \cap R_2\ R_1$

3. $R_4\ (R_3 \cup R_2) = R_4\ R_3 \cup R_4\ R_2$

4. $R_4\ (R_3 \cap R_2) \subset R_4\ R_3 \cap R_4\ R_2$

La demostración de las proposiciones no demostradas se deja como ejercicio al lector.

Es importante destacar que la operación de composición de relaciones no es conmutativa, es decir, que $R_1\ R_2 = R_2\ R_1$ no siempre se cumple. De hecho, incluso una de las composiciones (por ejemplo, $R_1\ R_2$) podría no estar definida, aún estándolo su opuesta ($R_2\ R_1$). Sin embargo, la operación de composición sí que es asociativa, tal y como se enuncia y demuestra a continuación en la Proposición 4.3.

Proposición 4.3: Asociatividad de la composición de relaciones

Dadas la relación R_1 definida de A en B, y la relación R_2 definida de B en C, y la relación R_3 definida de C en D, entonces se cumple que

$$(R_3\ R_2)\ R_1 = R_3\ (R_2\ R_1).$$

Demostración. Sea $\langle a, d \rangle$ un elemento cualquiera de $(R_3\ R_2)\ R_1$. Entonces,

$$
\begin{aligned}
\langle a, d \rangle \in (R_3\ R_2)\ R_1 &\leftrightarrow \exists b \in B : (\langle a, b \rangle \in R_1) \wedge (\langle b, d \rangle \in R_3\ R_2) \\
&\leftrightarrow \exists b \in B : (\langle a, b \rangle \in R_1) \wedge [\exists c \in C : (\langle b, c \rangle \in R_2) \wedge (\langle c, d \rangle \in R_3)] \\
&\leftrightarrow \exists b \in B,\ c \in C : (\langle a, b \rangle \in R_1) \wedge (\langle b, c \rangle \in R_2) \wedge (\langle c, d \rangle \in R_3) \\
&\leftrightarrow \exists c \in C : [\exists b \in B : (\langle a, b \rangle \in R_1) \wedge (\langle b, c \rangle \in R_2)] \wedge (\langle c, d \rangle \in R_3) \\
&\leftrightarrow \exists c \in C : (\langle a, c \rangle \in R_2 R_1) \wedge (\langle c, d \rangle \in R_3) \\
&\leftrightarrow \langle a, d \rangle \in R_3\ (R_2\ R_1).
\end{aligned}
$$

Si esto es cierto para un elemento arbitrario $\langle a, d \rangle \in (R_3\ R_2)\ R_1$, es cierto para todo $\langle a, d \rangle \in (R_3\ R_2)\ R_1$). Por consiguiente, $(R_3\ R_2)\ R_1 = R_3\ (R_2\ R_1)$. ∎

Definición 4.13: Potencia de una relación

Sea R una relación binaria en un conjunto A, y sea $n \in \mathbb{N}$ un número natural. La *potencia n-ésima* de R, denotada por R^n, se define de forma inductiva como

1. $R^0 = \{\langle x, x \rangle : x \in A\}$ (la relación de igualdad o relación identidad sobre A).

2. $R^{n+1} = R^n\ R$.

Si D es el grafo dirigido asociado a la relación $\langle A, R \rangle$, entonces el grafo dirigido D_k asociado a $\langle A, R^k \rangle$ es aquel cuyos nodos son los elementos de A, y una arista $\langle a_i, a_j \rangle$ pertenecerá a D_k si y sólo si existe un camino de longitud k en D entre los nodos a_i y a_j.

Proposición 4.4: Propiedades de las potencias de relaciones

Sea R una relación sobre A, y $m, n \in \mathbb{N}$ dos números naturales. Entonces, se cumplen las siguientes propiedades[a]:

1. $R^m R^n = R^{m+n}$

2. $(R^m)^n = R^{m\ n}$

---

[a]Todas ellas pueden demostrarse por inducción aplicando la definición de potencia de una relación.

Ejemplo 4.7

Consideremos la relación $\langle A, R \rangle$, dados el conjunto $A = \{a, b, c, d\}$ y la relación $R = \{\langle a, b \rangle, \langle b, a \rangle, \langle b, c \rangle, \langle c, d \rangle\}$. Si desarrollamos las primeras potencias de la relación, y aplicando las propiedades de las potencias de las relaciones, obtenemos que

$$R^0 = \{\langle a, a \rangle, \langle b, b \rangle, \langle c, c \rangle, \langle d, d \rangle\},$$
$$R^1 = R = \{\langle a, b \rangle, \langle b, a \rangle, \langle b, c \rangle, \langle c, d \rangle\},$$
$$R^2 = R \; R = \{\langle a, a \rangle, \langle a, c \rangle, \langle b, b \rangle, \langle b, d \rangle\},$$
$$R^3 = R^2 \; R = \{\langle a, b \rangle, \langle a, d \rangle, \langle b, a \rangle, \langle b, c \rangle\},$$
$$R^4 = R^3 \; R = \{\langle a, a \rangle, \langle a, c \rangle, \langle b, b \rangle, \langle b, d \rangle\} = R^2,$$
$$R^5 = R^4 \; R = R^2 \; R = R^3,$$
$$R^6 = R^5 \; R = R^3 \; R = R^4 = R^2.$$

$$\vdots$$

De forma general,

$$R^{2n+1} = R^3, \quad R^{2n} = R^2, \quad \forall n = 1, 2, \ldots$$

Las matrices de las potencias quedan como

$$M_{R^0} = \begin{pmatrix} 1 & 0 & 0 & 0 \\ 0 & 1 & 0 & 0 \\ 0 & 0 & 1 & 0 \\ 0 & 0 & 0 & 1 \end{pmatrix}, \; M_R = \begin{pmatrix} 0 & 1 & 0 & 0 \\ 1 & 0 & 1 & 0 \\ 0 & 0 & 0 & 1 \\ 0 & 0 & 0 & 0 \end{pmatrix},$$

$$M_{R^2} = M_R \odot M_R \begin{pmatrix} 1 & 0 & 1 & 0 \\ 0 & 1 & 0 & 1 \\ 0 & 0 & 0 & 0 \\ 0 & 0 & 0 & 0 \end{pmatrix}, \; M_{R^3} = \begin{pmatrix} 0 & 1 & 0 & 1 \\ 1 & 0 & 1 & 0 \\ 0 & 0 & 0 & 0 \\ 0 & 0 & 0 & 0 \end{pmatrix}.$$

Las relaciones de potencia se muestran en la Figura 4.4.

Nótese que las aristas de la potencia R^2 representan los caminos de longitud 2 en el grafo de la relación R y, las de R^3, los caminos de longitud 3.

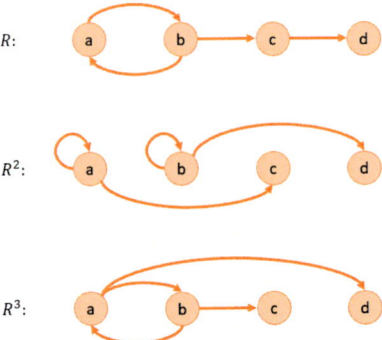

Figura 4.4: Esquema gráfico de las potencias de la relación R (Ejemplo 4.7).

Teorema 4.1

Si A es un conjunto finito con n elementos y R es una relación sobre A, entonces existen dos números naturales $s, t \in \mathbb{N}$, de tal modo que

$$R^t = R^s,\ 0 \le s < t \le 2^{n^2}.$$

Demostración. Cada relación binaria sobre A es un subconjunto de $A \times A$. Sabemos que el número de elementos de los conjuntos $A \times A$ y el conjunto de partes $\mathcal{P}(A \times A)$ (que contiene todas las posibles combinaciones de los elementos de $A \times A$), es de

$$|A \times A| = n^2,\quad |\mathcal{P}(A \times A)| = 2^{|A \times A|} = 2^{n^2}.$$

Por lo tanto, existen 2^{n^2} posibles relaciones distintas que se pueden formar sobre A. Como las potencias de cualquier relación sobre A también son relaciones sobre A, están incluidas en el conjunto de partes $\mathcal{P}(A \times A)$ y, por consiguiente, no pueden existir más de 2^{n^2} potencias distintas. Y si, dada una relación R sobre A, enumeramos sus potencias, tenemos

$$\left\{ R^0, R, R^2, \dots, R^{2^{n^2}} \right\}.$$

Como en la lista tenemos $2^{n^2} + 1$ elementos, y tan solo pueden haber 2^{n^2} elementos distintos, concluimos que, al menos, dos de estas potencias con dos exponentes cualesquiera son iguales, es decir, $R^s = R^t$, con $0 \le s < t \le 2^{n^2}$. ∎

Teorema 4.2

Sea R una relación binaria sobre A, de tal modo que $R^s = R^t$, donde $s < t$ y $p = t - s$. Entonces se cumple que

i) $R^{s+k} = R^{t+k}$, $\forall k \geq 0$.

ii) $R^{s+kp+i} = R^{s+i}$, $\forall k, i \geq 0$.

iii) Si $S = \{R^0,\ R^1, \ldots, R^{t-1}\}$, entonces $R^q \in S$, $\forall q \in \mathbb{N}$, es decir, toda potencia de R es un elemento del conjunto finito S y, por lo tanto, todas las potencias de R se pueden representar con el conjunto finito S.

Demostración. A continuación se demuestran las tres afirmaciones del teorema:

i) Para cualquier $k \geq 0$ se demuestra directamente (por la Proposición 4.4) que

$$R^{s+k} = R^s R^k = R^t R^k = R^{t+k}.$$

ii) Para cualquier $k \geq 0$, sabiendo que

$$R^0 = R^{s-s} = R^s R^{-s} = R^t R^{-s} = R^{t-s},$$

se demuestra directamente (por la Proposición 4.4) que

$$R^{s+kp+i} = R^s R^{k(t-s)} R^i = R^s \left(R^{t-s}\right)^k R^i = R^s \left(R^0\right)^k R^i = R^s R^i = R^{s+i}.$$

iii) Sea $q \in \mathbb{N}$ un número natural cualquiera. Dicho número puede expresarse como $q = s + kp + i$, con $s < t$ y $p = t - s$, donde $k \in \mathbb{N}:\ s + kp \leq q < s + (k+1)p$ y donde $i = q - (s + kp)$, $0 \leq i < p$. Por la Propiedad ii), ya demostrada, deducimos que $R^q = R^{s+kp+i} = R^{s+i}$, sabiendo que $s + i < t$, ya que $0 \leq i < p = t - s$. Por lo tanto, concluimos que $R^q \in S$ para cualquier $q \in \mathbb{N}$ ∎

4.3   Relaciones binarias de equivalencia

Un tipo de relación de especial importacia por su aplicación en campos como la aritmética modular es la *relación binaria de equivalencia.*

Definición 4.14: Relación binaria de equivalencia

Dada la relación binaria R definida sobre el conjunto A, decimos que es una *relación binaria de equivalencia* si es reflexiva, simétrica y transitiva.

Dos elementos xRy relacionados entre sí por una relación binaria de equivalencia se suelen representar como $x \sim y$, y se lee x *es equivalente a* y.

Como una relación binaria de equivalencia no implica necesariamente que todos los elementos deban estar relacionados entre sí, es posible formar subconjuntos de elementos que únicamente tengan relación entre ellos, pero no con el resto. A estos subconjuntos se les denomina *clases de equivalencia.*

Definición 4.15: Clase de equivalencia y conjunto cociente

Dada la relación binaria de equivalencia R definida sobre un conjunto A, definimos la *clase de equivalencia* de A para cada elemento $a \in A$, denotada como $[a]$ o $\bar{a}$, como el subconjunto de todos los elementos $x \in A$ equivalentes a a. Formalmente,

$$[a] = \bar{a} = \{x \in A : \ a \sim x\}.$$

El conjunto A_R formado por todas las distintas clases de equivalencia de A se denomina *conjunto cociente.*

Proposición 4.5: Propiedades de las clases de equivalencia

Dada la relación binaria de equivalencia R definida sobre el conjunto A, algunas propiedades de las clases de equivalencia de los elementos de A son las siguientes:

1. Dos elementos son equivalentes si y sólo si sus clases de equivalencia son iguales, o $x \sim y \leftrightarrow [x] = [y]$.

   Demostración. En sentido inverso ($\leftarrow$), asumiendo que $[x] = [y]$, sabemos que $x, y \in [x] = [y]$. Por lo tanto, al estar en la misma clase de equivalencia, por definición, $x \sim y$.

En sentido directo ($\to$), asumiendo que $x \sim y$, y tomando un elemento cualquiera $z \in [x]$ contenido en la clase de equivalencia de x, deducimos que

(a) por definición de clase de equivalencia, entonces $x \sim z$,

(b) por ser R simétrica, entonces $z \sim x$, y

(c) por ser R transitiva, sabiendo que $z \sim x$ y que $x \sim y$, entonces $z \sim y$, o por definición de clase de equivalencia, $z \in [y]$.

Como $z \in [x]$ es un elemento cualquiera, por generalización, concluimos que todo elemento $z \in [x]$ también cumple que $z \in [y]$ y, por lo tanto, $[x] \subseteq [y]$.

Análogamente, partiendo de que $x \sim y$ implica que $y \sim x$ por simetría, y tomando un elemento cualquiera $z \in [y]$, deducimos que

(a) por definición de clase de equivalencia, entonces $y \sim z$,

(b) por ser R simétrica, entonces $z \sim y$, y

(c) por ser R transitiva, sabiendo que $z \sim y$ y que $y \sim x$, entonces $z \sim x$, o por definición de clase de equivalencia, $z \in [x]$.

En consecuencia, $[y] \subseteq [x]$. Por lo tanto, si $[x] \subseteq [y]$ y $[y] \subseteq [x]$, concluimos que $[x] = [y]$. ∎

2. El conjunto cociente es una partición de A.

Demostración. Sabemos que la unión de todas las clases de equivalencia $[x]$, con $x \in A$, da como resultado el conjunto A, es decir,

$$\bigcup_{x \in A} [x] = A,$$

puesto que, por ser R reflexiva, cada clase de equivalencia $[x]$ contiene al menos al propio x. De esta propiedad también se deduce que $[x] \neq \emptyset$.

Además, por la propiedad reflexiva deducimos que, dados dos elementos cualesquiera $x, y \in A$,

- si $x \sim y$ (están relacionados), entonces $[x] = [y]$, es decir, sus clases de equivalencia son el mismo conjunto, o

- si $x \nsim y$ (no están relacionados), entonces $[x] \neq [y]$, y además $[x] \cap [y] = \emptyset$, es decir, que ambas clases de equivalencia son conjuntos mutuamente excluyentes. Esto se demuestra fácilmente por reducción al absurdo.

Supongamos que existiese un elemento z tal que $z \in [x]$, $z \in [y]$, sabiendo que $x \nsim y$. En ese caso, por definición de clase de equivalencia, $x \sim z$ y $y \sim z$, y por simetría, $z \sim y$. Entonces, por transitividad, $x \sim y$, alcanzando una contradicción.

Por lo tanto, si el conjunto cociente A_R se define como una colección de conjuntos - clases de equivalencia - no vacíos, mutuamente excluyentes dos a dos (de las clases iguales, tomamos una única para A_R) y cuya unión da lugar al conjunto A, entonces concluimos que A_R es una partición de A. ∎

Ejemplo 4.8

Dado el conjunto $A = \{a, b, c, d\}$, la relación

$$R = \{\langle a, a \rangle, \langle b, b \rangle, \langle c, c \rangle, \langle d, d \rangle, \langle e, e \rangle, \langle a, c \rangle, \langle c, a \rangle, \langle b, d \rangle, \langle d, b \rangle\},$$

y cuya matriz de relación es

$$M_R = \begin{pmatrix} 1 & 0 & 1 & 0 & 0 \\ 0 & 1 & 0 & 1 & 0 \\ 1 & 0 & 1 & 0 & 0 \\ 0 & 1 & 0 & 1 & 0 \\ 0 & 0 & 0 & 0 & 1 \end{pmatrix},$$

es una relación binaria de equivalencia, ya que

- es reflexiva, ya que todo elementos de A está relacionado consigo mismo, $\langle x, x \rangle$, $\forall x \in A$. En la matriz de relación, todas las entradas diagonales valen 1.

- es simétrica, ya que para cualquier relación de elementos $\langle x, y \rangle$, con $x, y \in A$, la relación R también incluye a su opuesta $\langle y, x \rangle$. En la matriz de relación, observamos que $M_R = M_R^T$.

- es transitiva, ya que para cualquier par de relaciones de elementos $\langle x, y \rangle$ e $\langle y, z \rangle$, con $x, y, z \in A$, la relación R también incluye $\langle x, z \rangle$. En la matriz de relación, comprobamos que

$$M_R^2 = M_R \odot M_R = \begin{pmatrix} 1 & 0 & 1 & 0 & 0 \\ 0 & 1 & 0 & 1 & 0 \\ 1 & 0 & 1 & 0 & 0 \\ 0 & 1 & 0 & 1 & 0 \\ 0 & 0 & 0 & 0 & 1 \end{pmatrix} \odot \begin{pmatrix} 1 & 0 & 1 & 0 & 0 \\ 0 & 1 & 0 & 1 & 0 \\ 1 & 0 & 1 & 0 & 0 \\ 0 & 1 & 0 & 1 & 0 \\ 0 & 0 & 0 & 0 & 1 \end{pmatrix}$$

$$= \begin{pmatrix} 1 & 0 & 1 & 0 & 0 \\ 0 & 1 & 0 & 1 & 0 \\ 1 & 0 & 1 & 0 & 0 \\ 0 & 1 & 0 & 1 & 0 \\ 0 & 0 & 0 & 0 & 1 \end{pmatrix} = M_R$$

En esta relación, observamos que $a \sim c$ (a es equivalente a c) y $b \sim d$ (b es equivalente a d). Por lo tanto, las clases de equivalencia de los elementos de A de esta relación son

- $[a] = [c] = \{a, c\}$,

- $[b] = [d] = \{b, d\}$,

- $[e] = \{e\}$.

Finalmente, el conjunto cociente se define como $A_R = \{[a], [b], [e]\} = \{\{a, c\}, \{b, d\}, \{e\}\}$, y puede verse que es una partición del conjunto A.

Un esquema de esta relación se muestra en la Figura 4.5.

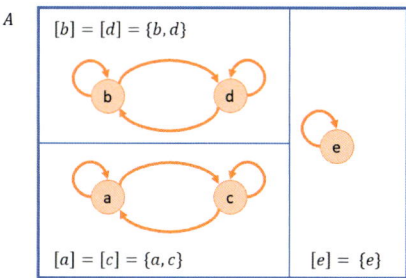

Figura 4.5: Esquema gráfico de la relación binaria de equivalencia (Ejemplo 4.8).

4.4   Relaciones de orden

Definición 4.16: Orden

Una *relación de orden* $\langle A, R \rangle$, o simplemente *orden*, es una relación transitiva R sobre un conjunto A, que nos permite comparar elementos de ese conjunto aunque, en general, no nos sea permitido comparar dos elementos cualesquiera del conjunto.

En otras palabras, dentro de una relación de orden existen elementos comparables, sin que sea condición necesaria que todo elemento del conjunto pueda compararse con cada uno de los restantes elementos del conjunto. En esta sección, consideramos diferentes tipos de relaciones de orden, en base a las propiedades que cumplan.

Definición 4.17: Orden parcial

Sea $\langle A, R \rangle$ una relación sobre A. Diremos que R es una *relación de orden parcial*, o simplemente *orden parcial*, sobre A si R es reflexiva, antisimétrica y transitiva.

También se dice que $\langle A, R \rangle$ es un *conjunto parcialmente ordenado* (o *poset*), o que el conjunto A está parcialmente ordenado por R.

Ejemplo 4.9

Algunos ejemplos de órdenes parciales son:

1. $\langle \mathbb{N}, \leq \rangle$, donde $\leq = \{\langle x, y \rangle : x \leq y\}$. Como $x \leq x$, $\forall x \in \mathbb{N}$ (reflexiva), como $x \leq y$ e $y \leq x$ implica que $x = y$, $\forall x, y \in \mathbb{N}$ (antisimétrica), y como $x \leq y$ e $y \leq z$ implica que $x \leq z$, $\forall x, y, z \in \mathbb{N}$ (transitiva), concluimos que $\leq$ es una relación de orden parcial.

2. $\langle \mathcal{P}(A), \subset \rangle$, donde $\mathcal{P}(A)$ es el conjunto de partes del conjunto A y $\subset = \{\langle X, Y \rangle : X \subset Y\}$. Como $X \subset X$, $\forall X \in \mathcal{P}(A)$ (reflexiva), como $X \subset Y$ e $Y \subset X$ implica que $X = Y$, $\forall X, Y \in \mathcal{P}(A)$ (antisimétrica), y como $X \subset Y$ e $Y \subset Z$ implica que $X \leq Z$, $\forall X, Y, Z \in \mathcal{P}(A)$ (transitiva), concluimos que $\subset$ es una relación de orden parcial.

Sin embargo, $\langle \mathbb{N}, < \rangle$ no es un orden parcial por no cumplir la propiedad reflexiva, es decir, $x < x$ no es cierto para ningún $x \in \mathbb{N}$.

Para representar gráficamente un orden parcial, habitualmente se emplean los *diagramas de Hasse*, los cuales son grafos simplificados de la siguiente forma:

1. Los nodos del grafo son los elementos del conjunto.

2. Los bucles no se representan (las propiedades reflexiva y antisimétrica quedan implícitamente representadas por los propios nodos).

3. La arista que representa la transitividad se omite (si existe un camino entre dos nodos, se asume también que entre ellos existe una relación identidad).

4. Las aristas son no dirigidas. Los nodos se dibujan de arriba a abajo en función de su relación de preferencia (más arriba indica mayor preferencia). Si dos nodos presentan la misma preferencia, se dibujan a la misma altura.

Ejemplo 4.10

Sea $\langle A, R \rangle$ una relación sobre A, donde $A = \{a, b, c, d\}$ y

$$R = \{\langle a, a \rangle, \langle b, b \rangle, \langle c, c \rangle, \langle d, d \rangle, \langle a, b \rangle, \langle a, c \rangle, \langle a, d \rangle, \langle b, d \rangle\}.$$

La matriz de la relación R viene dada por

$$M_R = \begin{pmatrix} 1 & 1 & 1 & 1 \\ 0 & 1 & 0 & 1 \\ 0 & 0 & 1 & 0 \\ 0 & 0 & 0 & 1 \end{pmatrix}.$$

Tal y como se puede comprobar, la relación R es

- reflexiva, ya que existe una relación identidad para todos los elementos de A, o en la matriz de relación, todas las entradas de la diagonal son 1.

- antisimétrica, ya que no existe ningún par de elementos de la relación $\langle x, y \rangle \in R$ e $\langle y, x \rangle \in R$ que estén incluidos simultáneamente en la relación. Desde el punto de vista de la matriz de relación, la matriz no coincide con la transpuesta, $M_R \neq M_R^T$.

- transitiva, ya que para cualquier par de elementos de la forma $\langle x, y \rangle, \langle y, z \rangle \in R$, cumple que $\langle x, z \rangle \in R$, $\forall x, y, z \in A$. En la matriz de relación, comprobamos que

$$M_R \odot M_R = \begin{pmatrix} 1 & 1 & 1 & 1 \\ 0 & 1 & 0 & 1 \\ 0 & 0 & 1 & 0 \\ 0 & 0 & 0 & 1 \end{pmatrix} \odot \begin{pmatrix} 1 & 1 & 1 & 1 \\ 0 & 1 & 0 & 1 \\ 0 & 0 & 1 & 0 \\ 0 & 0 & 0 & 1 \end{pmatrix} = \begin{pmatrix} 1 & 1 & 1 & 1 \\ 0 & 1 & 0 & 1 \\ 0 & 0 & 1 & 0 \\ 0 & 0 & 0 & 1 \end{pmatrix} = M_R$$

por lo que se trata de un orden parcial. El diagrama de Hasse del orden parcial se encuentra representado en la Figura 4.6.

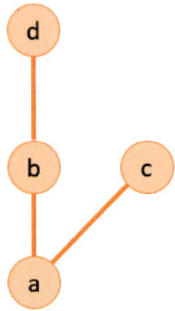

Figura 4.6: Diagrama de Hasse de la relación R (Ejemplo 4.10).

Definición 4.18: Cuasi-orden

Sea $\langle A, R \rangle$ una relación sobre A. Diremos que la relación R es un *cuasi-orden* si R es una relación transitiva e irreflexiva.

Por definición, un cuasi-orden R nunca podrá ser antisimétrico ya que, si lo fuera, la antisimetría implicaría que $xRy \wedge yRx \Rightarrow x = y$. Al ser transitivo, el cuasi-orden debería contener la relación identidad xRx, pero esto contradice el hecho de que el cuasi-orden también debe ser irreflexivo.

Proposición 4.6

Sea $\langle A, R \rangle$ una relación sobre A. Entonces,

1. Si R es un cuasi-orden, entonces $r(R) = R \cup R^0$ es un orden parcial.

2. Si R es un orden parcial, entonces $R - R^0$ es un cuasi-orden.

Definición 4.19: Orden lineal simple o total

Sea $\langle A, \leq \rangle$ un orden parcial sobre A. Diremos que $\leq$ es una *relación de orden lineal simple o total* si para cualquier par de elementos $a, b \in A$ se cumple que $a \leq b$ (aRb) o bien $b \leq a$ (bRa). En otras palabras, que todo elemento de A presenta una relación de orden con cada uno del resto de elementos de A.

También se dice que $\langle A, \leq \rangle$ es una *cadena*, un *conjunto linealmente o totalmente ordenado*, o que *el conjunto A está linealmente o totalmente ordenado por la relación* $\leq$.

Ejemplo 4.11

Sea $\langle A, \leq \rangle$ una relación sobre A, donde $A = \{1, 2, 3\}$,

$$\leq = \{\langle 1,1 \rangle, \langle 1,2 \rangle, \langle 1,3 \rangle, \langle 2,2 \rangle, \langle 2,3 \rangle, \langle 3,3 \rangle\},$$

y cuya matriz de relación es

$$M_\leq = \begin{pmatrix} 1 & 1 & 1 \\ 0 & 1 & 1 \\ 0 & 0 & 1 \end{pmatrix}.$$

Tal y como podemos comprobar, cualquier elemento de A se encuentra relacionado con el resto y, en consecuencia, el par $\langle A, \leq \rangle$ es una cadena. El diagrama de Hasse se muestra en la Figura 4.7. Por otro lado, como ejemplo de relación que no es cadena, podemos tomar el par $\langle \mathcal{P}(A), \subset \rangle$, donde $\mathcal{P}(A)$ es el conjunto de partes de A con más de un elemento, y $\subset = \{X, Y : X \subset Y\}$. Esto se debe a que aquellos conjuntos contenidos en $\mathcal{P}(A)$ que sean mutuamente excluyentes, esto es, que no compartan ningún elemento, no se podrán contener entre sí, y por lo tanto, no existirá relación entre ellos. En este ejemplo particular, observamos que los conjuntos $\{1\}, \{2, 3\} \in \mathcal{P}(A)$ no guardan ninguna relación, ya que ni $\{1\} \subset \{2, 3\}$ ni $\{2, 3\} \subset \{1\}$.

121

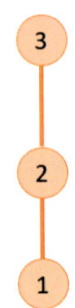

Figura 4.7: Representación por diagrama de Hasse de un orden total (Ejemplo 4.11).

Definición 4.20: Elemento mayor y menor del orden parcial

Sea $\langle A, \leq \rangle$ un orden parcial, y sea B un subconjunto de A. Diremos que

- $b \in B$ es el *elemento mayor* de B si $b' \leq b$, $\forall b' \in B$.

- $b \in B$ es el *elemento menor* de B si $b \leq b'$, $\forall b' \in B$.

Teorema 4.3

Sea $\langle A, \leq \rangle$ un orden parcial y $B \subset A$. Si $\exists a, b \in B$ de manera que a y b son elementos mayores (o menores de B), entonces $a = b$. En otras palabras, el elemento mayor (o menor) es único.

Demostración. Si a y b son dos elementos mayores (o menores) de B, entonces, por definición, tiene que darse simultáneamente que $a \leq b$ (aRb) y $b \leq a$ (bRa). Como $\langle A, \leq \rangle$ es un orden parcial, es antisimétrica y, por lo tanto, $a = b$. ∎

Definición 4.21: Buen orden

Una relación $\leq$ sobre A es un *buen orden* si $\leq$ es un orden lineal total y $\forall B \subset A$, $\exists b \in B$ tal que b es el elemento menor o primer elemento.

También se dice que A es un conjunto bien ordenado, o que R es un buen orden de A.

Ejemplo 4.12

Sea $\langle \mathbb{N}, \leq \rangle$ una relación sobre $\mathbb{N}$, donde $\leq = \{\langle x, y \rangle : x \leq y\}$. Primeramente comprobamos que, para cualquier conjunto $B \in \mathbb{N}$, el par $\langle B, \leq \rangle$ es un orden lineal total, ya que, para cualquier par de números $x, y \in B$ naturales, o bien $x \leq y$ o bien $y \leq x$, de tal modo que siempre se puede establecer alguna relación entre ellos.

Seguidamente, demostramos que $\forall B \subseteq \mathbb{N}$, $\exists b \in B$ de manera que b es primer elemento mediante inducción sobre el número de elementos de B:

- *Base de inducción*: para el caso $i = 1$, con $B = \{x\}$, el único elemento $x \in \mathbb{N}$ del conjunto es el primer elemento, puesto que $x \leq x$, y no existen más elementos en el conjunto.

- *Hipótesis de inducción*: asumimos que, para cierto $i = |B| = n$, con el conjunto $B = \{x_1, \ldots, x_n\}$, es un buen orden, por ser orden lineal total ($B \subset \mathbb{N}$) y su primer elemento es x_1.

- *Paso de inducción*: para $i = |B| = n + 1$, con $B = \{x_1, \ldots, x_n, x_{n+1}\}$, deducimos que, o bien $x_1 \leq x_{n+1}$, y por lo tanto x_1 sigue siendo primer elemento de B, o bien $x_{n+1} \leq x_1$, y por lo tanto x_{n+1} pasa a ser el primer elemento de B. En cualquier caso, tenemos que B tiene primer elemento, y es orden lineal total.

Por lo tanto, queda demostrado que $\langle \mathbb{N}, \leq \rangle$ es un buen orden.

Ejemplo 4.13

Sea $\sum$ un alfabeto lineal con un orden alfabético asociado (orden lineal). Dados dos elementos $x, y \in \sum^*$, donde $\sum^*$ es un conjunto de cadenas de caracteres alfabéticos de $\sum$, decimos que x precede a y, es decir, $x \leq y$, en el orden lexicográfico de $\sum^*$ si:

1. Si x es prefijo de y, es decir, si $y = xu$. Por ejemplo, $x = \mathtt{prv} \leq y = \mathtt{prvabc}$.

2. Si $x = zu$, $y = zv : z \in \sum^*$ y z es el prefijo de mayor longitud común a x e y, y en el orden alfabético u precede a v. Por ejemplo, $x = \mathtt{prvaab} \leq \mathtt{prvabc}$.

Normalmente, el orden alfabético es el orden lexicográfico de $\sum^*$. Este es un orden lineal total, pero no es un buen orden, excepto en el caso en que $\sum$ tenga un sólo elemento.

123

Para comprobarlo, sea $\sum = \{a, b\}$, donde a precede a b (en el orden alfabético), y sea x una cadena cualquiera $x \in \sum^*$. Entonces, el sucesor inmediato de x es $x a$, o el predecesor inmediato de $x a$ es x, pero no existe predecesor de $x b$. Por ejemplo, en el conjunto $A = \{b, ab, aab, aaab, \ldots, a^n b, \ldots\}$ no existe primer elemento, pues dada una cadena $a^n b$ cualquiera del conjunto, siempre se puede encontrar otra cadena $a^m b$, con $m > n$, que la precede.

De este Ejemplo se deduce que no es cierto que para cualquier subconjunto se pueda encontrar siempre un elemento menor o primer elemento, por lo que decimos que el orden lexicográfico no es un buen orden.

La siguiente definición nos aporta el buen orden del conjunto $\sum^*$.

Definición 4.22: Orden estándar lexicográfico

Sea $\sum$ un alfabeto finito con un orden lineal asociado y sea $\sum^*$ un conjunto de cadenas de caracteres alfabéticos de $\sum$. Dados dos elementos $x, y \in \sum^*$, decimos que *x precede a y, o $x \leq y$, en el orden estándar de $\sum^*$* si:

1. $\|x\| < \|y\|$,

2. $\|x\| = \|y\|$, y x precede a y en el orden lexicográfico de $\sum^*$,

donde $\|x\|$ es la longitud de la cadena $x \in \sum^*$

En el orden estándar de $\sum^*$, todo elemento tiene sucesor y predecesor, por lo que es un buen orden.

Definición 4.23: Maximal y minimal, cota superior e inferior, supremo e ínfimo, máximo y mínimo

Sea $\langle A, \leq \rangle$ un orden parcial y sea B un subconjunto de A. Entonces,

a) un elemento $b \in B$ es *maximal* de B si no existe ningún $b' \in B : b' \neq b$, $b \leq b'$, es decir, si no existe un b' mayor que él.

b) un elemento de $b \in A$ es *cota superior* de B si $b' \leq b$, $\forall b' \in B$.

c) un elemento de $b \in A$ es *supremo* de B si b es cota superior de B y, para cualquier cota superior $b' \in B$ se cumple que $b \leq b'$ (es la mínima de las cotas superiores de B). Si $b \in B$, entonces diremos que b es *máximo* de B.

Análogamente,

a) un elemento $b \in B$ es *minimal* de B si no existe ningún $b' \in B : b' \neq b, \ b' \leq b$, es decir, si no existe un b' menor que él.

b) un elemento de $b \in A$ es *cota inferior* de B si $b \leq b', \ \forall b' \in B$.

c) un elemento de $b \in A$ es *ínfimo* de B si b es cota inferior de B y, para cualquier cota inferior $b' \in B$ se cumple que $b' \leq b$ (es la máxima de las cotas inferiores de B). Si $b \in B$, entonces diremos que b es *mínimo* de B.

Cabe destacar que el maximal de B debe ser un elemento perteneciente al subconjunto B, mientras que la cota superior y el supremo de B, pueden ser elementos de B o de A. Sin embargo, nada en la definición garantiza que cualquiera de estos elementos exista.

Ejemplo 4.14

Sea $\langle R, \leq \rangle$ un orden parcial, y sea $B = \{x : \ 0 \leq x < 1\} = [0, 1)$.

- No existe un maximal de B.

- El primer elemento y minimal es el 0.

- Las cotas superiores de B están en el conjunto $\{x : \ x \geq 1\}$, siendo 1 la menor de ellas, es decir, el supremo.

- Las cotas inferiores de B están en el conjunto $\{x : \ x \leq 0\}$, siendo 0 la mayor de ellas, es decir el ínfimo. Y como $0 \in B$, también es mínimo.

Teorema 4.4

Sea $\langle A, \leq \rangle$ un orden parcial, y sea B un subconjunto de A.

i) Si b es el primer elemento de B, entonces b es minimal de B.

ii) Si b es el primer elemento de B, entonces b es el ínfimo de B.

iii) Si b es una cota superior de B y $b \in B$, entonces b es el supremo de B.

4.5 Operaciones de clausura sobre relaciones

Ante una relación R definida sobre un conjunto A que no es de orden parcial, es decir, que no necesariamente cumple las propiedades de reflexividad, antisimetría y transitividad, podemos plantearnos *¿es posible ordenar los elementos del conjunto A partiendo de la relación R? ¿Bajo qué condiciones? ¿Existe en ese caso un único orden?*.

Una forma de encontrar un orden parcial a partir de la relación $\langle A, R \rangle$ es encontrar la relación de orden $\langle A, R' \rangle$ más grande que la contenga (es decir, que $R \subset R'$). A estas relaciones de orden R' se las conoce como *clausuras*.

4.5.1 Clausuras de una relación

Definición 4.24: Clausura reflexiva

Sea R una relación binaria sobre A. La *clausura reflexiva* de R, representada como $s(R)$ es una relación R' tal que:

1. R' es reflexiva.

2. $R \subset R'$.

3. Si R'' es una relación reflexiva cualquiera tal que $R \subset R''$, entonces $R' \subset R''$.

En otras palabras, la clausura reflexiva es la relación reflexiva sobre A más pequeña que contiene a R.

Definición 4.25: Clausura simétrica

Sea R una relación binaria sobre A. La *clausura simétrica* de R, representada como $s(R)$ es una relación R' tal que:

1. R' es simétrica.

2. $R \subset R'$.

3. Si R'' es una relación simétrica cualquiera tal que $R \subset R''$, entonces $R' \subset R''$.

En otras palabras, la clausura simétrica es la relación simétrica sobre A más pequeña que contiene a R.

Definición 4.26: Clausura transitiva

Sea R una relación binaria sobre A. La *clausura transitiva* de R, representada como $t(R)$ es una relación R' tal que:

1. R' es transitiva.

2. $R \subset R'$.

3. Si R'' es una relación transitiva cualquiera tal que $R \subset R''$, entonces $R' \subset R''$.

En otras palabras, la clausura transitiva es la relación transitiva sobre A más pequeña que contiene a R.

Teorema 4.5

Sea $\langle A, R \rangle$ una relación sobre A. Entonces,

i) R es reflexiva si y sólo si $r(R) = R$.

ii) R es simétrica si y sólo si $s(R) = R$.

iii) R es transitiva si y sólo si $t(R) = R$

Demostración. Demostramos la doble implicación (si y sólo si) del primer caso:

$(\rightarrow)$ Si R es reflexiva, entonces, por la definición de clausura reflexiva, la relación reflexiva más pequeña que contiene a R es la propia R. Por lo tanto, concluimos que $r(R) = R$.

$(\leftarrow)$ Si $r(R) = R$, y sabiendo que $r(R)$ es una relación reflexiva, entonces, concluimos que R es reflexiva.

De forma análoga se prueba para el caso simétrico y transitivo. ∎

Teorema 4.6

Sea $\langle A, R \rangle$ una relación sobre A. Entonces, $r(R) = R \cup R^0$.

Demostración. Definimos $R' = R \cup R^0$. Pretendemos demostrar que R' es la clausura reflexiva $r(R)$, es decir, que cumple la Definición 4.24.

Por su construcción, sabemos que R' es una relación reflexiva, ya que incluye todos los elementos de la potencia R^0 (la relación identidad). Además, sabemos que $R \subset R'$. Solo queda por comprobar que R' es la relación reflexiva más pequeña que contiene a R.

Para ello, definimos la relación reflexiva R'' tal que $R \subset R''$. Si tomamos un elemento arbitrario $\langle a, b \rangle \in R'$, entonces, por construcción de R', $\langle a, b \rangle \in R$ o $\langle a, b \rangle \in R^0$. Si se da el primer caso, como sabemos que $R \subset R''$, entonces deducimos que $\langle a, b \rangle \in R''$. Si se da el segundo caso, como R'' es reflexiva, deducimos que $\langle a, b \rangle \in R''$. Por lo tanto, en cualquier caso, concluimos que todo elemento $\langle a, b \rangle \in R'$ también cumple que $\langle a, b \rangle \in R''$. Entonces, $R' \subset R''$, $\forall R''$, y se concluye que R' es la relación reflexiva más pequeña que contiene a R.

Al haber demostrado que $R' = R \cup R^0$ es la relación reflexiva más pequeña que contiene a R, concluimos que $r(R) = R \cup R^0$. ∎

Ejemplo 4.15

Del Ejemplo 4.2, donde se define la relación

$$R = \{\langle x, x \rangle, \langle x, y \rangle, \langle z, y \rangle, \langle t, z \rangle\}$$

sobre el conjunto $A = \{x, y, z, t\}$, y con una matriz de relación

$$M_R = \begin{pmatrix} 1 & 1 & 0 & 0 \\ 0 & 0 & 0 & 0 \\ 0 & 1 & 0 & 0 \\ 0 & 0 & 1 & 0 \end{pmatrix},$$

sabiendo que

$$R^0 = \{\langle x, x \rangle, \langle x, x \rangle, \langle y, y \rangle, \langle z, z \rangle, \langle t, t \rangle\},$$

con matriz de relación igual a la identidad,

$$M_{R^0} = I = \begin{pmatrix} 1 & 0 & 0 & 0 \\ 0 & 1 & 0 & 0 \\ 0 & 0 & 1 & 0 \\ 0 & 0 & 0 & 1 \end{pmatrix},$$

concluimos (por el Teorema 4.6) que la clausura reflexiva de R es

$$r(R) = R \cup R^0 = \{\langle x,x\rangle, \langle y,y\rangle, \langle z,z\rangle, \langle t,t\rangle, \langle x,y\rangle, \langle z,y\rangle, \langle t,z\rangle\},$$

con matriz de relación

$$M_{r(R)} = M_R \vee M_{R^0} = \begin{pmatrix} 1 & 1 & 0 & 0 \\ 0 & 1 & 0 & 0 \\ 0 & 1 & 1 & 0 \\ 0 & 0 & 1 & 1 \end{pmatrix}.$$

Teorema 4.7

Sea $\langle A, R\rangle$ una relación sobre A. Entonces, R es simétrica si y sólo si $R = R^{-1}$.

Demostración. Demostramos la doble implicación:

($\rightarrow$) Una relación simétrica R cualquiera viene definida por

$$R = \{\langle x,y\rangle : \ \langle y,x\rangle \in R\} = \{\langle y,x\rangle : \ \langle x,y\rangle \in R\} = R^{-1}.$$

($\leftarrow$) Si $R = R^{-1}$, y $\langle x,y\rangle \in R = R^{-1}$. Como $\langle x,y\rangle \in R^{-1}$, entonces $\langle y,x\rangle \in R$. Por lo tanto, R es simétrica.

■

Teorema 4.8

Sea $\langle A, R \rangle$ una relación sobre A. Entonces, $s(R) = R \cup R^{-1}$.

Demostración. Sea $s(R)$ la clausura simétrica de R.

($\subset$) Demostramos que $s(R) \subset R \cup R^{-1}$. Por su construcción, sabemos que $R \cup R^{-1}$ es una relación simétrica, ya que cualquier elemento $\langle x, y \rangle \in R$ y su complementario, $\langle y, x \rangle \in R^{-1}$ están contenidos en el conjunto $R \cup R^{-1}$. Como, por la Definición 4.25 de clausura simétrica, $s(R)$ es la relación simétrica mas pequeña que contiene a R, concluimos que $s(R) \subset R \cup R^{-1}$.

($\supset$) Demostramos que $s(R) \supset R \cup R^{-1}$. Sea $\langle x, y \rangle \in R \cup R^{-1}$ un elemento cualquiera. Entonces, $\langle x, y \rangle \in R$ o bien $\langle x, y \rangle \in R^{-1}$. En el primer caso, por la Definición 4.25 de clausura simétrica, $s(R) \subset R$, por lo que $\langle x, y \rangle \in s(R)$. En el segundo caso, sabemos que $\langle y, x \rangle \in R$, y de nuevo por la definición de clausura simétrica, $\langle y, x \rangle \in s(R)$. Como $s(R)$ es simétrica por definición, en cualquier caso se cumple que todo elemento $\langle x, y \rangle \in R \cup R^{-1}$ también cumple que $\langle x, y \rangle \in s(R)$. Por lo tanto, concluimos que $s(R) \supset R \cup R^{-1}$.

Por consiguiente, si $s(R) \subset R \cup R^{-1}$ y $s(R) \supset R \cup R^{-1}$, entonces se concluye que $s(R) = R \cup R^{-1}$. ∎

Ejemplo 4.16

De los Ejemplos 4.2 y 4.4, donde se define la relación

$$R = \{\langle x, x \rangle, \langle x, y \rangle, \langle z, y \rangle, \langle t, z \rangle\}$$

sobre el conjunto $A = \{x, y, z, t\}$, con una matriz de relación

$$M_R = \begin{pmatrix} 1 & 1 & 0 & 0 \\ 0 & 0 & 0 & 0 \\ 0 & 1 & 0 & 0 \\ 0 & 0 & 1 & 0 \end{pmatrix},$$

sabiendo que

$$R^{-1} = \{\langle x, x \rangle, \langle y, x \rangle, \langle y, z \rangle, \langle z, t \rangle\},$$

cuya matriz de relación es

$$M_{R^{-1}} = \begin{pmatrix} 1 & 0 & 0 & 0 \\ 1 & 0 & 1 & 0 \\ 0 & 0 & 0 & 1 \\ 0 & 0 & 0 & 0 \end{pmatrix},$$

concluimos (por el Teorema 4.8) que la clausura simétrica de R es

$$s(R) = R \cup R^{-1} = \{\langle x, x \rangle, \langle x, y \rangle, \langle y, x \rangle, \langle z, y \rangle, \langle y, z \rangle \langle t, z \rangle, \langle z, t \rangle\},$$

con matriz de relación

$$M_{s(R)} = M_R \vee M_{R^{-1}} = \begin{pmatrix} 1 & 1 & 0 & 0 \\ 1 & 0 & 1 & 0 \\ 0 & 1 & 0 & 1 \\ 0 & 0 & 1 & 0 \end{pmatrix}.$$

Ejemplo 4.17

Sea $\langle \mathbb{N}, < \rangle$, donde $<= \{\langle x, y \rangle : x < y\}$, y sean $(>= \{\langle x, y \rangle : x > y\}$ y $\neq= \{\langle x, y \rangle : x \neq y\}$. Entonces $s(<) = (\neq)$, ya que

$$s(<) = (<) \cup (<)^{-1} = (<) \cup (>) = (\neq).$$

Teorema 4.9

Sea $\langle A, R \rangle$ una relación sobre A. Entonces,

$$t(R) = \bigcup_{i=1}^{\infty} R^i = R \cup R^2 \cup R^3 \dots$$

Demostración. Sea $t(R)$ la clausura transitiva de R.

($\supset$) Demostramos que $t(R) \supset \bigcup_{i=1}^{\infty} R^i$. Para ello, demostramos por inducción que $t(R) \supset R^i$, $\forall i = 1, 2, \dots$:

   − *Base de inducción*: para el caso $i = 1$, por Definición 4.26 de clausura transitiva, $t(R) \supset R$.

131

– *Hipótesis de inducción (HI)*: asumimos que, para cierto $i = n$, $t(R) \supset R^n$.

– *Paso de inducción*: para $i = n + 1$, considerando un elemento cualquiera $\langle x, y \rangle \in R^{n+1}$, deducimos que

$$\langle x, y \rangle \in R^{n+1} \to \langle x, y \rangle \in R^n \ R$$
$$\to \exists z : (\langle x, z \rangle \in R^n) \wedge (\langle z, y \rangle \in R)$$
$$\xrightarrow{\text{por la HI}} \exists z : (\langle x, z \rangle \in t(R)) \wedge (\langle z, y \rangle \in t(R))$$
$$\to \langle x, y \rangle \in t(R).$$

Por lo tanto, si todo elemento $\langle x, y \rangle \in R^{n+1}$ también cumple que $\langle x, y \rangle \in t(R)$, entonces $t(R) \supset R^{n+1}$ y, por inducción, queda demostrado que $t(R) \supset R^i$, $\forall i = 1, 2, \ldots$

Finalmente, si todas las potencias R^i están contenidas en la clausura $t(R)$, es inmediato concluir que la unión de todas ellas también lo está, es decir, que $t(R) \supset \bigcup_{i=1}^{\infty} R^i$.

($\subset$) Demostramos que $t(R) \subset \bigcup_{i=1}^{\infty} R^i$. Primeramente, debe probarse que $\bigcup_{i=1}^{\infty} R^i$ es una relación transitiva. Si consideramos dos elementos arbitrarios $\langle x, y \rangle, \langle y, z \rangle \in \bigcup_{i=1}^{\infty} R^i$, entonces

$$\exists s, t \in \mathbb{N}, \ s, t > 0 : \langle x, y \rangle \in R^s, \ \langle y, z \rangle \in R^t \to \langle x, y \rangle \in R^s \ R^t$$
$$\to \langle x, z \rangle \in R^{s+t}$$
$$\to \langle x, z \rangle \in \bigcup_{i=1}^{\infty} R^i$$

Por lo tanto, concluimos que $\bigcup_{i=1}^{\infty} R^i$ es una relación transitiva.

Por otro lado, sabemos que la clausura transitiva $t(R)$ es la más pequeña que contiene a R (Definición 4.26), y por lo tanto $t(R) \subset \bigcup_{i=1}^{\infty} R^i$, ya que está contenida dentro de cualquier otra relación transitiva.

Por consiguiente, si $t(R) \subset \bigcup_{i=1}^{\infty} R^i$ y $t(R) \supset \bigcup_{i=1}^{\infty} R^i$, entonces se concluye que $t(R) = \bigcup_{i=1}^{\infty} R^i$. ∎

Teorema 4.10

Sea $\langle A, R \rangle$ una relación sobre A, de tal modo que el número de elementos de A es $|A| = n$. Entonces,

$$t(R) = \bigcup_{i=1}^{n} R^i.$$

Demostración. Si demostramos que, para un conjunto A con n elementos, $\bigcup_{i=1}^{\infty} R^i = \bigcup_{i=1}^{n} R^i$, entonces, por la demostración anterior (Teorema 4.9), es inmediato que $t(R) = \bigcup_{i=1}^{n} R^i$. Para demostrar que la unión de n potencias es equivalente a la unión de las infinitas potencias, solo debe demostrarse que $R^k \subset \bigcup_{i=1}^{n} R^i$, $\forall k > 0$, es decir, que todos los elementos de las potencias de la relación R se encuentran contenidos en la unión de las n primeras potencias.

Sea $\langle x, y \rangle \in R^k$ un elemento cualquiera de la k-ésima potencia. En este caso, existe un camino de longitud k entre los nodos x e y del grafo dirigido $D = \langle A, R \rangle$. Como el grafo tiene n nodos, el camino más largo posible entre dos nodos distintos es de longitud $k = n - 1$, y el ciclo (el camino con origen y final en el mismo nodo) más largo posible es de longitud $k = n$. Por lo tanto, deducimos finalmente que $\langle x, y \rangle \in R^k$, $k \leq n$, $\forall x, y \in A$ y que, en consecuencia, $R^k \subset \bigcup_{i=1}^{n} R^i$, $\forall k > 0$. ∎

Ejemplo 4.18

Del Ejemplo 4.7, donde se define la relación $R = \{\langle a, b \rangle, \langle b, a \rangle, \langle b, c \rangle, \langle c, d \rangle\}$ sobre el conjunto $A = \{a, b, c, d\}$, con matriz de relación

$$M_R = \begin{pmatrix} 0 & 1 & 0 & 0 \\ 1 & 0 & 1 & 0 \\ 0 & 0 & 0 & 1 \\ 0 & 0 & 0 & 0 \end{pmatrix},$$

sabiendo que A tiene 4 elementos y conociendo las potencias de R, concluimos (por el Teorema 4.10) que la clausura transitiva de R es

$$t(R) = \bigcup_{i=1}^{4} R^i = \{\langle a, a \rangle, \langle a, b \rangle, \langle a, c \rangle, \langle a, d \rangle, \langle b, a \rangle, \langle b, b \rangle, \langle b, c \rangle, \langle b, d \rangle, \langle c, d \rangle\},$$

con matriz de relación

$$M_{t(R)} = M_R \vee M_{R^2} \vee M_{R^3} \vee M_{R^4} = \begin{pmatrix} 1 & 1 & 1 & 1 \\ 1 & 1 & 1 & 1 \\ 0 & 0 & 0 & 1 \\ 0 & 0 & 0 & 0 \end{pmatrix}.$$

Proposición 4.7: Propiedades de las clausuras

Sea $\langle A, R \rangle$ una relación sobre A. Entonces, se cumplen las siguientes propiedades:

1. Si R es reflexiva, entonces $s(R)$ y $t(R)$ son reflexivas.

2. Si R es simétrica, entonces $r(R)$ y $t(R)$ son simétricas.

3. Si R es transitiva, entonces $r(R)$ es transitiva.

Teorema 4.11

Sea $\langle A, R \rangle$ una relación sobre A. Entonces

   i) $r(s(R)) = s(r(R))$.

  ii) $r(t(R)) = t(r(R))$.

 iii) $t(s(R)) \supset s(t(R))$.

Demostración. A continuación se demuestran por separado los tres puntos del Teorema:

   i) Aplicando los Teoremas 4.6 y 4.8, se deduce que

$$\begin{aligned} s(r(R)) &= s(R \cup R^0) \\ &= (R \cup R^0) \cup (R \cup R^0)^{-1} \\ &= R \cup R^0 \cup R^{-1} \cup R^0 \\ &= R \cup R^{-1} \cup R^0 \\ &= r(R \cup R^{-1}) \\ &= r(s(R)) \end{aligned}$$

ii) Aplicando los Teoremas 4.6 y 4.9, se deduce que

$$t(r(R)) = t(R \cup R^0)$$
$$= (R \cup R^0) \cup (R \cup R^0)^2 \cup (R \cup R^0)^3 \cup \dots$$
$$= R^0 \cup R \cup R^2 \cup R^3 \cup \dots$$
$$= R^0 \cup t(R)$$
$$= r(t(R))$$

iii) Sean R_1 y R_2 dos relaciones tales que $R_1 \supset R_2$. Entonces, por las definiciones de clausura simétrica (Definición 4.25) y transitiva (Definición 4.26), sabemos que $s(R_1) \supset s(R_2)$ y que $r(R_1) \supset r(R_2)$. También sabemos por definición que $s(R) \supset R$. Por lo tanto,

$$t(s(R)) \supset t(R) \to s(t(s(R))) \supset s(t(R)).$$

Por las propiedades de las clausuras (Proposición 4.7), como $s(R)$ es simétrica por definición, entonces $t(s(R))$ también lo será y, por lo tanto, por el Teorema 4.7,

$$s(t(s(R))) = t(s(R)).$$

De todo ello se concluye que

$$s(t(s(R))) = t(s(R)) \supset s(t(R)).$$

Cabe mencionar finalmente que, en general, $s(t(R)) = t(s(R))$ no siempre se cumple. Como contraejemplo, si consideramos la relación $<$ sobre el conjunto de los enteros $\mathbb{Z}$, entonces

$$s(t(<)) = s(<) = (\neq),$$
$$t(s(<)) = t(\neq) = U.$$

■

Nota Con la finalidad de simplificar la notación, dada una relación $\langle A, R \rangle$ sobre A, representaremos a la clausura transitiva $t(R)$ como por R^+, y a la clausura transitiva reflexiva $t(r(R))$, como R^*.

4.5.2 Algoritmo para calcular la clausura transitiva reflexiva (Warshall)

A continuación se describe un algoritmo que nos permite calcular la clausura transitiva reflexiva R^* de la relación $\langle A, R \rangle$, es decir, todas las relaciones compuestas existentes entre los elementos de A. En términos de teoría de grafos, el algoritmo genera un camino de aristas entre cualquier par de nodos del grafo dirigido $D = \langle A, R \rangle$.

Para ello, el algoritmo construye iterativamente la matriz $C = [c_{ij}]_{n \times n}$ de la clausura transitiva reflexiva R^*, donde $n = |A|$ (el número de elementos de A). Inicialmente, $C = M_R$ (donde M_R es la matriz de la relación R), es decir, que las únicas relaciones (o caminos) detectadas por el algoritmo entre elementos (o nodos) son las relaciones directas entre elementos. Adicionalmente, añadimos una relación $c_{ii} = 1$, $i = 1, \ldots, n$ entre elementos iguales, ya que, al buscar la clausura transitiva *reflexiva*, la relación directa entre elementos iguales siempre existirá y estará contenida en la clausura. A partir de este punto, para $k = 1, \ldots, n$, el algoritmo comprueba para cada par de elementos i, j si ya existe una relación compuesta de orden k entre ellos (un camino de longitud k) o ya existía una relación compuesta de orden menor previa (un camino de longitud menor a k). Si la hay, entonces $c_{ij} = 1$, y así se queda durante el resto de la ejecución del algoritmo. Como, por el Teorema 4.10, sabemos que todas las posibles relaciones compuestas de una clausura transitiva están contenidas por las primeras n potencias de la relación R (o que la máxima longitud del camino entre dos elementos es $k = n$), al alcanzar $k = n$, el algoritmo finaliza la búsqueda. En este punto final, tenemos que $C = M_{R^*}$. El Algoritmo 1 describe en pseudocódigo el algoritmo de Warshall.

Algoritmo 1 Algoritmo de Warshall

Inputs:
  $M_R \in \{0, 1\}^{n \times n}$ **(booleano)**
Initialize:
  $C \leftarrow M_R$
  $c_{ii} \leftarrow 1$, $i = 1, \ldots, n$
for $k = 1$ to n **do**
  $c_{ij} \leftarrow c_{ij} \vee [c_{ik} \wedge c_{kj}]$, $i, j = 1, \ldots, n$
end for
return C

Ejemplo 4.19

Retomando el Ejemplo 4.7, en el que hemos analizado las potencias de la relación $\langle A, R \rangle$, dados el conjunto $A = \{a, b, c, d\}$ y la relación $R = \{\langle a, b \rangle, \langle b, a \rangle, \langle b, c \rangle, \langle c, d \rangle\}$, si aplicamos el algoritmo de Warshall para hallar la clausura transitiva reflexiva, obtenemos que

1. Definimos inicialmente C como

$$C^{(0)} = M_{R^0} \vee M_R = \begin{pmatrix} 1 & 0 & 0 & 0 \\ 0 & 1 & 0 & 0 \\ 0 & 0 & 1 & 0 \\ 0 & 0 & 0 & 1 \end{pmatrix} \vee \begin{pmatrix} 0 & 1 & 0 & 0 \\ 1 & 0 & 1 & 0 \\ 0 & 0 & 0 & 1 \\ 0 & 0 & 0 & 0 \end{pmatrix}$$

$$= \begin{pmatrix} 1 & 1 & 0 & 0 \\ 1 & 1 & 1 & 0 \\ 0 & 0 & 1 & 1 \\ 0 & 0 & 0 & 1 \end{pmatrix}.$$

   Nótese que $C = M_R$, añadiendo en la diagonal de la matriz valores de 1, que añaden la relación identidad R^0.

2. Para la iteración $k = 1$, obtenemos que

$$C^{(1)} = \underbrace{\begin{pmatrix} \mathbf{1} & \mathbf{1} & 0 & 0 \\ \mathbf{1} & 1 & 1 & 0 \\ \mathbf{0} & 0 & 1 & 1 \\ \mathbf{0} & 0 & 0 & 1 \end{pmatrix}}_{C^{(0)}} \vee \left[\begin{pmatrix} \mathbf{1} & 1 & 1 & 1 \\ \mathbf{1} & 1 & 1 & 1 \\ \mathbf{0} & 0 & 0 & 0 \\ \mathbf{0} & 0 & 0 & 0 \end{pmatrix} \wedge \begin{pmatrix} \mathbf{1} & \mathbf{1} & 0 & 0 \\ 1 & 1 & 0 & 0 \\ 1 & 1 & 0 & 0 \\ 1 & 1 & 0 & 0 \end{pmatrix} \right]$$

$$= \begin{pmatrix} 1 & 1 & 0 & 0 \\ 1 & 1 & 1 & 0 \\ 0 & 0 & 1 & 1 \\ 0 & 0 & 0 & 1 \end{pmatrix}.$$

   Las entradas con valor 1 se mantienen, mientras que el resto (con valor 0) se actualizan considerando únicamente las entradas c_{i1} y c_{1j}, es decir, la primera columna y la primera fila de la matriz $C^{(0)}$. En esta iteración, observamos que la matriz no sufre cambios, es decir, $C^{(1)} = C^{(0)}$.

3. Para la iteración $k = 2$, obtenemos que

$$
C^{(2)} = \underbrace{\begin{pmatrix} 1 & 1 & 0 & 0 \\ 1 & 1 & 1 & 0 \\ 0 & 0 & 1 & 1 \\ 0 & 0 & 0 & 1 \end{pmatrix}}_{C^{(1)}} \vee \left[\begin{pmatrix} 1 & 1 & 1 & 1 \\ 1 & 1 & 1 & 1 \\ 0 & 0 & 0 & 0 \\ 0 & 0 & 0 & 0 \end{pmatrix} \wedge \begin{pmatrix} 1 & 1 & 1 & 0 \\ 1 & 1 & 1 & 0 \\ 1 & 1 & 1 & 0 \\ 1 & 1 & 1 & 0 \end{pmatrix} \right]
$$

$$
= \begin{pmatrix} 1 & 1 & 1 & 0 \\ 1 & 1 & 1 & 0 \\ 0 & 0 & 1 & 1 \\ 0 & 0 & 0 & 1 \end{pmatrix}.
$$

Las entradas con valor 0 se actualizan considerando únicamente las entradas c_{i2} y c_{2j}, es decir, la segunda columna y la segunda fila de la matriz $C^{(1)}$. En esta iteración, observamos que la matriz actualiza la posición $c_{13} = 1$.

4. Para la iteración $k = 3$, obtenemos que

$$
C^{(3)} = \underbrace{\begin{pmatrix} 1 & 1 & 1 & 0 \\ 1 & 1 & 1 & 0 \\ 0 & 0 & 1 & 1 \\ 0 & 0 & 0 & 1 \end{pmatrix}}_{C^{(2)}} \vee \left[\begin{pmatrix} 1 & 1 & 1 & 1 \\ 1 & 1 & 1 & 1 \\ 1 & 1 & 1 & 1 \\ 0 & 0 & 0 & 0 \end{pmatrix} \wedge \begin{pmatrix} 0 & 0 & 1 & 1 \\ 0 & 0 & 1 & 1 \\ 0 & 0 & 1 & 1 \\ 0 & 0 & 1 & 1 \end{pmatrix} \right]
$$

$$
= \begin{pmatrix} 1 & 1 & 1 & 1 \\ 1 & 1 & 1 & 1 \\ 1 & 0 & 1 & 1 \\ 0 & 0 & 0 & 1 \end{pmatrix}.
$$

Las entradas con valor 0 se actualizan considerando únicamente las entradas c_{i3} y c_{3j}, es decir, la tercera columna y la tercera fila de la matriz $C^{(2)}$. En esta iteración, observamos que la matriz actualiza las posiciones $c_{14} = 1$ y $c_{24} = 1$.

5. Para la iteración $k = 4$ (la última), obtenemos que

$$
C^{(4)} = \underbrace{\begin{pmatrix} 1 & 1 & 1 & 1 \\ 1 & 1 & 1 & 1 \\ 0 & 0 & 1 & 1 \\ 0 & 0 & 0 & 1 \end{pmatrix}}_{C^{(3)}} \vee \left[\begin{pmatrix} 1 & 1 & 1 & 1 \\ 1 & 1 & 1 & 1 \\ 1 & 1 & 1 & 1 \\ 1 & 1 & 1 & 1 \end{pmatrix} \wedge \begin{pmatrix} 0 & 0 & 0 & 1 \\ 0 & 0 & 0 & 1 \\ 0 & 0 & 0 & 1 \\ 0 & 0 & 0 & 1 \end{pmatrix} \right]
$$

$$
= \begin{pmatrix} 1 & 1 & 1 & 1 \\ 1 & 1 & 1 & 1 \\ 1 & 0 & 1 & 1 \\ 0 & 0 & 0 & 1 \end{pmatrix}.
$$

Las entradas con valor 0 se actualizan considerando únicamente las entradas c_{i4} y c_{4j}, es decir, la cuarta columna y la cuarta fila de la matriz $C^{(3)}$. En esta iteración, observamos que la matriz no sufre cambios, es decir, $C^{(4)} = C^{(3)}$.

Tras finalizar el algoritmo, la matriz resultante

$$C = C^{(4)} = \begin{pmatrix} 1 & 1 & 1 & 1 \\ 1 & 1 & 1 & 1 \\ 1 & 0 & 1 & 1 \\ 0 & 0 & 0 & 1 \end{pmatrix}$$

es la matriz de la clausura reflexiva y transitiva de R. Esta matriz nos indica que nodos del conjunto A están conectados por algún camino de aristas dadas por la relación R. De ella deducimos que desde un nodo de A podemos alcanzar otro cualquiera mediante la relación R, a excepción de dos casos:

- desde el nodo c no es posible hallar un camino hasta el nodo b, y

- desde el nodo d no se puede alcanzar ningún nodo distinto de él mismo.

4.6 Orden topológico de un conjunto

4.6.1 Orden topológico

Definición 4.27: Especificación incompleta

Dadas dos relaciones distintas sobre A, $\langle A, R \rangle$ y $\langle A, T \rangle$, definiremos R como una *especificación incompleta* de una relación T de dos posibles formas:

a) si y sólo si $R^* = T$, siendo T transitiva reflexiva.

b) si y sólo si $R^+ = T$, siendo T transitiva pero no reflexiva[a].

---

[a]Recordemos que $R^* = r(t(R))$ y que $R^+ = t(R)$.

Ejemplo 4.20

Sean

$$T = \{\langle 1,1 \rangle, \langle 2,2 \rangle, \langle 3,3 \rangle, \langle 1,2 \rangle, \langle 1,3 \rangle, \langle 2,3 \rangle\},$$
$$R_1 = \{\langle 1,1 \rangle, \langle 1,2 \rangle, \langle 1,3 \rangle, \langle 2,3 \rangle\},$$
$$R_2 = \{\langle 1,2 \rangle, \langle 2,3 \rangle\},$$

tres relaciones sobre $A = \{1,2,3\}$. Para que R_1 o R_2 sean especificaciones incompletas de T se deberá de cumplir que $R_1^* = T$ (para R_1), y que $R_2^* = T$ (para R_2).

En el primer caso, calculadas las potencias de R_1,

$$R_1^0 = \{\langle 1,1 \rangle, \langle 2,2 \rangle, \langle 3,3 \rangle\},$$
$$R_1 = \{\langle 1,1 \rangle, \langle 1,2 \rangle, \langle 1,3 \rangle, \langle 2,3 \rangle\},$$
$$R_1^2 = \{\langle 1,1 \rangle, \langle 1,3 \rangle, \langle 1,2 \rangle\},$$
$$R_1^3 = \{\langle 1,1 \rangle, \langle 1,2 \rangle, \langle 1,3 \rangle\},$$

deducimos que

$$R_1^* = r(t(R_1)) = R_1^0 \cup R_1 \cup R_1^2 \cup R_1^3$$
$$= \{\langle 1,1 \rangle, \langle 2,2 \rangle, \langle 3,3 \rangle, \langle 1,2 \rangle, \langle 1,3 \rangle, \langle 2,3 \rangle\} = T,$$

por lo que R_1 es una especificación incompleta de T. En el segundo caso, calculadas las potencias de R_2,

$$R_2^0 = \{\langle 1,1 \rangle, \langle 2,2 \rangle, \langle 3,3 \rangle\},$$
$$R_2 = \{\langle 1,2 \rangle, \langle 2,3 \rangle\},$$
$$R_2^2 = \{\langle 1,3 \rangle\},$$
$$R_2^3 = \emptyset,$$

deducimos que

$$R_2^* = r(t(R_2)) = R_2^0 \cup R_2 \cup R_2^2 \cup R_2^3$$
$$= \{\langle 1,1 \rangle, \langle 2,2 \rangle, \langle 3,3 \rangle, \langle 1,2 \rangle, \langle 1,3 \rangle, \langle 2,3 \rangle\} = T,$$

por lo que R_2 también es una especificación incompleta de T.

Definición 4.28: Reducción transitiva

Dadas las relaciones $\langle A, R \rangle$ y $\langle A, T \rangle$ sobre A, diremos que R es una *reducción transitiva* de la relación T si T no tiene ninguna especificación incompleta P tal que $|P| < |R|$.

Ejemplo 4.21

En el Ejemplo 4.20 se ha demostrado que $R_1^* = R_2^* = T$. R_2 es la especificación incompleta con un menor número de elementos, por lo que R_2 es reducción transitiva de T.

Definición 4.29: Orden parcial incompletamente especificado

Dado $\langle A, R \rangle$, diremos que R es una *relación de orden parcial incompletamente especificada (ROPIE)* sobre el conjunto A si y sólo si

- R^+ es irreflexiva y transitiva (si R es del tipo $<$),

- R^* es reflexiva, antisimétrica y transitiva (si R es del tipo $\leq$).

Ejemplo 4.22

Sea $R = \{\langle 1, 2 \rangle, \langle 3, 3 \rangle\}$ una relación sobre $A = \{1, 2, 3\}$. Por la primera definición de especificación incompleta (Definición 4.27), observamos que

$$R^+ = t(R) = R \cup R^2 \cup R^3 = \{\langle 1, 2 \rangle, \langle 3, 3 \rangle\} = R,$$

por lo que R^+ es transitiva pero no es irreflexiva. En este caso, por la segunda definición de especificación incompleta,

$$R^* = r(t(R)) = R^0 \cup R \cup R^2 \cup R^3 = \{\langle 1, 2 \rangle, \langle 3, 3 \rangle, \langle 1, 1 \rangle, \langle 2, 2 \rangle\},$$

por lo que R^* es irreflexiva, antisimétrica y transitiva. En consecuencia, R es una ROPIE sobre A.

141

Definición 4.30: Orden topológico

Dada $\langle A, R \rangle$ y siendo R una ROPIE sobre A, definiremos el *orden topológico* de $\langle A, R \rangle$ a un orden con el cual podemos ordenar el conjunto A a partir de la relación R. Un orden topológico es un orden lineal total que contiene a R.

Ejemplo 4.23

Siguiendo con el Ejemplo 4.22, sabiendo que $R = \{\langle 1, 2 \rangle, \langle 3, 3 \rangle\}$ una ROPIE sobre $A = \{1, 2, 3\}$, buscamos un orden total que contenga a R, es decir, una relación de orden parcial $\leq$ (reflexiva, antisimétrica y transitiva) que relacione a todos los elementos de A entre sí. Para ello:

- añadimos a R los elementos $\langle 1, 1 \rangle$ y $\langle 2, 2 \rangle$ para obtener una relación reflexiva. De forma general, para obtener la clausura reflexiva, realizamos la operación $R^0 \cup R$.

- añadimos a R los elementos $\langle 1, 3 \rangle$ y $\langle 2, 3 \rangle$ para obtener una relación transitiva. De forma general, para obtener la clausura transitiva, realizamos la operación $R^0 \cup R \cup R^2 \cup R^3 \cup \dots$

Otra opción es aplicar el algoritmo de Warshall para obtener la clausura transitiva reflexiva de R. Con todo ello, la relación de orden total obtenida ha sido

$$R' = \{\langle 1, 2 \rangle, \langle 3, 3 \rangle, \langle 1, 1 \rangle, \langle 2, 2 \rangle, \langle 1, 3 \rangle, \langle 2, 3 \rangle\}.$$

4.6.2 Algoritmo para calcular el orden topológico de un conjunto

El Algoritmo 2 describe un procedimiento para encontrar un orden topológico S de un conjunto A, dada una relación de orden ROPIE R. Dicho algoritmo nos proporciona un orden topológico de $\langle A, R \rangle$, aunque la solución no es necesariamente el único orden topológico existente.

Algoritmo 2 Orden topológico

Inputs:
    A, R ROPIE
Initialize:
    $S \leftarrow \emptyset$
for $i = 1$ to n **do**
    if $\forall x \in A$, $\exists y \in A : x \neq y$, yRx **then**
        return No hay un orden parcial
        break
    end if
    if $\exists x \in A : \nexists y \in A : y \neq x$, yRx **then**
        $S \leftarrow S \cup \{x\}$
        $A \leftarrow A - \{x\}$
    end if
end for
return S

Teorema 4.12

Sea A un conjunto finito, y sea $\langle A, R \rangle$ un orden parcial, donde R es una ROPIE. Entonces, los elementos de A pueden ordenarse en un orden topológico.

Demostración. Demostramos por contradicción que la relación R debe ser ROPIE para que todos los elementos del conjunto puedan ordenarse parcialmente y, por lo tanto, topológicamente. Para ello, en base al Algoritmo 2, asumiremos que en una determinada iteración i se cumple que

$$\forall x \in A, \exists y \in A : y \neq x, y \leq x.$$

En este supuesto, sean $x_1, x_2 \in A$ dos elementos tales que $x_1 \neq x_2$ y $x_1 R x_2$. A partir de este punto, aplicamos el siguiente procedimiento:

1. Para el elemento $x_2 \in A$, existirá un elemento $x_3 \in A$ tal que $x_3 \neq x_2$ y $x_3 R x_2$.

2. Si $x_3 \neq x_1$, hallamos el elemento $x_4 \in A$ tal que $x_4 \neq x_3$ y $x_4 R x_3$.

3. Si $x_4 \neq x_2$ y $x_4 \neq x_1$, hallamos el elemento $x_5 \in A$ tal que $x_5 \neq x_4$ y $x_5 R x_4$.

    ⋮

El procedimiento continua hasta encontrar un $x_j \in \{x_1, \ldots, x_{j-2}\}$ tal que $x_j \neq x_{j-1}$ y que

$$x_j R x_{j-1}, \ x_{j-1} R x_{j-2}, \ \ldots, \ x_2 R x_1.$$

De aquí se deduce que $x_j = x_r$, para algún $r \in \{1, \ldots, j-2\}$. Si definimos T como la relación completamente especificada correspondiente a R (esto es, R es la relación incompletamente especificada de T), entonces $T = R^+$ o $T = R^*$, pero en ambos casos T es una relación transitiva. Por la propiedad de transitividad, deducimos que

$$x_j T x_{j-1}, \ x_{j-1} T x_{j-2} \rightarrow x_j T x_{j-2},$$
$$x_j T x_{j-2}, \ x_{j-2} T x_{j-3} \rightarrow x_j T x_{j-3},$$
$$\vdots$$
$$x_j T x_{r+2}, \ x_{r+2} T x_{r+1} \rightarrow x_j T x_{r+1},$$
$$x_j T x_{r+1}, \ x_{r+1} T x_r \rightarrow x_j T x_r.$$

Sabiendo que $x_j = x_r$, también deducimos que $x_j T x_r \equiv x_r T x_r$, que $x_j T x_{r+1} \equiv x_r T x_{r+1}$ son relaciones válidas.

Por lo tanto, T no puede ser un cuasi-orden, ya que no es irreflexiva (al presentar la relación $x_r T x_r$), y tampoco puede ser un orden parcial, ya que no es antisimétrica (porque presenta simultáneamente las relaciones $x_{r+1} T x_r$ y $x_r T x_{r+1}$, y $x_r \neq x_{r+1}$ por el procedimiento definido).

Por consiguiente, concluimos que si $\langle A, R \rangle$ es una ROPIE, entonces nunca se alcanza la condición de que $\forall x \in A, \ \exists y \in A : y \neq x, \ y \leq x$, o en otras palabras, que existe siempre un orden parcial y topológico al que el algoritmo puede llegar. ∎

4.7 Ejercicios propuestos

Ejercicio 4.1

Dada la relación binaria $R = \{\langle a, b \rangle : a + b \text{ es par}\}$ sobre el conjunto de los números naturales $\mathbb{N}$, compruebe qué propiedades - reflexiva, irreflexiva, simétrica, antisimétrica, asimétrica o transitiva - cumple. ¿Es una relación binaria de equivalencia?

Ejercicio 4.2

Sea la relación binaria

$$R = \{\langle a,a\rangle, \langle b,b\rangle, \langle c,c\rangle, \langle d,d\rangle, \langle e,e\rangle, \langle a,b\rangle, \langle b,a\rangle, \langle d,e\rangle, \langle e,d\rangle, \langle c,d\rangle, \langle d,c\rangle, \langle c,e\rangle, \langle e,c\rangle\}$$

sobre el conjunto $A = \{a,b,c,d,e\}$.

1. Indique el dominio y codominio de R.

2. Obtenga la matriz de R.

3. Represente gráficamente R.

4. Obtenga la relación complementaria R^c y la relación inversa R^{-1}.

5. Calcule las potencias R^2 y R^3 de R. ¿Cuántas potencias distintas tiene R?

6. Demuestre que R es una relación binaria de equivalencia.

7. Halle las clases de equivalencia de A y el conjunto cociente A_R.

Ejercicio 4.3

Dada la relación

$$R = \{\langle a,d\rangle, \langle d,a\rangle, \langle a,e\rangle\}$$

sobre el conjunto $A = \{a,b,c,d,e\}$, obtenga:

1. Las clausuras reflexiva, simétrica y transitiva de R.

2. La clausura transitiva reflexiva de R por el algoritmo de Warshall.

145

Ejercicio 4.4

Sea la relación

$$R = \{\langle 0,0 \rangle, \langle 1,1 \rangle, \langle a,a \rangle, \langle b,b \rangle, \langle 0,1 \rangle, \langle 0,a \rangle, \langle 0,b \rangle, \langle 1,a \rangle, \langle 1,b \rangle, \langle a,b \rangle\}$$

sobre el conjunto $A = \{0, 1, a, b\}$.

1. Demuestre que $\langle A, R \rangle$ es un orden parcial.

2. Demuestre que $\langle A, R \rangle$ es un orden total y represente su diagrama de Hasse. ¿Es R un buen orden? ¿Cómo podría obtenerse un cuasi-orden a partir de R?

3. Ordene las palabras $\{1a10, bbab, ba0, 0a1, 00b1, 1aa, 10, 100, bb10\}$ en el orden estándar lexicográfico.

4. Indique los elementos maximal, minimal, máximo, mínimo, supremo e ínfimo.

Capítulo 5

Divisibilidad

5.1 Introducción

La divisibilidad de enteros es un concepto fundamental en matemáticas que se utiliza en una amplia variedad de áreas de estudio. En la teoría de números, una de las áreas más antiguas de las matemáticas, la divisibilidad de enteros es una de las herramientas principales para entender y descubrir nuevas propiedades de los números. Por ejemplo, la divisibilidad es clave para estudiar los *números primos* como base de la estructura del resto de números y sus propiedades, o para hallar nuevas formas de representación de los números. En este capítulo veremos algunos de los resultados más importantes sobre estos temas, como el *teorema fundamental de la aritmética*, el *algoritmo de Euclides*, o la *fracción continua*.

Gracias a los fundamentos de la divisibilidad de enteros, se han podido desarrollar otros conceptos matemáticos, como las *ecuaciones diofánticas* y las *ecuaciones en congruencias*. Ambas son ecuaciones cuyas soluciones son números enteros, y son de gran importancia en áreas como la criptografía y la *aritmética modular*. Las ecuaciones diofánticas son ecuaciones polinómicas con coeficientes enteros, mientras que las ecuaciones en congruencias se basan en el concepto de relación de congruencia, que está estrechamente relacionado con un tipo de relación muy concreto: las relaciones binarias de equivalencia.

En este capítulo, estudiaremos sus propiedades y la forma de resolver estas ecuaciones.

5.2   Divisibilidad de enteros

5.2.1   *División exacta y entera*

Para introducir la idea de divisibilidad, comenzamos definiendo los conceptos de división exacta, divisor y múltiplo.

Definición 5.1: División exacta: divisor y múltiplo

Sean $a, b \in \mathbb{Z}$, con $a \neq 0$ (números enteros). Diremos que a es *divisor* de b, que a divide de forma exacta a b (o $a \mid b$) o, equivalentemente, que b es *múltiplo* de a, si existe algún entero $p \in \mathbb{Z}$ tal que $ap = b$. Por esta misma definición, p también es múltiplo de b, ya que $pa = b$.

Por la definición de divisor, es evidente que el valor absoluto de los divisores es inferior al del múltiplo (por ser enteros), es decir, que $|p| \leq |b|$ y $|a| \leq |b|$.

Ejemplo 5.1

El número 10 es múltiplo de 5, y 5 es divisor de 10 (5|10), puesto que existe un número entero, el 2, tal que $5 \cdot 2 = 10$. Por esta misma propiedad, el 2 también es divisor de 10. El conjunto de todos los divisores de 10 es $\{1, -1, 2, -2, 5, -5\}$.

Proposición 5.1: Propiedades de múltiplos y divisores

Dados los enteros $a, b, c \in \mathbb{Z}$, se cumple que:

1. El 1 es divisor de cualquier entero a, ya que $1 \cdot a = a$.

2. Si a es divisor de b entonces $-a \in \mathbb{Z}$ también es divisor de b.

   Demostración. Si a es divisor de b, sabemos que $\exists p \in \mathbb{Z} : ap = b$. Por lo tanto, $(-a)(-p) = b$, de lo cual se concluye que $-a$ también es divisor de b. ∎

3. Si a y b son múltiplos de c, entonces $a + b$ y $a - b$ son múltiplos de c.

   Demostración. Sabemos que $\exists p_1 \in \mathbb{Z} : \; cp_1 = a$ y que $\exists p_2 \in \mathbb{Z} : \; cp_2 = b$. Por lo tanto, $a \pm b = cp_1 \pm cp_2 = c(p_1 \pm p_2)$, de lo cual se desprende que $a \pm b$ es múltiplo de c. $\blacksquare$

4. Si a es múltiplo de c, entonces ab también es múltiplo de c.

   Demostración. Sabemos que $\exists p \in \mathbb{Z} : \; cp = a$. Por lo tanto, $ab = (cp)b = c(pb)$, de lo cual se deduce que ab también es múltiplo de c. $\blacksquare$

Sin embargo, *¿qué ocurre si dos números no se pueden dividir de forma exacta, es decir, si uno de ellos no es divisor del otro?* En este caso, podemos generalizar el concepto de divisibilidad mediante la definición de la división entera o euclídea.

Definición 5.2: División entera o euclídea

Dados dos números enteros cualesquiera $a, b \in \mathbb{Z}$ con $a \neq 0$, la *división entera o euclídea* $\frac{b}{a}$ es una operación que devuelve como resultado otros dos números enteros, el cociente $q \in \mathbb{Z}$ y el resto $r \in \mathbb{Z}$, $r \geq 0$, tales que

$$b = aq + r$$
$$0 \leq r < |a|$$

A partir de estas condiciones, es inmediato deducir que el cociente $q \in \mathbb{Z}$ debe cumplir que

$$\begin{cases} aq \leq b < a(q+1) & \text{si } a > 0 \\ aq \leq b < a(q-1) & \text{si } a < 0 \end{cases}$$

es decir, es el máximo número que, al multiplicarse por el divisor, no excede al dividendo. Una vez obtenido el cociente, el resto puede calcularse simplemente como $r = b - aq$.

Como caso particular, si el resto es 0, entonces $b = aq$, y por lo tanto, b es múltiplo de a (o, equivalentemente, a es divisor de b). En este caso particular, la división entera es también exacta.

Una forma clásica de representar y operar la división euclídea es mediante la división "en caja":

$$b \text{ (dividendo)} \underline{\begin{array}{|l} \quad a \text{ (divisor)} \\ \hline \end{array}} \equiv b = ac + r$$
$$r \text{ (resto)} \qquad c \text{ (cociente)}$$

Los pasos para llevar a cabo la división "en caja" empleando este esquema son los siguientes:

1. Tomamos, de posiciones decimales mayores a menores, es decir, de izquierda a derecha, tantos dígitos del dividendo como sean necesarios hasta que el número que formen sea mayor al divisor.

2. Realizamos la división, obteniendo su cociente y su resto, y los añadimos en las posiciones del esquema correspondientes.

3. Le adjuntamos al resto ("bajamos" en nuestro esquema) el siguiente o los siguientes dígitos del dividendo, de nuevo de izquierda a derecha, hasta que el número formado sea superior al divisor.

4. Calculamos de nuevo cociente y el resto. El nuevo cociente se adjunta al cociente anterior, y el resto se coloca bajo el anterior.

5. Repetimos el procedimiento hasta que el resto sea 0 o inferior al divisor y no puedan añadírsele más dígitos del dividendo.

Gracias a la división euclídea, dados el dividendo y el divisor, podemos encontrar el otro "divisor más próximo" (el cociente), generalizando así la idea de divisibilidad a cualquier par de números.

> **Nota** *Para resolver divisiones enteras con dividendo o divisor negativos, del tipo $\frac{-b}{a}$ o $\frac{b}{-a}$ (ambas son equivalentes), dividimos $\frac{|b|}{a}$ o $\frac{b}{|a|}$ obteniendo un cociente c y un resto r, de tal modo que*
>
> $$-b = a(-c) - r \quad o \quad b = (-a)c - r.$$

Ejemplo 5.2

A continuación se muestran algunas divisiones enteras:

1. La división $\frac{16}{5}$ ($a = 5$, $b = 16$) tiene como cociente $q = 3$, ya que $5 \cdot 3 = 15 \leq 16$, mientras que $5 \cdot 4 = 20 > 16$, y su resto es $r = 16 - 5 \cdot 3 = 16 - 15 = 1$.

   Esquemáticamente,

   $$\begin{array}{c|c} 1\ 6 & 5 \\ \hline 1 & 3 \end{array}$$

2. La división $\frac{8}{4}$ ($a = 4$, $b = 8$) tiene como cociente $q = 2$, ya que $4 \cdot 2 = 8$, y su resto es $r = 8 - 4 \cdot 2 = 8 - 8 = 0$. Esquemáticamente,

   $$\begin{array}{c|c} 8 & 4 \\ \hline 0 & 2 \end{array}$$

3. La división $\frac{126}{4}$ ($a = 4$, $b = 126$) tiene como cociente $q = 31$, ya que $4 \cdot 31 = 124 \leq 126$, y $5 \cdot 31 = 155 > 126$, y su resto es $r = 126 - 4 \cdot 31 = 126 - 124 = 2$. Esquemáticamente,

   $$\begin{array}{c|c} 1\ 2\ 6 & 4 \\ \hline 0\ 6 & 3\ 1 \\ 2 & \end{array}$$

5.2.2   Números primos

A raíz del concepto de divisor que hemos definido anteriormente, una de las cuestiones que puede surgirnos es: *¿existen números que no tienen divisores (exceptuando el 1 y él mismo)?*

Definición 5.3: Número primo y compuesto

Sea $p \in \mathbb{Z}$, $p > 1$ un número entero. Diremos que p es un *número primo* si y sólo si sus únicos divisores positivos son el 1 y el propio p. Si un número no es primo, diremos que es *compuesto*.

151

Nota   *El número 1 no se considera primo ya que hemos definido que un número primo tiene que ser estrictamente mayor a 1. Los números negativos tampoco pueden ser primos, puesto que todos ellos tienen como divisor al −1.*

Proposición 5.2

Sea $a \in \mathbb{Z}$, $|a| > 1$ un número compuesto. Entonces, a tiene al menos un divisor primo p tal que $p^2 \leq a$.

Demostración. Demostramos por inducción que cualquier número a (primo o compuesto) tiene al menos un divisor primo. Esta prueba la realizamos para $a \in \mathbb{N}$, $a > 1$, y la posteriormente la extendemos a $\mathbb{Z}$:

1. *Base de inducción*: para $a = 2$, como es primo, tiene como divisor primo a sí mismo.

2. *Hipótesis de inducción*: suponemos que todos los enteros $2 \leq a \leq k - 1$ (hasta cierto entero $k - 1$) tienen al menos un divisor primo.

3. *Paso de inducción*: demostramos que k tiene al menos un divisor primo. Si k es primo, entonces tiene como divisor a sí mismo. Si k es compuesto, entonces $\exists\, 2 \leq a, b < k : ab = k$. Sin embargo, por la hipótesis de inducción, a tiene un divisor p primo, es decir, que $pq = a$. Por lo tanto, $k = ab = (pq)b = p(qb)$, y concluimos que k tiene un divisor primo p.

Por lo tanto, por inducción, cualquier número $a \in \mathbb{N}$, $a > 1$ tiene al menos un divisor primo.

Adicionalmente, si a tiene como divisor al primo p, sabemos que $a = pq$. Si a es primo, es evidente que $p = a$ y $q = 1$. Si, en cambio, a es compuesto, entonces al menos uno de los dos divisores es inferior o igual a $\sqrt{a}$, es decir, que $q \leq \sqrt{a}$ o $p \leq \sqrt{a}$. Si suponemos que $q > \sqrt{a}$ y $p > \sqrt{a}$ simultáneamente, entonces $a = pb > \sqrt{a}\sqrt{a} = a$, y llegaríamos a una contradicción. Por lo tanto, si $a = pq$, pueden darse los siguientes casos:

- Que q sea primo, y por lo tanto $p \leq \sqrt{a}$ (o $q \leq \sqrt{a}$).

- Que q sea compuesto, y que $p \leq \sqrt{a}$.

- Que q sea compuesto, y que $p > \sqrt{a}$. En ese caso, sabemos que $q \leq \sqrt{a}$, y que además q tiene un divisor primo p' por ser compuesto (Proposición 5.2), es decir, $q = p'r$. Entonces, $q = p'r \leq \sqrt{a}$, donde $p', r \leq \sqrt{a}$.

En los tres casos, hemos encontrado un número primo, al que nombramos como p, tal que $p \leq \sqrt{a}$, o equivalentemente, $p^2 \leq a$.

Si hemos concluido que cualquier número compuesto $a \in \mathbb{N}$, $a > 1$ tiene un divisor primo $p \leq \sqrt{a}$, es decir, que $pb = a$, entonces se deduce inmediatamente (por la Propiedad 2 de la Proposición 5.1) que $-a = p(-b)$, por lo que deducimos que también los números negativos compuestos tienen al menos un divisor primo, y el teorema puede extenderse a todo número entero $a \in \mathbb{Z}$, $|a| > 1$. ∎

Teorema 5.1: Teorema de Euclides

Existen infinitos números primos.

Demostración. Por reducción al absurdo, supongamos que el conjunto de números primo $P = \{p_1, \ldots, p_n\}$ es finito. En ese caso, podemos construir un número q tal que $q = p_1 p_2 \ldots p_n$ sea el producto de todos los números primos existentes (q es múltiplo de todos los primos). Si adicionalmente definimos $q + 1 = p_1 p_2 \ldots p_n + 1 \in \mathbb{Z}$, este número también debe ser compuesto, ya que tampoco pertenece al conjunto P. Y, al ser compuesto, debe existir un primo $p_i \in P$ que sea divisor de $q + 1$ por la Proposición 5.2.

En otras palabras, q y $q + 1$ son múltiplos del primo p_i y, por la Propiedad 3 de la Proposición 5.1, deducimos que $(q + 1) - q = 1$ también debe ser múltiplo de p_i, lo cual es contradictorio, ya que no existe ningún entero a tal que $p_i \, a = 1$. Por lo tanto, concluimos que el conjunto de números primos P es infinito. ∎

Tomando como base las propiedades de los números primos vistas hasta el momento, Eratóstenes (s. III A.C.) desarrolló un algoritmo muy sencillo para encontrar una lista de números primos menores a cierto número natural $a \in \mathbb{N}$:

1. Se escriben en una lista los números naturales entre el 2 y el número a, es decir, $2, 3, \ldots, a - 1, a$.

2. Se toma el número de la lista no evaluado más pequeño (el primero sería el 2), y se comprueba que su cuadrado es inferior al número a.

3. Si cumple la condición, entonces se eliminan todos sus múltiplos.

4. Se pasa al siguiente número no evaluado de la nueva lista, y se repite el procedimiento.

El Algoritmo 3 muestra el pseudocódigo del algoritmo de Eratóstenes.

Algoritmo 3 Algoritmo de Eratóstenes

Inputs:
　$a \in \mathbb{N},\ a > 1$
Initialize:
　$A \leftarrow \{2, 3, \dots, a-1, a\}$
　$P \leftarrow \emptyset$
while $\min(A) \leq \sqrt{a}$ **do**
　$k \leftarrow \min(A)$
　$A \leftarrow A - \{c \in A :\ c \text{ múltiplo de } k\}$
　$P \leftarrow P \cup \{k\}$
end while
$P \leftarrow P \cup A$
return P

Ejemplo 5.3

Deseamos encontrar la lista de números primos inferiores a 40. Para ello aplicamos el algoritmo de Eratóstenes,

1. Elaboramos una lista con todos los números del 2 al 40.

-	2	3	4	5	6	7	8	9	10
11	12	13	14	15	16	17	18	19	20
21	22	23	24	25	26	27	28	29	30
31	32	33	34	35	36	37	38	39	40

2. Tomamos el 2 como primer número, y como $2^2 = 4 < 40$, eliminamos todos los múltiplos de 2 (los números pares), y presentamos la lista actualizada.

-	②	3	4̸	5	6̸	7	8̸	9	1̸0̸
11	1̸2̸	13	1̸4̸	15	1̸6̸	17	1̸8̸	19	2̸0̸
21	2̸2̸	23	2̸4̸	25	2̸6̸	27	2̸8̸	29	3̸0̸
31	3̸2̸	33	3̸4̸	35	3̸6̸	37	3̸8̸	39	4̸0̸

3. Tomamos el siguiente número, el 3, y como $3^2 = 9 < 40$, eliminamos todos los múltiplos de 3.

-	2	③	4̶	5	6̶	7	8̶	9̶	1̶0̶
11	1̶2̶	13	1̶4̶	1̶5̶	1̶6̶	17	1̶8̶	19	2̶0̶
2̶1̶	2̶2̶	23	2̶4̶	25	2̶6̶	2̶7̶	2̶8̶	29	3̶0̶
31	3̶2̶	3̶3̶	3̶4̶	35	3̶6̶	37	3̶8̶	3̶9̶	4̶0̶

4. Tomamos el siguiente número, el 5, y como $5^2 = 25 < 40$, eliminamos todos los múltiplos de 5.

-	2	3	4̶	⑤	6̶	7	8̶	9̶	1̶0̶
11	1̶2̶	13	1̶4̶	1̶5̶	1̶6̶	17	1̶8̶	19	2̶0̶
2̶1̶	2̶2̶	23	2̶4̶	2̶5̶	2̶6̶	2̶7̶	2̶8̶	29	3̶0̶
31	3̶2̶	3̶3̶	3̶4̶	3̶5̶	3̶6̶	37	3̶8̶	3̶9̶	4̶0̶

5. Tomamos el siguiente número, el 7, y como $7^2 = 49 > 40$, finalizamos el algoritmo. Los números que quedan en la lista sin tachar son los números primos inferiores a 40.

-	②	③	4̶	⑤	6̶	⑦	8̶	9̶	1̶0̶
⑪	1̶2̶	⑬	1̶4̶	1̶5̶	1̶6̶	⑰	1̶8̶	⑲	2̶0̶
2̶1̶	2̶2̶	㉓	2̶4̶	2̶5̶	2̶6̶	2̶7̶	2̶8̶	㉙	3̶0̶
㉛	3̶2̶	3̶3̶	3̶4̶	3̶5̶	3̶6̶	㊲	3̶8̶	3̶9̶	4̶0̶

Gracias al concepto de número primo, podemos establecer uno de los teoremas más importantes de la aritmética.

Teorema 5.2: Teorema fundamental de la aritmética

Todo número natural $a > 1$ puede expresarse de forma única como producto de números primos, es decir,

$$a = p_1^{m_1} \ldots p_n^{m_n},$$

donde $p_1 < \cdots < p_n \in \mathbb{N}$ son números primos distintos y ordenados, y $m_i \in \mathbb{N}$, $m_i > 1$, $\forall i = 1, \ldots, n$ son las multiplicidades, es decir, el número de veces que aparece cada primo como factor de a.

Demostración. En primer lugar, demostramos por inducción que todo número natural $a > 1$ es primo o puede expresarse como producto de primos.

1. *Base de inducción*: para $a = 2$ se cumple esta propiedad, ya que 2 es primo.

2. *Hipótesis de inducción*: asumimos como hipótesis que todo número $2, \ldots, k$ hasta cierto número $k \in \mathbb{N}$ es primo o producto de primos.

3. *Paso de inducción*: para $k + 1$, pueden ocurrir dos situaciones: que sea primo (entonces la propiedad se cumple), o que no lo sea. Si $k + 1$ no es primo, es compuesto, y por lo tanto existen dos divisores naturales $p, q \in \mathbb{N}$ tales que $k + 1 = pq$. Como los divisores p y q cumplen que $1 < p, q < k + 1$, por la hipótesis de inducción son primos o se pueden expresar como producto de primos. Concluimos entonces que $k + 1 = pq$ es producto de primos.

En segundo lugar, si tomamos dos números naturales cualesquiera $a, b > 1$ tales que $a = p_1^{m_1} \ldots p_n^{m_n}$ y $b = p_1^{m_1} \ldots p_n^{m_n}$, donde $p_1 < \cdots < p_n \in \mathbb{N}$ son números primos distintos y ordenados, y $m_i \in \mathbb{N}$, $m_i > 1$, $\forall i = 1, \ldots, n$, entonces $a = b$. Por lo tanto, concluimos que la factorización de primos de todo número natural $a > 1$ es única. ∎

Para hallar la factorización o descomposición de un número natural $a > 1$ como producto de números primos, se aplica el siguiente algoritmo:

1. Localizamos el menor primo p_1 divisor de a y obtenemos el cociente q_1 resultante de dividir de forma exacta $p_1 \mid a$.

2. Localizamos el menor primo p_2 divisor de q_1 y obtenemos el cociente q_2 resultante de dividir de forma exacta $p_2 \mid q_1$.

3. Continuamos hasta que el cociente $q_n = 1$.

4. El resultado de la factorización es $a = p_1 p_2 \ldots p_n$. Esta factorización puede presentar factores primos repetidos.

El Algoritmo 4 muestra el pseudocódigo del algoritmo de descomposición de un número natural $a > 1$ cualquiera en factores primos.

Algoritmo 4 Algoritmo de descomposición en factores primos.

Inputs:
   $a \in \mathbb{N}, \ a > 1$
Initialize:
   $q \leftarrow a$
   $P \leftarrow \emptyset$
while $q \neq 1$ **do**
   p primo más pequeño divisor de q
   $q \leftarrow q \mid p$
   $P \leftarrow p$
end while
return P

Para calcular la descomposición del número $a = 660$ en factores primos, aplicamos el Algoritmo 4:

1. El primo más pequeño divisor de 660 es $p_1 = 2$. Al dividir, obtenemos que $2 \mid 660 = 330$.

$$
\begin{array}{c|c}
660 & 2 \\
330 & \\
\end{array}
$$

2. El primo más pequeño divisor de 330 es $p_2 = 2$. Al dividir, obtenemos que $2 \mid 330 = 165$.

$$
\begin{array}{c|c}
660 & 2 \\
330 & 2 \\
165 & \\
\end{array}
$$

3. El primo más pequeño divisor de 165 es $p_3 = 3$. Al dividir, obtenemos que $3 \mid 165 = 55$.

$$
\begin{array}{c|c}
660 & 2 \\
330 & 2 \\
165 & 3 \\
55 & \\
\end{array}
$$

4. El primo más pequeño divisor de 55 es $p_4 = 5$. Al dividir, obtenemos que $5 \mid 55 = 11$.

$$
\begin{array}{c|c}
660 & 2 \\
330 & 2 \\
165 & 3 \\
55 & 5 \\
11 & \\
\end{array}
$$

5. El 11 es primo, por lo que $p_5 = 11$. Al dividir por sí mismo, obtenemos que $11 \mid 11 = 1$.

$$
\begin{array}{c|c}
660 & 2 \\
330 & 2 \\
165 & 3 \\
55 & 5 \\
11 & 11 \\
1 & \\
\end{array}
$$

Concluimos que el 660 tiene cinco factores primos, cuatro de ellos distintos entre sí, y que puede expresarse como $660 = 2^2 \cdot 3 \cdot 5 \cdot 11$.

Conociendo la descomposición en factores primos, también es posible conocer todos los divisores que tiene un número.

Proposición 5.3: Divisores de un número

Sea $a = p_1^{m_1} \ldots p_n^{m_n}$ la descomposición de un número en sus factores primos, donde $p_1 < \cdots < p_n \in \mathbb{N}$ son números primos distintos y ordenados, y $m_1, \ldots, m_n \in \mathbb{N}$ son las multiplicidades de cada factor primo. Entonces, los divisores positivos del número a son de la forma $p_1^{r_1} \ldots p_n^{r_n}$, con $0 \le r_i \le m_i$, $\forall i = 1, \ldots, n$, y tiene exactamente $(m_1 + 1) \ldots (m_n + 1)$ divisores positivos.

Demostración. Cualquier divisor d del número natural $a > 1$, primo o compuesto, cumple que $a = cd$. Por el Teorema Fundamental de la Aritmética, c y d pueden expresarse como producto de números primos, de tal modo que $a = cd = p_1^{m_1} \ldots p_n^{m_n}$. Si suponemos que d tiene un divisor primo p_k que no está en la descomposición de factores primos de a, entonces $m_k = 0$, pero $m_k \in \mathbb{N}$, es decir, $m_k > 0$ (contradicción). Por lo tanto, como todo factor primo de cualquier divisor d tiene que aparecer necesariamente en la lista de factores primos $p_1 < \cdots < p_n$ de a, cualquier divisor de a tiene que tener la forma $p_1^{r_1} \ldots p_n^{r_n}$, con $0 \le r_i \le m_i$, $\forall i = 1, \ldots, n$ (tiene que poder conseguirse con la combinación de los factores primos de la descomposición de a).

De este modo, el número total de posibles divisores equivale al número de tuplas $(r_1, \ldots, r_n)$ diferentes que pueden conseguirse. Como cada exponente r_i tiene $m_i + 1$ posibles valores (incluyendo al 0), entonces, por la regla del producto, deducimos que a tiene exactamente $(m_1 + 1) \ldots (m_n + 1)$ divisores positivos. ∎

Ejemplo 5.5

El número $a = 72 = 2^3 \cdot 3^2$ tiene exactamente $(3 + 1)(2 + 1) = 12$ posibles divisores positivos. Todos ellos se muestran en la Tabla 5.1.

Exponente del 2	Exponente del 3	Divisor
0	0	$2^0 \cdot 3^0 = 1$
0	1	$2^0 \cdot 3^1 = 3$
0	2	$2^0 \cdot 3^2 = 9$
1	0	$2^1 \cdot 3^0 = 2$
1	1	$2^1 \cdot 3^1 = 6$
1	2	$2^1 \cdot 3^2 = 18$
2	0	$2^2 \cdot 3^0 = 4$
2	1	$2^2 \cdot 3^1 = 12$
2	2	$2^2 \cdot 3^2 = 36$
3	0	$2^3 \cdot 3^0 = 8$
3	1	$2^3 \cdot 3^1 = 24$
3	2	$2^3 \cdot 3^2 = 72$

Tabla 5.1: Divisores (positivos) del 72.

159

5.2.3 Mínimo común múltiplo y máximo común divisor

Siguiendo con el concepto de divisor y múltiplo, existen dos números de especial interés dado un conjunto de números naturales: el *mínimo común múltiplo* y el *máximo común divisor*.

Definición 5.4: Mínimo común múltiplo

Dado un conjunto de números $a_1, \ldots, a_n \in \mathbb{Z}$, el *mínimo común múltiplo* (o m.c.m.) de todos ellos, representado como $\mathrm{mcm}(a_1, \ldots, a_n)$ es el multiplo positivo compartido (distinto a 1) más pequeño de todos ellos.

Definición 5.5: Máximo común divisor

Dado un conjunto de números $a_1, \ldots, a_n \in \mathbb{Z}$, el *máximo común divisor* (o M.C.D.) de todos ellos, representado como $\mathrm{MCD}(a_1, \ldots, a_n)$ es el divisor positivo compartido más grande de todos ellos.

Ejemplo 5.6

Dados los números 14 y 20,

- El mínimo común múltiplo es $\mathrm{mcm}(14, 20) = 140$, ya que

    Múltiplos de 20: $20, 40, 60, 80, 100, 120, \boxed{\mathbf{140}} \ldots$

    Múltiplos de 14: $14, 28, 42, 56, 70, 84, 98, 112, 126, \boxed{\mathbf{140}} \ldots$

- El máximo común divisor es $\mathrm{MCD}(14, 20) = 2$, ya que

    Divisores de 20: $10, 5, 4, \boxed{\mathbf{2}}, 1$

    Divisores de 14: $14, 7, \boxed{\mathbf{2}}, 1$

Definición 5.6: Números coprimos

Dos números enteros $a, b \in \mathbb{Z}$ son *números coprimos*, o *primos entre sí*, si el máximo común divisor es $\mathrm{MCD}(a, b) = 1$. Una definición alternativa es que dos números coprimos no tienen factores primos comunes entre sí en su descomposición,

Ejemplo 5.7

Los números 12 y 35 son coprimos, ya que

$$\text{Divisores de 12:} \quad 12, 6, 4, 3, 2, \textcircled{1}$$
$$\text{Divisores de 35:} \quad 35, 7, 5, \textcircled{1}$$

y, por lo tanto, $\text{MCD}(35, 12) = 1$.

A continuación se demuestra una de las relaciones fundamentales entre el el m.c.m. y el M.C.D.

Proposición 5.4: Propiedades del m.c.m. y el M.C.D.

Dado un conjunto de números enteros, para cada uno de los cuales conocemos su descomposición en factores primos, se cumplen las siguientes propiedades:

1. El m.c.m. equivale al producto de todos los factores primos distintos elevados al mayor exponente.

2. El M.C.D. equivale al producto de todos los factores primos comunes en todas las descomposiciones elevados al menor exponente.

3. Dados dos números enteros $a, b \in \mathbb{Z}$, se cumple que $|ab| = \text{mcm}(a, b) \cdot \text{MCD}(a, b)$.

4. dados dos números $a, b \in \mathbb{N}$, $0 < a < b$, de tal modo que $\frac{b}{a} = q$, con resto $r > 0$ (a no divide de forma exacta a b), entonces $\text{MCD}(a, b) = \text{MCD}(a, r)$.

   Demostración. La división entera $\frac{b}{a}$ implica que $b = aq + r$. Si a y r tienen una serie de divisores comunes $d_1, \ldots, d_n$, también serán divisores comunes de b, ya que

   $$\frac{b}{d_i} = \frac{aq + r}{d_i} \overset{(a = \alpha d_i), (r = \rho d_i)}{=} \frac{\alpha d_i q + \rho d_i}{d_i} = \frac{(\alpha q + \rho)d_i}{d_i} = \alpha q + \rho,$$

   obteniendo una división exacta.

Del mismo modo, si tenemos en cuenta que $r = b - aq$, y considerando que a y b tienen una serie de divisores comunes $d_1, \ldots, d_n$, también serán divisores comunes de r, ya que

$$\frac{r}{d_i} = \frac{b - aq}{d_i} \overset{(a=\alpha d_i),(b=\beta d_i)}{=} \frac{\beta d i - \alpha d_i q}{d_i} = \frac{(\beta - \alpha q)d_i}{d_i} = \beta - \alpha q,$$

obteniendo de nuevo una división exacta. Por lo tanto, si los divisores comunes de a y r son también divisores de b, y los divisores de b y a lo son también de r, entonces los divisores comunes de a y b son los mismos que los de a y r. De ahí se deduce que el máximo de todos ellos, el M.C.D. sea igual, es decir, $\mathrm{MCD}(a,b) = \mathrm{MCD}(a,r)$. ∎

Ejemplo 5.8

Recuperando el Ejemplo 5.6 anterior, y conociendo las descomposiciones de los números $12 = 2^2 \cdot 3$, $8 = 2^3$ y $4 = 2^2$,

1. el m.c.m. es $\mathrm{mcm}(12, 8, 4) = 2^3 \cdot 3 = 8 \cdot 3 = 24$, ya que los factores distintos son el 2, cuyo máximo exponente es 3, y el 3, cuyo máximo exponente es 1.

2. el M.C.D. es $\mathrm{MCD}(12, 8, 4) = 2$, ya que el único factor común es el 2, cuyo mínimo exponente es 1.

Gracias a estas propiedades podemos hallar el M.C.D. mediante el algoritmo de Euclides. Dicho algoritmo se basa en la última propiedad vista en la Proposición 5.4, y consiste en los siguientes pasos:

1. Dados dos números $a, b \in \mathbb{N}$, $0 < a < b$, de los cuales queremos encontrar su $\mathrm{MCD}(a,b)$, calculamos la división entera $\frac{b}{a}$, obteniendo el resto r_1. Si $r_1 = 0$, entonces $\mathrm{MCD}(a,b) = a$.

2. Si $r_1 > 0$, calculamos la división entera $\frac{r_0}{r_1}$, obteniendo el resto r_2. Si $r_2 = 0$, entonces $\mathrm{MCD}(a,b) = r_2$.

3. Si $r_2 > 0$, calculamos la división entera $\frac{r_1}{r_2}$, obteniendo el resto r_3. Si $r_3 = 0$, entonces $\mathrm{MCD}(a,b) = r_3$.

4. Continuamos aplicando la división entera hasta encontrar un $r_n = 0$. Al llegar a ese punto, $\mathrm{MCD}(a,b) = r_n$.

Como $r_0 > r_1 > r_2 > \ldots$ (la secuencia de restos es decreciente), y $r_n \geq 0$, $\forall n$ (el resto siempre es positivo), concluimos que $r_n = 0$ para cierto n, y que el algoritmo de Euclides tiene un número finito de iteraciones. El Algoritmo 5 muestra un pseudocódigo del algoritmo de Euclides.

Algoritmo 5 Algoritmo de Euclides.

Inputs:
  $a, b \in \mathbb{N}$, $0 < a < b$
Initialize:
  $R \leftarrow b$
  $r \leftarrow a$
while $r \neq 0$ **do**
  $\hat{r}$ resto de $\frac{R}{r}$
  $R \leftarrow r$
  $r \leftarrow \hat{r}$
end while
return r

Una forma de llevar a cabo el procedimiento y organizar la información que se va obteniendo durante el algoritmo es construyendo una tabla como la siguiente:

Cocientes			q_1	
Dividendos, Divisores		b	a	r_1
Restos		r_1		

Cocientes			q_1	q_2	
Dividendos, Divisores		b	a	r_1	r_2
Restos		r_1	r_2		

Cocientes		q_1	q_2	q_3	$\ldots$
Dividendos, Divisores	b	a	r_1	r_2	r_3
Restos	r_1	r_2	r_3	$\ldots$	$\ldots$

Tabla 5.2: Construcción de la tabla del algoritmo de Euclides.

Observamos que, en esta tabla, los restos que van apareciendo se van añadiendo en la fila de dividendos y divisores progresivamente.

Ejemplo 5.9

Queremos encontrar el M.C.D. de los números $b = 72$ y $a = 20$. Aplicando el algoritmo de Euclides,

1. Realizamos la división entera $\frac{b}{a} = \frac{72}{20}$, de la que obtenemos un cociente $q_1 = 3$ y un resto $r_1 = 12$, de tal modo que $72 = 20 \cdot 3 + 12$. Como $r_1 = 12 > 0$, seguimos aplicando el algoritmo.

Cocientes		3	
Dividendos, Divisores	72	20	(12)
Restos	(12)		

2. Realizamos la división entera $\frac{a}{r_1} = \frac{20}{12}$, de la que obtenemos un cociente $q_2 = 1$ y un resto $r_2 = 8$, de tal modo que $20 = 12 \cdot 1 + 8$. Como $r_2 = 8 > 0$, seguimos aplicando el algoritmo.

Cocientes		3	1	
Dividendos, Divisores	72	20	12	(8)
Restos	12	(8)		

3. Realizamos la división entera $\frac{r_1}{r_2} = \frac{12}{8}$, de la que obtenemos un cociente $q_3 = 1$ y un resto $r_3 = 4$, de tal modo que $12 = 8 \cdot 1 + 4$. Como $r_3 = 4 > 0$, seguimos aplicando el algoritmo.

Cocientes		3	1	1	
Dividendos, Divisores	72	20	12	8	(4)
Restos	12	8	(4)		

4. Realizamos la división entera $\frac{r_2}{r_3} = \frac{8}{4}$, de la que obtenemos un cociente $q_4 = 2$ y un resto $r_4 = 0$, de tal modo que $8 = 4 \cdot 2 + 0$. Como $r_4 = 0$, finalizamos el algoritmo.

Cocientes		3	1	1	2
Dividendos, Divisores	72	20	12	8	4
Restos	12	8	4	(0)	

Concluimos que el $\text{MCD}(20, 72) = r_3 = 4$, el último resto no nulo.

5.2.4 Fracción continua

Una de las formas más conocidas de expresar los números racionales del tipo $\frac{b}{a}$, $a, b \in \mathbb{Z}$, $a < b$, $a \neq 0$ es la expresión decimal. Esta expresión consta de dos partes, separadas por una coma o punto: la parte entera (a la izquierda) y la parte decimal (a la derecha). La parte entera equivale el cociente de la división euclídea, mientras que el n-ésimo dígito $d_n \in \{0, 1, 2, \ldots, 9\}$ de la parte decimal (contando de izquierda a derecha) representa la división entre el dígito y la potencia n-ésima de 10, es decir, $\frac{d_n}{10^n}$. El número decimal equivale a la suma de la parte entera (del cociente) y de todas las fracciones asociadas a la parte decimal. Formalmente, dado un número decimal x con parte entera q y parte decimal $d_1 d_2 \ldots d_n$, donde d_i son los dígitos que la forman, podemos expresar

$$x = \underbrace{q}_{\text{Parte entera}} . \underbrace{d_1 d_2 \ldots d_n \ldots}_{\text{Parte decimal}} = q + \frac{d_1}{10} + \frac{d_2}{10^2} + \cdots + \frac{d_n}{10^n} + \cdots$$

La expresión decimal es una forma de expresar los números muy extendida, ya que

- nos permite interpretar cualquier número real (finito o infinito, racional o irracional) como una suma de números racionales con denominadores potencias de 10.

- podemos obtener aproximaciones del número simplemente tomando las primeras $k + 1$ cifras decimales y eliminando el resto, y sabiendo que el error de aproximación es del orden de 10^{-k} (el error siempre será inferior a este valor).

- el cálculo de la parte decimal se puede realizar fácilmente con la división "en caja" adjuntando ceros al resto final, y continuando la división euclídea hasta que el resto sea 0 (en caso de no alcanzarlo, la parte decimal sería infinita).

Ejemplo 5.10

El número racional $\frac{255}{20}$ puede expresarse en su forma decimal como $\frac{255}{20} = 12.75 = 12 + \frac{7}{10} + \frac{5}{10^2}$ (es finita). Este resultado se obtiene aplicando la siguiente división "en caja":

```
2 5 5  │ 2 0
  5 5  │ 1 2.7 5
  1 5 0
    1 0 0
        0
```

Si se toma una aproximación del número eliminando el último dígito de la parte decimal, es decir, $12.7 = 12 + \frac{7}{10}$, estaríamos cometiendo un error de

$$\varepsilon = |12.7 - 12.75| = 0.05 = \frac{5}{10^2} < \frac{10}{10^2} = \frac{1}{10^1} = 10^{-1}.$$

Por otro lado, el número $\frac{1}{17}$ se expresa en su forma decimal como $\frac{1}{17} = 0.058823529\ldots$.

```
1          │ 1 7
1 0 0      │ 0.0 5 8 8 2 3 5 2 9
  1 5 0
    1 4 0
      4 0
        6 0
          9 0
            5 0
            1 6 0
                7
```

Observamos que el número es infinito e irracional en su forma decimal. Si aproximamos quedándonos con las tres primeras cifras decimales es $0.058 = 0 + \frac{0}{10} + \frac{5}{10^2} + \frac{8}{10^3}$, estamos cometiendo un error de

$$\varepsilon = |0.058 - 0.058823\ldots| = 0.000823\cdots = \frac{8}{10^4} + \frac{2}{10^5} + \frac{3}{10^6} + \cdots < \frac{10}{10^4} = \frac{1}{10^3} = 10^{-3}.$$

Sin embargo, la expresión decimal toma arbitrariamente denominadores de base 10 para construir el número. Esto provoca que muchos números racionales acaben expresados de forma infinita, e incluso irracional. Si, en cambio, empleamos fracciones con diferentes denominadores, pueden encontrarse mejores aproximaciones del número. En el caso del número $\frac{1}{17} = 0.058823\ldots$ (Ejemplo 5.10), hemos comprobado que es irracional en su forma decimal, y que cualquier aproximación va a tener un error del orden de 10^{-k}. Sin embargo, si empleamos como denominador el 17, es un número exacto, o en otras palabras, $\frac{1}{17}$ es una mejor aproximación (de hecho, es la mejor porque coincide con el número que queremos expresar).

Por ello, otra forma de expresar los números reales buscando una mejor aproximación es la fracción continua. Partiendo de nuevo de los números racionales del tipo $\frac{b}{a}$, $a, b \in \mathbb{Z}$, $a < b$, $a \neq 0$, sabiendo que $b = aq_1 + r_1$ (donde q_1 es el cociente, y r_1 es el resto), podemos expresar

$$\frac{b}{a} = \frac{aq_1 + r_1}{a} = q_1 + \frac{r_1}{a} = q_1 + \frac{1}{\frac{q_1}{r_1}}.$$

En este punto, tenemos una nueva división entera $\frac{q_1}{r_1}$, y como $q_1 = r_1 q_2 + r_2$ (donde q_2 es el cociente, y r_2 es el resto), expresamos

$$\frac{b}{a} = q_1 + \frac{1}{\frac{q_1}{r_1}} = q_1 + \frac{1}{\frac{r_1 q_2 + r_2}{r_1}} = q_1 + \frac{1}{q_2 + \frac{r_2}{r_1}} = q_1 + \frac{1}{q_2 + \frac{1}{\frac{r_1}{r_2}}}.$$

Nótese que esta nueva forma de expresar este tipo de números racionales consiste en aplicar el algoritmo de Euclides para obtener los cocientes q_i y restos r_i, $i = 1, \ldots, n$ e ir colocándolos en la fracción. Como el algoritmo de Euclides sobre números racionales $\frac{b}{a}$, $a < b$ es finito, la expresión también presentará un número finito de fracciones. Sin embargo, esta idea se puede generalizar.

Definición 5.7: Fracción continua

Una *fracción continua* (generalizada) es una expresión de la forma

$$q_1 + \cfrac{1}{q_2 + \cfrac{1}{q_3 + \cfrac{1}{\ddots}}},$$

donde $q_1 \in \mathbb{Z}$ es entero y $q_i \in \mathbb{N}$, $\forall i = 2, 3, \ldots$ son naturales. La fracción continua se abrevia como $[q_1; q_2, q_3, \ldots, q_n, \ldots]$. La fracción continua puede ser finita, si hay un número finito de q_i, con $i = 1, 2, \ldots, n$, o infinita, si hay un número infinito de q_i, con $i = 1, 2, \ldots$

La construcción de una fracción continua pasa por ir obteniendo los cocientes.

Las fracciones continuas nos permiten representar

- Los números racionales del tipo $\frac{b}{a}$, $a, b \in \mathbb{Z}$, $a < b$, $a \neq 0$, tal y como ya hemos visto anteriormente aplicando el algoritmo de Euclides. En este caso, son fracciones continuas finitas.

- Los números racionales del tipo $\frac{b}{a}$, $a, b \in \mathbb{Z}$, $b < a$, $a \neq 0$, ya que partimos de la expresión

$$\frac{b}{a} = 0 + \frac{1}{\frac{a}{b}},$$

  que es una fracción continua, y que puede desarrollarse aplicando el algoritmo de Euclides sobre $\frac{a}{b}$. En este tipo de números racionales, el primer término siempre es $q_1 = 0$, y también son fracciones continuas finitas.

- Los números irracionales (aquellos que no pueden expresarse como fracciones de dos enteros) como fracciones continuas infinitas, ya que puede demostrarse que la sucesión de fracciones continuas $[q_1; q_2, \ldots, q_n]$ cuando $n \to \infty$ converge.

De este modo, cualquier número real (racional o irracional) puede expresarse como una fracción continua. Por ello, las fracciones continuas son de especial interés en el campo de la matemática discreta, ya que son una forma alternativa de representar cualquier número sin emplear expresiones decimales.

Ejemplo 5.11

El número racional $\frac{203}{161}$ puede expresarse

- en su expresión decimal, como $\frac{203}{161} = 1.\overline{260869565217391304347 8}$.

- en su expresión de fracción continua, como

$$\frac{203}{161} = 1 + \frac{42}{161} = 1 + \frac{1}{\frac{161}{42}} = 1 + \frac{1}{3 + \frac{35}{42}} = 1 + \frac{1}{3 + \frac{1}{\frac{42}{35}}} = 1 + \frac{1}{3 + \frac{1}{1 + \frac{7}{35}}}$$

$$= 1 + \frac{1}{3 + \frac{1}{1 + \frac{1}{\frac{35}{7}}}} = 1 + \frac{1}{3 + \frac{1}{1 + \frac{1}{5}}}$$

De forma abreviada, $\frac{203}{161} = [1; 3, 1, 5]$.

Sin embargo, las fracciones continuas de ciertos números pueden ser demasiado largas, y es preferible trabajar con expresiones aproximadas, pero más manejables.

Definición 5.8: Fracciones reducidas

Dada una fracción continua $[q_1; q_2, q_3, \ldots, q_n, \ldots]$, las *fracciones reducidas* son las sucesivas fracciones continuas finitas

$1^a)\ [q_1] = q_1 = \dfrac{P_1}{Q_1},$

$2^a)\ [q_1, q_2] = q_1 + \dfrac{1}{q_2} = \dfrac{P_2}{Q_2},$

$$\vdots$$

$$n^a) \quad [q_1, q_2, \ldots, q_n] = q_1 + \cfrac{1}{q_2 + \cfrac{1}{q_3 + \cfrac{\ddots}{+\cfrac{1}{q_n}}}} = \frac{P_n}{Q_n},$$

$$\vdots$$

Las fracciones reducidas se pueden considerar como aproximaciones sucesivas de la fracción continua (a mayor orden, mejor aproximación).

Para calcular los términos P_k y Q_k de cualquier fracción reducida, vamos agrupando los términos de las sucesivas fracciones reducidas, de tal modo que

$$1^a) \quad [q_1] = q_1 = \frac{q_1}{1} \longrightarrow P_1 = q_1, \ Q_1 = 1,$$

$$2^a) \quad [q_1, q_2] = q_1 + \frac{1}{q_2} = \frac{q_2 q_1 + 1}{q_2} = \frac{q_2 q_1 + 1}{q_2 \cdot 1 + 0} = \frac{q_2 P_1 + 1}{q_2 \cdot Q_1 + 0} \longrightarrow P_2 = q_2 P_1 + 1, \ Q_2 = q_2 Q_1 + 0,$$

$$3^a) \quad [q_1, q_2, q_3] = q_1 + \cfrac{1}{q_2 + \cfrac{1}{q_3}} = q_1 + \cfrac{1}{\cfrac{q_3 q_2 + 1}{q_3}} = q_1 + \cfrac{q_3}{q_3 q_2 + 1} = \frac{q_2 P_1 + 1}{q_2 \cdot Q_1 + 0} \longrightarrow$$
$$P_2 = q_2 P_1 + 1, \ Q_2 = q_2 Q_1 + 0,$$

$$\vdots$$

Así, por inducción, los términos de la k-ésima fracción reducida se pueden definir recursivamente.

> **Proposición 5.5: Cálculo de las fracciones reducidas**
>
> Dada una fracción continua definida por $[q_1; q_2, q_3, \ldots, q_n, \ldots]$, la k-ésima fracción reducida puede calcularse recursivamente como
>
> $$[q_1, q_2, \ldots, q_k] = \frac{P_k}{Q_k} = \frac{q_k P_{k-1} + P_{k-2}}{q_k Q_{k-1} + Q_{k-2}}, \ k \in \mathbb{N}, \ k > 1$$
>
> Los términos $q_1, q_2, \ldots, q_k$ se obtienen por el algoritmo de Euclides.

Una forma de calcular las fracciones reducidas de forma sencilla es construyendo la siguiente tabla:

k	0	1	2	3	4	...	n
q_k	-	q_1	q_2	q_3	q_4	...	q_n
P_k	1	$P_1 = q_1$	$P_2 = q_2 P_1 - P_0$	$P_3 = q_3 P_2 - P_1$	$P_4 = q_4 P_3 - P_2$	...	$P_n = q_n P_{n-1} + P_{n-2}$
Q_k	0	$Q_1 = 1$	$Q_2 = q_2 Q_1 - Q_0$	$Q_3 = q_3 Q_2 - Q_1$	$Q_4 = q_4 Q_3 - Q_2$	...	$Q_n = q_n Q_{n-1} + Q_{n-2}$

> **Ejemplo 5.12**
>
> Calculamos la fracción continua y las fracciones reducidas de los siguientes números:
>
> - El número racional $\frac{82}{23} > 1$. Por el algoritmo de Euclides,
>
>   1. Realizamos la división entera $\frac{b}{a} = \frac{82}{23}$, de la que obtenemos un cociente $q_1 = 3$ y un resto $r_1 = 13$, de tal modo que $82 = 23 \cdot 3 + 13$. Como $r_1 = 13 > 0$, seguimos aplicando el algoritmo.
>
> | Cocientes | | 3 | |
> |-----------|----|----|----|
> | Dividendos, Divisores | 82 | 23 | ⟨13⟩ |
> | Restos | ⟨13⟩ | | |
>
>   La primera fracción reducida viene dada por $[q_1] = \frac{P_1}{Q_1} = \frac{3}{1}$.
>
> | k | 0 | 1 |
> |---|---|---|
> | q_k | - | 3 |
> | P_k | 1 | $P_1 = 3$ |
> | Q_k | 0 | $Q_1 = 1$ |

2. Realizamos la división entera $\frac{a}{r_1} = \frac{23}{13}$, de la que obtenemos un cociente $q_2 = 1$ y un resto $r_2 = 10$, de tal modo que $23 = 13 \cdot 1 + 10$. Como $r_2 = 10 > 0$, seguimos aplicando el algoritmo.

Cocientes		3	1	
Dividendos, Divisores	82	23	13	⑩
Restos		13	⑩	

La segunda fracción reducida viene dada por $[q_1, q_2] = \frac{P_2}{Q_2} = \frac{4}{3}$.

k	0	1	2
q_k	-	3	1
P_k	1	3	$P_2 = 1 \cdot 3 + 1 = 4$
Q_k	0	1	$Q_2 = 1 \cdot 1 + 0 = 1$

3. Realizamos la división entera $\frac{r_1}{r_2} = \frac{13}{10}$, de la que obtenemos un cociente $q_3 = 1$ y un resto $r_3 = 3$, de tal modo que $13 = 10 \cdot 1 + 3$. Como $r_3 = 3 > 0$, seguimos aplicando el algoritmo.

Cocientes		3	1	1	
Dividendos, Divisores	82	23	13	10	③
Restos		13	10	③	

La tercera fracción reducida viene dada por $[q_1, q_2, q_3] = \frac{P_3}{Q_3} = \frac{7}{6}$.

k	0	1	2	3
q_k	-	3	1	1
P_k	1	3	4	$P_3 = 1 \cdot 4 + 3 = 7$
Q_k	0	1	1	$Q_3 = 1 \cdot 1 + 1 = 2$

4. Realizamos la división entera $\frac{r_2}{r_3} = \frac{10}{3}$, de la que obtenemos un cociente $q_4 = 3$ y un resto $r_4 = 1$, de tal modo que $10 = 3 \cdot 2 + 1$. Como $r_4 = 1 > 0$, seguimos aplicando el algoritmo.

Cocientes		3	1	1	3	
Dividendos, Divisores	82	23	13	10	3	①
Restos		13	10	3	①	

La cuarta fracción reducida viene dada por $[q_1, q_2, q_3, q_4] = \frac{P_4}{Q_4} = \frac{25}{21}$.

k	0	1	2	3	4
q_k	-	3	1	1	3
P_k	1	3	4	7	$P_4 = 3 \cdot 7 + 4 = 25$
Q_k	0	1	1	2	$Q_4 = 3 \cdot 2 + 1 = 7$

5. Realizamos la división entera $\frac{r_3}{r_4} = \frac{3}{1}$, de la que obtenemos un cociente $q_5 = 3$ y un resto $r_5 = 0$, de tal modo que $3 = 3 \cdot 1 + 0$. Como $r_5 = 0$, seguimos aplicando el algoritmo.

Cocientes		3	1	1	3	3
Dividendos, Divisores	82	23	13	10	3	1
Restos	13	10	3	1	(0)	

La quinta fracción reducida es la fracción continua, y viene dada por $[q_1, q_2, q_3, q_4, q_5] = \frac{P_4}{Q_4} = \frac{82}{23}$.

k	0	1	2	3	4	5
q_k	-	3	1	1	3	3
P_k	1	3	4	7	25	$P_5 = 3 \cdot 25 + 7 = 82$
Q_k	0	1	1	2	7	$Q_5 = 3 \cdot 7 + 2 = 23$

Tomando los cocientes obtenidos, podemos expresar como fracción continua

$$\frac{82}{23} = [3; 1, 1, 3, 3] = q_1 + \cfrac{1}{q_2 + \cfrac{1}{q_3 + \cfrac{1}{q_4 + \cfrac{1}{q_5}}}} = 3 + \cfrac{1}{1 + \cfrac{1}{1 + \cfrac{1}{3 + \cfrac{1}{3}}}}.$$

- El número racional $\frac{20}{42} < 1$. Este número puede expresarse como

$$\frac{20}{42} = \frac{1}{\frac{42}{20}} = 0 + \frac{1}{\frac{42}{20}}.$$

Aplicando el algoritmo de Euclides,

1. Por la forma inicial, establecemos que $q_1 = 0$, $a = 42$ y $r_1 = 20$. Como $r_1 = 20 > 0$, seguimos aplicando el algoritmo.

Cocientes		0	
Dividendos, Divisores	-	42	(20)
Restos	(20)		

La primera fracción reducida viene dada por $[q_1] = \frac{P_1}{Q_1} = \frac{0}{1}$.

k	0	1
q_k	-	0
P_k	1	$P_1 = 0$
Q_k	0	$Q_1 = 1$

2. Realizamos la división entera $\frac{a}{r_1} = \frac{42}{20}$, de la que obtenemos un cociente $q_2 = 2$ y un resto $r_2 = 2$, de tal modo que $42 = 20 \cdot 2 + 2$. Como $r_2 = 2 > 0$, seguimos aplicando el algoritmo.

Cocientes		0	2	
Dividendos, Divisores	-	42	20	(2)
Restos	20	(2)		

La segunda fracción reducida viene dada por $[q_1, q_2] = \frac{P_2}{Q_2} = \frac{1}{2}$.

k	0	1	2
q_k	-	0	2
P_k	1	0	$P_2 = 2 \cdot 0 + 1 = 1$
Q_k	0	1	$Q_2 = 2 \cdot 1 + 0 = 2$

3. Realizamos la división entera $\frac{r_1}{r_2} = \frac{20}{2}$, de la que obtenemos un cociente $q_3 = 10$ y un resto $r_3 = 0$, de tal modo que $20 = 2 \cdot 10 + 0$. Como $r_3 = 0$, finalizamos el algoritmo.

Cocientes		0	2	10
Dividendos, Divisores	-	42	20	2
Restos	20	2	(0)	

La tercera fracción reducida es la fracción continua, y viene dada por $[q_1, q_2, q_3] = \frac{P_3}{Q_3} = \frac{21}{10} \left(= \frac{42}{20}\right)$.

k	0	1	2	3
q_k	-	0	2	10
P_k	1	0	1	$P_3 = 10 \cdot 1 + 0 = 10$
Q_k	0	1	2	$Q_3 = 10 \cdot 2 + 1 = 21$

Tomando los cocientes obtenidos, podemos expresar como fracción continua

$$\frac{20}{42} = [0; 2, 10] = q_1 + \cfrac{1}{q_2 + \cfrac{1}{q_3}} = \cfrac{1}{2 + \cfrac{1}{10}}.$$

Ejemplo 5.13

El número áureo o proporción áurea Φ se define como

$$\Phi = \lim_{n \to \infty} \frac{F(n+1)}{F(n)},$$

donde $F(n)$ es el n-ésimo término de la sucesión de Fibonacci, dada por

$$F(0) = 0,$$
$$F(1) = 1,$$
$$F(2) = F(0) + F(1) = 1,$$
$$F(3) = F(1) + F(2) = 2,$$
$$\vdots$$
$$F(n) = F(n-2) + F(n-1),$$
$$\vdots$$

Si desarrollamos el límite, comprobaremos que

$$\Phi = \lim_{n\to\infty} \frac{F(n+1)}{F(n)} = \lim_{n\to\infty} \frac{F(n)+F(n-1)}{F(n)} = \lim_{n\to\infty} 1 + \frac{F(n-1)}{F(n)}$$

$$= \lim_{n\to\infty} 1 + \cfrac{1}{\cfrac{F(n)}{F(n-1)}} = \lim_{n\to\infty} 1 + \cfrac{1}{\cfrac{F(n-1)+F(n-2)}{F(n-1)}} = \lim_{n\to\infty} 1 + \cfrac{1}{1+\cfrac{F(n-2)}{F(n-1)}}$$

$$= \lim_{n\to\infty} 1 + \cfrac{1}{1+\cfrac{1}{\cfrac{F(n-1)}{F(n-2)}}} = \cdots = \lim_{n\to\infty} 1 + \cfrac{1}{1+\cfrac{1}{1+\cfrac{1}{1+\cfrac{\cdots}{\cdots + \cfrac{F(2)}{F(3)}}}}}$$

$$= \lim_{n\to\infty} 1 + \cfrac{1}{1+\cfrac{1}{1+\cfrac{1}{1+\cfrac{\cdots}{\cdots + \cfrac{1}{2}}}}} = 1 + \cfrac{1}{1+\cfrac{1}{1+\cfrac{1}{1+\cdots}}}.$$

de modo que la expresión en fracción continua del número áureo es $\Phi = [1; 1, 1, 1, \dots]$. Gracias a la fracción continua, es inmediato observar que

$$\frac{1}{\Phi} = \cfrac{1}{1+\cfrac{1}{1+\cfrac{1}{1+\cdots}}} = 1 + \cfrac{1}{1+\cfrac{1}{1+\cfrac{1}{1+\cdots}}} - 1 = \Phi - 1.$$

Si despejamos Φ, deducimos que

$$1 = \Phi^2 - \Phi, \quad 0 = \Phi^2 - \Phi - 1, \quad \Phi = \frac{1 \pm \sqrt{5}}{2},$$

y teniendo en cuenta que $\Phi > 0$, concluimos que

$$\Phi = \frac{1 + \sqrt{5}}{2}.$$

Así, queda demostrado que Φ es un número irracional, pero que también puede expresarse como una fracción continua infinita muy regular. Entre las muchas aplicaciones del número áureo, una de ellas es la demostración de la forma de los números de Fibonnacci por inducción (véase la demostración del Ejemplo 2.18 en el Capítulo 2).

5.3 Ecuaciones diofánticas

5.3.1 Definición y propiedades

Uno de los problemas matemáticos más antiguos, cuyo inicio se le atribuye a Diofanto de Alejandría (s. III D.C.), son las llamadas *ecuaciones diofánticas.*

Definición 5.9: Ecuación diofántica lineal

Una *ecuación diofántica* (general) es aquella cuyas incógnitas y coeficientes son números enteros. Más concretamente, una *ecuación diofántica lineal* es aquella de la forma

$$a_1 x_1 + a_2 x_2 + \ldots a_n x_n = a_0,$$

donde $a_0, a_1, a_2, \ldots, a_n \in \mathbb{Z}$ son los coeficientes (conocidos), y $x_1, x_2, \ldots, x_n \in \mathbb{Z}$ son las incógnitas. Una solución de la ecuación diofántica es una serie de números enteros $x_1^*, x_2^*, \ldots, x_n^* \in \mathbb{Z}$ tal que cumpla la ecuación, es decir, tal que $a_1 x_1^* + a_2 x_2^* + \ldots a_n x_n^* = a_0$.

En nuestro caso, nos centraremos en las ecuaciones diofánticas lineales de *dos incógnitas*, es decir, las de la forma

$$ax + by = c,$$

donde $a, b, c \in \mathbb{Z}$ son los coeficientes, y $x, y \in \mathbb{Z}$, las incógnitas. Si existe alguna solución para la ecuación diofántica, diremos que la ecuación es *compatible*. Si, por el contrario, no existe ninguna solución, diremos que la ecuación es *incompatible*.

Proposición 5.6: Propiedades de las ecuaciones diofánticas lineales con dos incógnitas

Dada la ecuación diofántica $ax + by = c$, con los coeficientes $a, b \in \mathbb{Z} - \{0\}$ (coeficientes no nulos). Si la ecuación es compatible, entonces

1. $\mathrm{MCD}(a, b)$ es divisor de c, o $\mathrm{MCD}(a, b) \mid c$.

   Demostración. Si la ecuación es compatible, entonces existe un par de números $x^*, y^* \in \mathbb{Z}$ tales que $ax^* + by^* = c$. Por otro lado, $d = \mathrm{MCD}(a, b)$ es divisor de a y de b simultáneamente por definición y, por lo tanto, $a = pd$ y $b = qd$. Desarrollando la ecuación, deducimos que

   $$ax^* + by^* = pdx^* + qdy^* = d(px^* + qy^*) = c,$$

   de modo que c es múltiplo de $\mathrm{MCD}(a, b)$, o equivalentemente, $\mathrm{MCD}(a, b)$ es divisor de c. ∎

2. Todo par de números de la forma $x = x^* + bk$, $y = y^* - ak$, $\forall k \in \mathbb{Z}$ también son soluciones de la ecuación.

   Demostración. Si la ecuación es compatible, entonces existe un par de números $x^*, y^* \in \mathbb{Z}$ tales que $ax^* + by^* = c$. Si tomamos los números $x = x^* + bk$ e $y = y^* - ak$, para cualquier $k \in \mathbb{Z}$, introduciéndolos en la ecuación, deducimos que

   $$a(x^* + bk) + b(y^* - ak) = ax^* + abk + by^* - abk = ax^* + by^* = c,$$

   de modo que $x = x^* + bk$ e $y = y^* - ak$ también son soluciones de la ecuación. ∎

De estas propiedades se deduce que, si la ecuación es compatible (existe alguna solución), entonces existen infinitas soluciones. No hay ecuaciones diofánticas compatibles con un número finito de soluciones.

Ejemplo 5.14

Sea la ecuación diofántica

$$2x + 3y = 0.$$

Los coeficientes de la ecuación son $a = 2$ y $b = 3$. Una solución de la ecuación es $(x^*, y^*) = (-3, 2)$, ya que $2 \cdot (-3) + 3 \cdot 2 = -6 + 6 = 0$. Por lo tanto, al existir al menos una solución, la ecuación es compatible.

Asimismo, los pares del tipo $(x^*, y^*) = (-3 + 3k, 2 - 2k)$, $\forall k \in \mathbb{Z}$ (por la Proposición 5.6) también son soluciones de la ecuación diofántica.

5.3.2 Solución de las ecuaciones diofánticas lineales

Llegados a este punto, nos podemos preguntar: *¿es posible saber si una ecuación diofántica tiene solución (es compatible) conociendo sus coeficientes?* La respuesta a esta cuestión parte del famoso Teorema de Bézout.

Teorema 5.3: Teorema de Bézout

Dados dos enteros $a, b \in \mathbb{Z} - \{0\}$ y $c = \mathrm{MCD}(a, b)$, entonces existen dos enteros $x^*, y^* \in \mathbb{Z}$ tales que cumplen la siguiente identidad (la identidad de Bézout):

$$ax^* + by^* = c.$$

En otras palabras, la ecuación diofántica $ax + by = c$ es compatible.

Demostración. Suponemos sin pérdida de generalidad que $|b| > |a|$ (en caso contrario, bastaría con renombrar x como y y viceversa). Mediante el algoritmo de Euclides sobre el número $\frac{|b|}{|a|}$ (omitiendo los signos), obtenemos

- los cocientes $q_1, \ldots, q_n$,

- los restos $r_1, \ldots, r_n$,

- las fracciones reducidas $\frac{P_1}{Q_1}, \ldots, \frac{P_n}{Q_n}$ (empleando las fórmulas recursivas). Como condiciones iniciales, $P_0 = 1$, $Q_0 = 0$, $P_1 = q_1$, $Q_1 = 1$.

179

A partir de ello, podemos expresar los restos (no nulos) como

$$r_1 = b \cdot \underbrace{1}_{Q_1} - \underbrace{q_1}_{P_1} |a| = -|a|P_1 + |b|Q_1,$$

$$r_2 = |a| - q_2 r_1 = |a| \cdot \underbrace{1}_{P_0} - q_2(-P_1|a| + bQ_1) = |a|(\underbrace{q_2 P_1 + P_0}_{P_2}) - |b|(\underbrace{q_2 Q_1 + Q_0}_{Q_2})$$

$$= |a|P_2 - |b|Q_2,$$

$$r_3 = r_1 - q_3 r_2 = (-P_1|a| + bQ_1) - q_3(|a|P_2 - |b|Q_2) = -|a|(\underbrace{q_3 P_2 + P_1}_{P_3}) + |b|(\underbrace{q_3 Q_2 + Q_1}_{Q_3})$$

$$= -|a|P_3 + |b|Q_3,$$

$$\vdots$$

$$r_n = |a|(-1)^n P_n + |b|(-1)^{n+1} Q_n.$$

Por inducción, puede demostrarse la fórmula general del resto r_n en función de los términos de las fracciones reducidas. Sabiendo que el último resto no nulo es $r_n = \mathrm{MCD}(a, b) = c$, deducimos (por la Proposición 5.6) que $(-1)^n P_n + k|b|$ y $(-1)^{n+1} Q_n - k|a|$ son soluciones de la ecuación diofántica $|a|x + |b|y = c$. Y concretamente,

- si $a, b > 0$, definiendo $x^* = (-1)^n P_n + k|b|$ e $y^* = (-1)^{n+1} Q_n - k|a|$,

- si $a > 0$, $b < 0$, definiendo $x^* = (-1)^n P_n + k|b|$ e $y^* = -(-1)^{n+1} Q_n + k|a|$,

- si $a < 0$, $b > 0$, definiendo $x^* = -(-1)^n P_n - k|b|$ e $y^* = (-1)^{n+1} Q_n - k|a|$,

- si $a, b < 0$, definiendo $x^* = -(-1)^n P_n - k|b|$ e $y^* = -(-1)^{n+1} Q_n + k|a|$,

queda demostrado en todos los casos que existe un par de valores $x^*, y^* \in \mathbb{Z}$ tales que cumplen la ecuación diofántica

$$c = ax^* + by^*.$$

$\blacksquare$

Con el Teorema de Bézout, queda garantizado que podemos construir una ecuación diofántica compatible con dos enteros a y b (como coeficientes de las variables x e y), y su M.C.D c (como coeficiente independiente). Además, conocemos la forma de una solución que hemos obtenido mediante el algoritmo de Euclides, tal y como se ha visto en la demostración del teorema. Por lo tanto, conociendo una solución, por la Proposición 5.6, podemos obtener todas las demás.

Ejemplo 5.15

Queremos hallar la identidad de Bézout para los números $a = 23$ y $b = 82$. Tras aplicar el algoritmo de Euclides para $\frac{b}{a}$ (Ejemplo 5.12), deducimos que el último resto no nulo, que aparece en la cuarta iteración, es $c = \text{MCD}(a, b) = r_4 = 1$. A partir de la tabla de las fracciones reducidas (concretamente, para $k = 4$), construimos dos enteros

$$x^* = (-1)^4 P_4 = 25, \quad y^* = (-1)^5 Q_4 = -7,$$

y con ello obtenemos la siguiente identidad de Bézout:

$$ax^* + by^* = 23 \cdot 25 + 82 \cdot (-7) = 1 = c.$$

Además, todas las soluciones de la ecuación diofántica $23x + 82y = 1$ (por la Proposición 5.6) serían de la forma

$$(x^* + bk, y^* - ak) = (25 - 82k, -7 - 23k), \ k \in \mathbb{Z}.$$

Finalmente, si tratamos de generalizar el resultado de Bézout a cualquier ecuación diofántica $ax + by = c$, llegamos al teorema de caracterización de las soluciones de las ecuaciones diofánticas.

Teorema 5.4: Teorema de caracterización de las soluciones de las ecuaciones diofánticas lineales

Dada la ecuación diofántica $ax + by = c$, con $|b| > |a|$ (sin pérdida de generalidad), y dado $c' = \text{MCD}(a, b)$, entonces

i) la ecuación es compatible si y sólo si c es múltiplo de c', es decir, si $c = pc'$, $p \in \mathbb{Z}$.

ii) si la ecuación es compatible, existe una ecuación diofántica simplificada $a'x + b'y = p$, con $a' = \frac{a}{c'}$, $b' = \frac{b}{c'} \in \mathbb{Z}$, y con idénticas soluciones a la ecuación original. Además, una de las soluciones de la ecuación viene dada por el par de enteros

$$x^* = \text{sgn}(a)(-1)^n P_n p, \quad y^* = \text{sgn}(b)(-1)^{n+1} Q_n p,$$

donde $\frac{P_n}{Q_n}$ es la penúltima fracción reducida de la fracción continua $\frac{b}{a}$ y

181

$$\text{sgn}(n) = \begin{cases} 1 & si \ n > 0, \\ -1 & si \ n < 0, \end{cases}$$

es la función de signo. Y para cualquier solución $x^*, y^* \in \mathbb{Z}$, el conjunto de todas las soluciones puede expresarse como

$$x^* = \text{sgn}(a') \left[(-1)^n P_n p + k \left| b' \right| \right],$$
$$y^* = \text{sgn}(b') \left[(-1)^{n+1} Q_n p - k \left| a' \right| \right], \quad \forall k \in \mathbb{Z}.$$

Demostración. A continuación demostramos los dos puntos del teorema:

i) En el sentido directo ($\rightarrow$), suponemos que, si la ecuación es compatible, existe al menos dos enteros $x^*, y^* \in \mathbb{Z}$ que son solución de la ecuación, es decir, que $ax^* + by^* = c$. Si hemos definido $c' = \text{MCD}(a, b)$, como c' es divisor de ambos coeficientes, entonces $a = c'p$ y $b = c'q$, donde $p, q \in \mathbb{Z}$. Por lo tanto,

$$ax^* + by^* = c'px^* + c'qy^* = c'(px^* + qy^*) = c,$$

donde $px^* + qy^* \in \mathbb{Z}$. De ello se concluye que c es múltiplo de c' (del MCD).

En el sentido inverso ($\leftarrow$), suponemos que c es múltiplo de $c' = \text{MCD}(a, b)$, es decir, que $c = pc'$. Por el Teorema de Bézout (Teorema 5.3), sabemos que existen dos enteros $\hat{x}, \hat{y} \in \mathbb{Z}$ tales que cumplen la identidad $a\hat{x} + b\hat{y} = c'$. Entonces,

$$c = c'p = (a\hat{x} + b\hat{y})p = a(\hat{x}p) + b(\hat{y}p),$$

quedando así demostrado que $x^* = \hat{x}p$, $y^* = \hat{x}p \in \mathbb{Z}$ es solución de la ecuación diofántica $ax + by = c$, es decir, que la ecuación es compatible.

ii) Si la ecuación es compatible, por la demostración del punto anterior y sabiendo que $a = a'c'$ y $b = b'c'$ por ser $c' = \text{MCD}(a, b)$, deducimos que

$$c'p = a(\hat{x}p) + b(\hat{y}p) = c' \left(a'(\hat{x}p) + b'(\hat{y}p) \right) \implies p = a'(\hat{x}p) + b'(\hat{y}p).$$

De aquí se deduce que $\hat{x}p, \hat{y}p \in \mathbb{Z}$ también es solución de la ecuación diofántica $a'x + b'y = p$, por lo que ésta es equivalente a $ax + by = c$.

Por otro lado, sabemos por el Teorema de Bézout que una solución particular de la ecuación diofántica $ax + by = c'$ viene dada por el par de enteros

$$\hat{x} = \text{sgn}(a)(-1)^n P_n, \quad \hat{y} = \text{sgn}(b)(-1)^{n+1} Q_n,$$

donde $\frac{P_n}{Q_n}$ es la penúltima fracción reducida de la fracción continua $\frac{b}{a}$. Por lo tanto, las soluciones $x^*, y^* \in \mathbb{Z}$ de la ecuación diofántica pueden escribirse de la forma

$$x^* = \hat{x}p + kb = \operatorname{sgn}(a)\left[(-1)^n P_n p + k|b|\right],$$
$$y^* = \hat{y}p - ka = \operatorname{sgn}(b)\left[(-1)^{n+1} Q_n p - k|a|\right], \quad \forall k \in \mathbb{Z},$$

o, empleando la ecuación simplificada equivalente,

$$x^* = \hat{x}p + kb' = \operatorname{sgn}(a')\left[(-1)^n P_n p + k\left|b'\right|\right],$$
$$y^* = \hat{y}p - ka' = \operatorname{sgn}(b')\left[(-1)^{n+1} Q_n p - k\left|a'\right|\right], \quad \forall k \in \mathbb{Z}.$$

■

Ejemplo 5.16

Sea la ecuación diofántica $39x - 6y = 15$, donde establecemos que $b = 39$ y $a = -6$ son los coeficientes de las variables, y $c = 15$ es el término independiente. Es importante observar que al asignar b al término más grande (en valor absoluto), su variable asociada es la x, de modo que la notación en este ejemplo se intercambiará. Otra opción es reformular la ecuación para emplear siempre la misma notación.

Aplicando el algoritmo de Euclides sobre la fracción $\frac{|b|}{|a|} = \frac{39}{6}$ (omitimos los signos), obtenemos los siguientes resultados:

Cocientes		6	2
Dividendos, Divisores	39	6	3
Restos	3	**0**	

k	0	1	2
q$_k$	-	6	2
P$_k$	1	6	13
Q$_k$	0	1	2

De los resultados deducimos que $c' = \operatorname{MCD}(a, b) = \operatorname{MCD}(39, 6) = 3$. Por lo tanto, como $c = 15 = 5 \cdot 3$ es múltiplo de $c' = 3$, la ecuación diofántica es compatible (por el Teorema 5.4).

Dividiendo todos los coeficientes por el MCD, obtenemos la ecuación diofántica simplificada

$$39x - 6y = 15 \quad \equiv \quad \frac{39}{3}x - \frac{6}{3}y = \frac{15}{3} \quad \equiv \quad 13x - 2y = 5.$$

A partir de la ecuación simplificada, con coeficientes $b' = 13$, $a' = -2$ y término independiente $p = 5$, y sabiendo que la penúltima fracción reducida es $\frac{P_1}{Q_1} = \frac{6}{1}$, concluimos (por el Teorema 5.4) que las soluciones de la ecuación diofántica son de la forma

$$y^* = \text{sgn}(a') \left[(-1)^n P_n p + k \left| b' \right| \right] = -(-1)^1 6 \cdot 5 - 13k = 30 - 13k,$$
$$x^* = \text{sgn}(b') \left[(-1)^n P_n p - k \left| a' \right| \right] = (-1)^2 1 \cdot 5 - 13k = 5 - 2k, \quad \forall k \in \mathbb{Z}.$$

5.4 Congruencias y ecuaciones en congruencias

5.4.1 *Definición y propiedades*

En muchos contextos de nuestra vida empleamos determinados conjuntos de números enteros a los que les damos el mismo significado. Estos números se denominan números *congruentes*, o números con una relación de *congruencia*. Algunos ejemplos de estos números son:

- Si el día tiene 24 horas, entonces, en una escala temporal, las horas $0, 24, 48, 72, \ldots$ se refieren a la misma hora diaria: las 12 de la noche.

- Sabiendo que un círculo tiene $360°$, si tomamos un ángulo y le sumamos $360°$ obtenemos el mismo ángulo. Por lo tanto, $0°, 360°, 720°, \ldots$ son ángulos equivalentes.

Dependiendo del caso, los conjuntos de números congruentes son diferentes. Sin embargo, si observamos los ejemplos, comprobaremos que todos ellos comparten una propiedad: la diferencia entre cualquier par de números congruentes es múltiplo del número sobre el que hemos establecido el patrón de repetición (en el primer ejemplo, 24, y en el segundo, 360). A partir de esta característica podemos definir matemáticamente el concepto de congruencia.

Definición 5.10: Congruencia módulo m

Dados los enteros $a, b, m \in \mathbb{Z}$, $m > 1$, decimos que a y b *son congruentes módulo* m, o

$$a \equiv b \pmod{m},$$

si $a - b$ es múltiplo de m o, equivalentemente, si se obtiene el mismo resto al dividir $\frac{a}{m}$ y $\frac{b}{m}$.

Ejemplo 5.17

Para el caso del día con 24 horas, podríamos decir que la hora 6 y 78 son equivalentes, o que

$$78 \equiv 6 \pmod{24},$$

puesto que

- $78 - 6 = 72 = 24 \cdot 3$, es decir, la diferencia es múltiplo de 24.

- $78 = 24 \cdot 3 + 6$ y $6 = 24 \cdot 0 + 6$, es decir, el resto de ambos números al dividirse por el módulo $m = 24$ es el mismo: $r = 6$.

Proposición 5.7: Propiedades de congruencias módulo m

Algunas propiedades fundamentales de las congruencias módulo m son las siguientes:

1. Si $a_1 \equiv b_1 \pmod{m}$ y $a_2 \equiv b_2 \pmod{m}$, entonces se cumple que $a_1 + a_2 \equiv b_1 + b_2 \pmod{m}$.

   Demostración. Por la definición de congruencia módulo m (Definición 5.10), sabemos que $a_1 - b_1 = pm$ y $a_2 - b_2 = qm$, con $p, q \in \mathbb{Z}$. Sumando ambas ecuaciones y reordenando términos, deducimos que

   $$(a_1 - b_1) + (a_2 - b_2) = pm + qm,$$
   $$(a_1 + a_2) - (b_1 + b_2) = (p + q)m.$$

   Observamos que la diferencia $(a_1 + a_2) - (b_1 + b_2)$ es múltiplo de m, ya que $p + q \in \mathbb{Z}$. Por lo tanto, concluimos que $a_1 + a_2 \equiv b_1 + b_2 \pmod{m}$. ∎

2. Si $a \equiv b \pmod{m}$, entonces se cumple que $ka \equiv kb \pmod{m}$, con $k \in \mathbb{Z}$.

   Demostración. Por la definición de congruencia módulo m, sabemos que $a - b = pm$, con $p \in \mathbb{Z}$. Multiplicando la ecuación por $k \in \mathbb{Z}$, deducimos que

   $$k(a - b) = kpm,$$
   $$ka - kb = (kp)m.$$

   Observamos que la diferencia $ka - kb$ es múltiplo de m, ya que $kp \in \mathbb{Z}$. Por lo tanto, concluimos que $ka \equiv kb \pmod{m}$. ∎

Ejemplo 5.18

Continuando con el ejemplo del día con 24 horas, dadas las congruencias $78 \equiv 6 \pmod{24}$ y $34 \equiv 10 \pmod{24}$, observamos que

- $84 = 78 + 6$ es congruente módulo 24 con $16 = 6 + 10$, es decir, $84 \equiv 16 \pmod{24}$.

- $68 = 34 \cdot 2$ es congruente módulo 24 con $12 = 6 \cdot 2$, es decir, $68 \equiv 12 \pmod{24}$.

Estas propiedades garantizan que las operaciones suma y producto entre congruencias módulo m están bien definidas, y por ello son la base de la llamada *aritmética modular* (aquella entre clases de equivalencia), que formalizó Carl Gauss en 1801.

Las congruencias también se pueden definir desde el punto de vista de las relaciones binarias de equivalencia (véase Sección 4.3 del Capítulo 4).

Definición 5.11: Relación de congruencia módulo m

Dados el entero $m \in \mathbb{Z}$, $m > 1$, definimos la *relación de congruencia módulo m*, representada como R, sobre el conjunto de enteros Z como la relación

$$R = \{\langle a, b \rangle : a \equiv b \pmod{m}; \ x, y \in \mathbb{Z}\}.$$

La relación de congruencia módulo m entre dos enteros $a, b \in \mathbb{Z}$ se representa como $a \sim b$.

> **Proposición 5.8: Propiedades de la relación de congruencia módulo m**

Algunas propiedades de las relaciones de congruencia módulo m son las siguientes:

1. Una relación de congruencia módulo m es una relación binaria de equivalencia.

   Demostración. Para que la relación de congruencia módulo m sea de equivalencia, debe cumplir tres propiedades:

   - Reflexividad: para cualquier $a \in \mathbb{Z}$, es inmediato ver que $a - a = 0$, el cual es múltiplo de m (ya que $0 = 0m$). Por lo tanto, $a \sim b$.

   - Simetría: para cualquier par de enteros $a, b \in \mathbb{Z}$, comprobamos que si $a \sim b$ ($a \equiv b \pmod{m}$), entonces $b \sim a$ ($b \equiv a \pmod{m}$). Si $a - b$ es múltiplo de m, es decir, $a - b = pm$, $p \in \mathbb{Z}$, multiplicando la ecuación por -1 comprobamos que $b - a = (-p)m$, es decir, que $b - a$ también es múltiplo de m. Por lo tanto,

   - Transitividad: para cualquier trío de enteros $a, b, c \in \mathbb{Z}$, comprobamos que, si $a \sim b$ ($a \equiv b \pmod{m}$) y $b \sim c$ ($b \equiv c \pmod{m}$), entonces $a \sim c$ ($a \equiv c \pmod{m}$). Si $a - b$ y $b - c$ son múltiplos de m, es decir, $a - b = pm$, $p \in \mathbb{Z}$ y $b - c = qm$, $q \in \mathbb{Z}$, sumando ambas ecuaciones deducimos que $(a - b) + (b - c) = a - c = (p + q)m$, es decir, que $a - c$ también es múltiplo de m.

   Al cumplir las tres propiedades, queda demostrado que la relación de congruencia módulo m es una relación binaria de equivalencia. ∎

2. Una relación de congruencia módulo m tiene exactamente m clases de equivalencia distintas. El conjunto finito que contiene las m clases de equivalencia distintas se denota como $\mathbb{Z}_m$.

   Demostración. Dado un número entero $a \in \mathbb{Z}$ cualquiera, la clase de equivalencia $[a] = \{x : a \sim x\}$ representa a todos aquellos números x que cumplen que $a \equiv x \pmod{m}$, es decir, aquellos que cumplen que $a - x = pm$, $p \in \mathbb{Z}$. Por lo tanto, todos los números x se pueden construir mediante la expresión $x = a - pm$, dándole valores a $p \in \mathbb{Z}$, o reformulando $k = (-p)$, mediante la expresión $x = a + km$, con $k \in \mathbb{Z}$.

Por lo tanto, las clases de equivalencia se pueden escribir como:

$$[0] = \{km : k \in \mathbb{Z}\},$$
$$[1] = \{1 + km : k \in \mathbb{Z}\},$$
$$[2] = \{2 + km : k \in \mathbb{Z}\},$$

$$\vdots$$

$$[m - 1] = \{(m - 1) + km : k \in \mathbb{Z}\},$$
$$[m] = \{m + km : k \in \mathbb{Z}\} = \{(k + 1)m : k \in \mathbb{Z}\} = \{k'm : k' \in \mathbb{Z}\} = [0],$$
$$[m + 1] = \{m + 1 + km : k \in \mathbb{Z}\} = \{1 + (1 + k)m : k \in \mathbb{Z}\}$$
$$= \{1 + k'm : k' \in \mathbb{Z}\} = [1],$$

$$\vdots$$

$$[um + v] = \{um + v + km : k \in \mathbb{Z}\} = \{v + (u + k)m : k \in \mathbb{Z}\}$$
$$= \{v + k'm : k' \in \mathbb{Z}\} = [v], \; \forall u, v \in \mathbb{Z}, \; u > 1, \; 0 \leq v \leq m - 1.$$

$$\vdots$$

Como todo número entero mayor a m puede escribirse como $um + v$, donde $u, v \in \mathbb{Z}$, $u > 1$, $v \in [0, m - 1]$, queda demostrado que la clase de equivalencia de cualquier entero mayor a m coincide con alguna entre 0 y $m-1$. Por lo tanto, se concluye que existen exactamente m clases de equivalencia distintas. ∎

Sabiendo las propiedades de la operación módulo, podemos definir las operaciones básicas de la aritmética modular: la suma y el producto.

Definición 5.12: Suma y producto de clases de equivalencia

Dado el conjunto de clases de equivalencia distintas $\mathbb{Z}_m$ de una relación de congruencia módulo m, y dadas dos clases de equivalencia $[a], [b] \in \mathbb{Z}_m$, definimos:

- La *suma* como $[a] + [b] := [a + b]$.

- El *producto* como $[a] \cdot [b] := [ab]$.

Por las propiedades del módulo (Proposición 5.8), sabemos que si $a + b$ o ab es mayor a m, entonces la clase de equivalencia resultante es equivalente a alguna de las clases contenidas en $\mathbb{Z}_m$.

Ejemplo 5.19

Como un círculo tiene $360°$, tenemos relaciones de módulo $m = 360$, por lo que el conjunto de todas las clases de equivalencia distintas es $\mathbb{Z}_{360}$.

1. Si son las 7 de la mañana (de cualquier día) y pasan 30 horas, sabemos que $[7] + [30] = [37] = [37 - 24] = [13]$, es decir, que será la 1 de la tarde. O si llegamos a las 8 de la mañana del día siguiente de trabajar (por ejemplo, a causa de un turno de noche), y habíamos empezado a las 10 de la noche (las 22 horas), sabemos que $[8] - [22] = [-14] = [24 - 14] = [10]$, es decir, hemos trabajado 10 horas.

2. Si salgo a las 8 de la noche de viaje, y me dicen que el viaje dura lo mismo que tres turnos de noche (10 horas), sabemos que $[20] + [10 \cdot 3] = [20] + [30] = [50] = [50 - 24 \cdot 2] = [2]$, es decir, que llegaría a las 2 de la mañana (y dentro de dos días).

Una vez definidas las congruencias y sus propiedades, podemos preguntarnos *¿dado un cierto número, qué números son congruentes módulo m con él?* De esta cuestión nacen las ecuaciones en congruencias

Definición 5.13: Ecuación en congruencias

Dados los enteros $a, b, m \in \mathbb{Z}$, $a, b > 1$, una *ecuación en congruencias* se define como

$$ax \equiv b \pmod{m},$$

donde x es la incógnita de la ecuación. Una solución de esta ecuación es un entero $x^* \in \mathbb{Z}$ tal que cumpla que $ax^* \equiv b \pmod{m}$.

Si existe alguna solución para la ecuación en congruencias, diremos que la ecuación es *compatible*. Si, por el contrario, no existe ninguna solución, diremos que la ecuación es *incompatible*.

Proposición 5.9: Equivalencia entre las ecuaciones en congruencias y diofánticas

Dada una ecuación en congruencias

$$ax \equiv b \pmod{m},$$

encontrar una solución $x \in \mathbb{Z}$ es equivalente a encontrar soluciones $x, y \in \mathbb{Z}$ de la ecuación diofántica

$$ax + my = b.$$

Demostración. Por definición, una solución x de la ecuación en congruencias debe cumplir que $ax - b$ sea múltiplo de m, o equivalentemente, debe existir un valor $p \in \mathbb{Z}$ tal que $ax - b = pm$ para que x sea solución. Reordenando los términos, deducimos que $ax - pm = b$, y renombrando $y = -p$, obtenemos la ecuación diofántica $ax + my = b$. Por lo tanto, encontrando pares de enteros $x^*, y^* \in \mathbb{Z}$ que satisfagan la ecuación diofántica, se encuentran las soluciones x^* de la ecuación en congruencias. ∎

Ejemplo 5.20

Sea la ecuación en congruencias

$$2x \equiv 5 \pmod{7}.$$

Los términos de la ecuación son $a = 2$ y $b = 7$ y $m = 7$. Una solución de la ecuación es $x^* = 13$, ya que que $2x^* - 5$ es múltiplo de 7 ($2 \cdot 13 - 5 = 21 = 7 \cdot 3$). Por lo tanto, al existir al menos una solución, la ecuación es compatible.

Por otro lado, la ecuación en congruencias es equivalente a la ecuación diofántica $2x + 3y = 5$

5.4.2   Solución de las ecuaciones en congruencias

Habiendo demostrado la equivalencia entre las ecuaciones en congruencias y diofánticas, se deduce fácilmente el teorema de caracterización de las soluciones de las ecuaciones en congruencias.

Teorema 5.5: Teorema de caracterización de las soluciones de las ecuaciones en congruencias

Dada la ecuación en congruencias $ax \equiv b \pmod{m}$, con $|m| > |a|$ (sin pérdida de generalidad), y dado $d = \mathrm{MCD}(a, m)$, entonces

i) la ecuación es compatible si y sólo si b es múltiplo de d, es decir, si $b = pd$, y

ii) si la ecuación es compatible, existe una ecuación en congruencias simplificada $a'x \equiv p \pmod{m'}$, con $a' = \frac{a}{d}$, $m' = \frac{m}{d} \in \mathbb{Z}$, y con idénticas soluciones a la ecuación original. Además, una de las soluciones de la ecuación viene dada por

$$x^* = \mathrm{sgn}(a)(-1)^n P_n p,$$

donde $\frac{P_n}{Q_n}$ es la penúltima fracción reducida de la fracción continua $\frac{m}{a}$ y

$$\mathrm{sgn}(n) = \begin{cases} 1 & si \ n > 0, \\ -1 & si \ n < 0, \end{cases}$$

es la función de signo. Y para cualquier solución $x^* \in \mathbb{Z}$, el conjunto de todas las soluciones puede expresarse como

$$x^* = \mathrm{sgn}(a') \left[(-1)^n P_n p + k \left| m' \right| \right], \quad \forall k \in \mathbb{Z}.$$

Demostración. Sabiendo que la ecuación en congruencias $ax \equiv b \pmod{m}$ es equivalente a la ecuación diofántica $ax + my = b$ (Proposición 5.9), los dos puntos se deducen inmediatamente por el Teorema de Caracterización de Soluciones de las Ecuaciones Diofánticas (Teorema 5.4). ∎

Definición 5.14: Solución principal

Dada una ecuación en congruencias compatible $ax \equiv b \pmod{m}$, denominamos *solución principal* a la solución positiva más pequeña de la ecuación.

Ejemplo 5.21

Continuando con el ejemplo del día con 24 horas, queremos saber cuántos periodos de 5 horas tienen que pasar, comenzando desde el principio de un día (las 0 horas), para llegar a las 5 de la tarde (las 17 horas, no necesariamente del mismo día). En otros términos, queremos resolver la ecuación

$$5x \equiv 17 \pmod{24},$$

donde $a = 5$, $b = 17$ y $m = 24$.

Si desarrollamos el algoritmo de Euclides sobre la fracción $\frac{m}{a} = \frac{24}{5}$, obtenemos los siguientes resultados:

Cocientes		4	1	4
Dividendos, Divisores	24	5	4	1
Restos	4	1	0	

k	0	1	2	3
q$_k$	-	4	1	4
P$_k$	1	4	5	24
Q$_k$	0	1	1	5

De los resultados deducimos que $d = \mathrm{MCD}(a, b) = 1$. Por lo tanto, como $b = 17 = 17 \cdot 1 = pd$ es múltiplo de $d = 1$, la ecuación en congruencias es compatible (por el Teorema 5.5), y al dividir todos los coeficientes por el MCD (por 1), deducimos que la ecuación en congruencias ya se encuentra en su forma simplificada. Por lo tanto, $a' = a = 2$, $p = b = 17$ y $m = m' = 24$. Finalmente, sabiendo que el penúltimo numerador de la fracción reducida es $P_2 = 5$, concluimos (por el Teorema 5.5) que las soluciones de la ecuación en congruencias son de la forma

$$x^* = \mathrm{sgn}(a') \left[(-1)^n P_n p + k \left| m' \right| \right] = (-1)^2 5 \cdot 17 + 24k = 85 + 24k, \quad \forall k \in \mathbb{Z}.$$

De todas las posibles soluciones, la solución principal es $x^* = 13$ (con $k = -3$), ya que

$$\underbrace{-11}_{85+24\cdot(-4)} < 0 < \underbrace{\mathbf{13}}_{85+24\cdot(-3)} < \underbrace{37}_{85+24\cdot(-2)}.$$

Por lo tanto, como mínimo, deben pasar 13 periodos de 5 horas para llegar a las 5 de la tarde.

5.5   Ejercicios propuestos

Ejercicio 5.1

Dados los números enteros $a = 35$ y $b = 895$,

1. Obtenga la división entera (cociente y resto) $\frac{b}{a}$ mediante la división "en caja". ¿Es una división exacta?

2. ¿Cuántos divisores tiene a? Calcúlelos.

3. Calcule la factorización en números primos de a y b.

4. Obtenga el máximo común divisor (MCD) de ambos números mediante el algoritmo de Euclides. Habiendo obtenido el MCD, ¿cuál es el mímimo común múltiplo (mcm)?

5. Obtenga la fracción continua y las fracciones reducidas de $\frac{b}{a}$.

Ejercicio 5.2

Dada la ecuación diofántica lineal $-13x + 65y = 117$, indique justificadamente si la ecuación es compatible o no. En caso de ser compatible, obtenga el conjunto de soluciones de la ecuación.

Ejercicio 5.3

Sabiendo que un día tiene 24 horas,

1. Si son las 7 de la mañana (de cualquier día) y pasan 30 horas, ¿qué hora es?

2. Si llegamos a las 8 de la mañana del día siguiente de trabajar de un turno de noche, y habíamos empezado a las 10 de la noche, ¿cuántas horas hemos trabajado?

3. Si salgo a las 9 de la noche de viaje, y me dicen que el viaje dura lo mismo que dos turnos de noche (del apartado anterior), ¿a qué hora llegaría?

Resuelva estas cuestiones con aritmética modular.

Ejercicio 5.4

Dada la ecuación en congruencias $12x \equiv 18 \pmod{30}$, indique justificadamente si la ecuación es compatible o no. En caso de ser compatible, obtenga el conjunto de soluciones de la ecuación y la solución principal.

Ejercicio 5.5

En un círculo, en el que los ángulos vuelven a ser los mismos cuando se da una vuelta de 360°, ¿cuántos pasos de 18° pueden darse para alcanzar el ángulo 270°? ¿Cuál sería el mínimo número de pasos a dar?

Capítulo 6

Cardinalidad de conjuntos

6.1 Introducción

La cardinalidad de conjuntos, que usualmente hace referencia al tamaño o a la cantidad de elementos de un conjunto, ha sido un concepto fundamental en las matemáticas a lo largo de la historia. Uno de los destacados matemáticos que contribuyó a su estudio fue Georg Cantor, a finales del siglo XIX. Los resultados de Cantor demostraron, en contraposición a la teoría clásica, que existían diferentes tipos de infinitos, lo cual revolucionó la comprensión de los conjuntos y asentó la teoría de conjuntos como una nueva disciplina.

En diferentes áreas de la matemática, como teoría de conjuntos, topología, álgebra o teoría de números, la cardinalidad es un concepto clave que permite clasificar conjuntos en diferentes clases, estudiar la estructura de los números y establecer relaciones de orden entre diferentes conjuntos. En su vertiente práctica, la cardinalidad presenta múltiples aplicaciones en diversos campos. En combinatoria, se utiliza para resolver complejos problemas de conteo, como permutaciones, combinaciones y variaciones. En probabilidad, permite calcular y comparar la probabilidad de eventos al calcular la cardinalidad de conjuntos de eventos posibles y favorables. En informática, se emplea en el diseño y análisis de algoritmos, donde el tamaño de los conjuntos de datos procesados es determinante para evaluar la eficiencia y los recursos requeridos.

En este capítulo, tomando como base la teoría de conjuntos y las relaciones, desarrollaremos el concepto de cardinalidad, de finito e infinito, estableceremos un orden de conjuntos según su cardinalidad y, finalmente, demostraremos las existencia y la relación entre los diferentes tipos de infinitos.

6.2   Cardinalidad

La idea de cardinalidad se fundamenta en el concepto de *equipotencia* entre conjuntos.

Definición 6.1: Equipotencia

Se dice que dos conjuntos A y B presentan una *relación de equipotencia* $A \sim B$, o que son *equipotentes*, si existe una aplicación biyectiva $f : A \to B$ entre ellos.

En concreto, la equipotencia es una relación binaria de equivalencia (véase Sección 4.3 del Capítulo 4).

Teorema 6.1

La relación de equipotencia $\sim$ es una relación binaria de equivalencia sobre la clase o conjunto universo U que contiene a todos los conjuntos.

Demostración. La relación de equipotencia $\sim$ cumple las tres propiedades de una relación binaria de equivalencia:

- Reflexividad: dado un conjunto cualquiera $A \in U$, éste se puede relacionar consigo mismo mediante la aplicación biyectiva identidad $I_A : A \to A$ (que relaciona a cada elemento $x \in A$ consigo mismo). Por lo tanto, como existe la relación $A \sim A$, la relación $\sim$ es reflexiva.

- Simetría: si tomamos dos conjuntos $A, B \in U$, y existe la relación $A \sim B$, es decir, si existe una aplicación biyectiva $f : A \to B$, su aplicación inversa $f^{-1} : B \to A$ también es biyectiva. Por lo tanto, como también existe la relación $B \sim A$, la relación $\sim$ es reflexiva.

- Transitividad: si tomamos tres conjuntos $A, B, C \in U$, y existen las relaciones $A \sim B$ y $B \sim C$, entonces existen dos aplicaciones biyectivas $f : A \to B$ y $g : B \to C$. Si definimos la aplicación composición $g \circ f : A \to C$, ésta también es biyectiva. Por lo tanto, como también existe la relación $A \sim C$, la relación $\sim$ es transitiva.

Al cumplir la relación de equipotencia $\sim$ las tres propiedades (reflexividad, simetría y transitividad), queda demostrado que es una relación binaria de equivalencia. ∎

Ejemplo 6.1

Dados los conjuntos $A = \{a, b, c, d\}$, $B = \{1, 2, 3, 4\}$ y $C = \{k, l, m, n\}$, A y B, así como B y C presentan una relación de equipotencia (son equipotentes), es decir, $A \sim B$ y $B \sim C$, ya que podemos encontrar una aplicación biyectiva $f : A \to B$, por ejemplo, la que viene dada por

$$\text{Grafo}(f) = \{(a, 1), (b, 2), (c, 3), (d, 4)\},$$

y $g : B \to C$, por ejemplo, la que viene dada por

$$\text{Grafo}(g) = \{(1, k), (2, l), (3, m), (4, n)\}.$$

También podemos comprobar que se cumplen las siguientes relaciones:

- $A \sim A$ (reflexividad), ya que existe la aplicación biyectiva $I_A : A \to A$, que viene dada por $\text{Grafo}(I_A) = \{(a, a), (b, b), (c, c), (d, d)\}$.

- $B \sim A$ (simetría), ya que existe la aplicación biyectiva inversa $f^{-1} : B \to A$, que viene dada por $\text{Grafo}\left(f^{-1}\right) = \{(1, a), (2, b), (3, c), (4, d)\}$.

- $A \sim C$, ya que existe la aplicación biyectiva compuesta $g \circ f : A \to C$, que viene dada por $\text{Grafo}(g \circ f) = \{(a, k), (b, l), (c, m), (d, n)\}$.

Con el concepto de equipotencia, definimos el concepto de *cardinalidad*.

Definición 6.2: Cardinal

Dado un conjunto A, su *cardinalidad*, o *cardinal*, representado como $|A|$ o $\operatorname{card}(A)$, es la clase de equivalencia de A con respecto a la relación de equipotencia $\sim$, es decir,

$$|A| = \{X \in U : \ X \sim A\}.$$

Las consecuencias más importantes que se desprenden de esta definición son dos:

- Todo conjunto tiene un único cardinal: su clase de equivalencia.

- Dos conjuntos tienen el mismo cardinal si y sólo si son equipotentes, es decir, si ambos pertenecen a la misma clase de equivalencia.

6.3   Conjuntos finitos e infinitos numerables

Una vez definido el concepto de cardinal, podemos encontrar dos grandes clases de conjuntos: los conjuntos *finitos* e *infinitos*.

Definición 6.3: Representante canónico y número cardinal

Denominamos *representante canónico* de un cardinal I_n al conjunto formado por los n primeros números naturales, $I_n = \{1, 2, \ldots, n\}$. El conjunto $I_0 = \emptyset$ es el conjunto vacío.

El cardinal $|I_n|$ se representa por el número n. A este número se le denomina *número cardinal*, y suele escribirse $|I_n| = n$. El número cardinal del conjunto vacío es 0.

Gracias al representante canónico, disponemos de un conjunto de referencia para comparar las cardinalidades del resto de conjuntos, y podemos introducir el concepto de finitud e infinitud en los conjuntos.

Definición 6.4: Conjunto finito con cardinal n

Diremos que un conjunto A es *finito con cardinal n* si existe una relación de equipotencia $A \sim I_n$, es decir, una aplicación biyectiva $f : I_n \to A$ entre ambos conjuntos (o equivalentemente, si ambos conjuntos tienen la misma clase de equivalencia).

Por definición de biyección, a cada elemento de A se le asigna un único elemento de I_n, y viceversa. Esto implica que *el número de elementos en A es igual al número de elementos en I_n, es decir, a su número cardinal n.*

Así, dos conjuntos finitos equipotentes tienen el mismo número de elementos, el cual coincide con su número cardinal.

Ejemplo 6.2

Supongamos que definimos un universo

$$U = \big\{\{2,8,3\}, \emptyset, \{a,b\}, \{18\}, \{x,y,z\}, \{1,k,35\}\big\},$$

y escogemos el conjunto $A = \{2,8,3\}$. En ese caso, el cardinal (la clase de equivalencia) de A sería

$$|A| = \{X \in U : \ X \sim A\} = \{\{2,8,3\}, \{x,y,z\}, \{1,k,35\}\},$$

puesto que existe una biyección entre A y cada uno de estos conjuntos, o equivalentemente, tienen el mismo número de elementos. Su número cardinal es $|A| = 3$.

Definición 6.5: Conjunto infinito

Un conjunto A es *infinito* cuando no es finito, es decir, cuando no existe una aplicación biyectiva entre A y ningún representante canónico I_n, $\forall n \in \mathbb{N}$.

A partir de las definiciones de conjuntos finitos e infinitos, se obtiene un importante resultado relacionado con el conjunto $\mathbb{N}$ de los números naturales: que es un conjunto infinito. Sin embargo, aunque $\mathbb{N}$ sea infinito, tiene una cardinalidad (una clase de equivalencia).

Teorema 6.2

El conjunto de los números naturales $\mathbb{N}$ es infinito.

Demostración. Por reducción al absurdo, supongamos que $\mathbb{N}$ es finito. Entonces, debería existir una cierta aplicación biyectiva $f : I_n \to \mathbb{N}$ para cierto $n \in \mathbb{N}$. Si definimos el número natural

$$k = 1 + \max\{f(1), \ldots, f(n)\},$$

entonces $k \in \mathbb{N}$ (es natural), pero observamos que no existe ningún $x \in I_n = \{1, 2, \ldots, n\}$ tal que $f(x) = k$, puesto que k se forma tomando la máxima imagen y sumándole 1 (quedando así fuera de la imagen de f). Por lo tanto, f no podrá ser una aplicación suprayectiva ni biyectiva y, puesto que n y f han sido elegidas arbitrariamente, llegamos a la conclusión de que $\mathbb{N}$ es infinito. ∎

Definición 6.6: Aleph 0

Llamaremos *aleph 0*, y lo denotaremos como $\aleph_0$ o d, al cardinal del conjunto $\mathbb{N}$ de los números naturales[a].

---

[a]Empleamos la letra d por ser un conjunto *discreto*.

Definición 6.7: Conjunto numerable

Decimos que un conjunto A es *numerable* si es finito o si es infinito con cardinal d (es decir, si es equipotente al conjunto $\mathbb{N}$ de números naturales).

Ejemplo 6.3

Algunos ejemplos de conjuntos infinitos numerables (con cardinalidad d) son los siguientes:

- el conjunto $A = \{2, 3, 4, 5, \ldots\}$, puesto que existe una biyección

$$f : \mathbb{N} \to A$$
$$f(x) = x + 1$$

Esquemáticamente,

$$
\begin{array}{cc}
\mathbb{N} & A \\
x \xrightarrow{f(x)} & x+1 \\
1 & 2 \\
2 & 3 \\
3 & 4 \\
\vdots & \vdots
\end{array}
$$

- el conjunto $\mathbb{Z} = \{\ldots, 0, -1, 1, -2, 2, \ldots\}$ de los números enteros, puesto que existe una biyección

$$f : \mathbb{N} \to \mathbb{Z}$$

$$f(x) = \begin{cases} 2x & \text{si } x \geq 0, \\ -2x-1 & \text{si } x < 0, \end{cases}$$

- el conjunto de los números racionales positivos $\mathbb{Q}^{+}$ y de todos los racionales $\mathbb{Q}$. Si colocamos todos los elementos de $\mathbb{Q}^{+}$ en una tabla y recorremos sus elementos en un orden en diagonal,

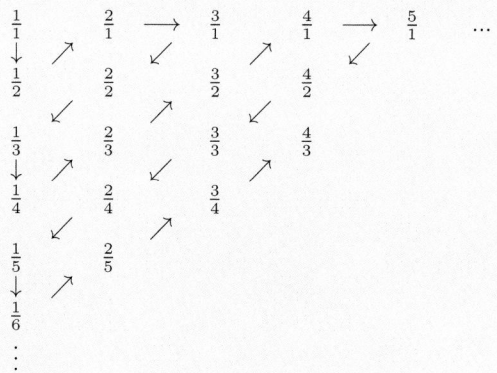

,

podemos ir asociando a cada nuevo elemento del orden un número natural nuevo, obteniendo una biyección $f : \mathbb{N} \to \mathbb{Q}^{+}$ (una enumeración), que demuestra que $\mathbb{Q}^{+}$ es numerable.

Como ya se ha visto, la definición de equipotencia implica demostrar la existencia de una aplicación biyectiva, en ocasiones no es sencillo encontrarla en conjuntos infinitos. De ahí que la siguiente propiedad sea de especial interés para demostrar la relación de equipotencia.

Teorema 6.3

Sean dos conjuntos A y B infinitos, donde $B \subset A$. Si existe una aplicación $f : A \to B$ inyectiva, entonces existe también una aplicación $h : A \to B$ biyectiva, y por lo tanto A y B son equipotentes.

Demostración. Supongamos que existe una aplicación $f : A \to B$ inyectiva. Si $B = A$ (caso trivial), siempre existe la aplicación identidad $I_A : A \to B$ (biyectiva), en la que cada elemento del conjunto se asocia consigo mismo. En caso contrario, $B \neq A$, definimos inductivamente los conjuntos

$$C_0 = A - B \neq \emptyset,$$
$$C_1 = f(C_0),$$
$$C_2 = f(C_1),$$
$$\vdots$$
$$C_{n+1} = f(C_n),$$
$$\vdots$$

de tal modo que cada conjunto C_{n+1} está formado por las imágenes de los elementos del conjunto previo C_n, partiendo del conjunto inicial C_0 formado por los elementos de A que no son de B. Adicionalmente, definimos la unión de todos estos conjuntos como

$$C = \bigcup_{k=1}^{\infty} C_k.$$

Cabe destacar que, como toda imagen de A (por la aplicación f) está contenida en B, y $B \subset A$, todas las imágenes de A también pertenecen a A, es decir, que $C \subset A$.

A continuación, definimos la aplicación $h : A \to B$ como

$$h(z) = \begin{cases} f(z) & \text{si } z \in C \\ z & \text{si } z \notin C \end{cases}$$

Como podemos comprobar, h está bien definida, es decir, que la imagen de cualquier elemento $z \in A$ también cumple que $z \in B$. Si $z \in C$, entonces $h(z) = f(z) \in B$, ya que f es una aplicación inyectiva que se define de A a B, y todo $f(z)$ es un elemento de B. Por el contrario, si $z \notin C$, entonces $z \notin C_n, \forall n = 0, 1, 2, \ldots$, y en particular, $z \notin C_0 = A - B$ (los elementos de A que no están en B). De aquí se deduce que, en este caso, $h(z) = z \in B$.

Adicionalmente, h es inyectiva. Para demostrarlo, dados $x, y \in A$ tales que $h(x) = h(y)$, entonces debemos demostrar que $x = y$, planteando tres posibles escenarios:

- Si $x, y \in C$, entonces $h(x) = f(x) = f(y) = h(y)$ y, como f es inyectiva, entonces $x = y$.

- Si $x, y \notin C$, entonces $h(x) = x = y = h(y)$.

- Si $x \in C$, $y \notin C$, entonces $h(x) = f(x) = y = h(y)$. Como $x \in C$, entonces existe cierto $k \in \mathbb{N}$ tal que $x \in C_k$, y como $C_{k+1} = f(C_k)$, entonces necesariamente $f(x) = y \in C_{k+1} \subset C$. Como $y \notin C$ por hipótesis, este escenario no es posible.

Con ello, queda demostrado en todos los casos posibles que h es inyectiva.

Finalmente, para comprobar si h es suprayectiva, tomamos un elemento cualquiera $b \in B \subset A$. Si $b \notin C$, entonces $h(b) = b$, y por lo tanto b es imagen sí mismo por la aplicación h. Si, por el contrario, $b \in C$, entonces $b \in C_k = f(C_{k-1})$, para cierto $k \in \mathbb{N}$ y, por lo tanto, existe algún elemento $a \in C_{k-1} \subset A$ del cual b es imagen. En ambos casos, b es imagen por la aplicación h de un elemento de A, por lo que queda demostrado que h es suprayectiva.

En conclusión, queda demostrado que existe una aplicación $h : A \rightarrow B$ biyectiva (inyectiva y suprayectiva) si existe una aplicación $f : A \rightarrow B$ inyectiva, sea cual sea. ∎

Ejemplo 6.4

A continuación se muestran algunos ejemplos de conjuntos infinitos aplicando el Teorema 6.3:

- El conjunto de números racionales $\mathbb{Q}^+$ es infinito numerable (equipotente a $\mathbb{N}$), ya que $\mathbb{N} \subset \mathbb{Q}^+$, y podemos definir la aplicación

$$f : \mathbb{Q}^+ \rightarrow \mathbb{N}$$
$$f\left(\frac{x}{y}\right) = 2^x 3^y, \ x, y \in \mathbb{N}$$

que es inyectiva, ya que la forma $2^x 3^y$ es una descomposición en factores primos, la cual es única (teorema fundamental de la aritmética 5.2). Por lo tanto, por el Teorema 6.3, existe una aplicación biyectiva entre $\mathbb{Q}$ y $\mathbb{N}$, es decir, son equipotentes.

Si extendemos la demostración al conjunto de números racionales $\mathbb{Q}$ (demostrar que es infinito numerable), podríamos definir la aplicación

$$f : \mathbb{Q} \to \mathbb{N}$$
$$\begin{cases} f\left(\frac{x}{y}\right) = 2^x 3^y \\ f\left(-\frac{x}{y}\right) = 5^x 7^y \end{cases} \quad x, y \in \mathbb{N}$$

que es inyectiva, ya que las formas $2^x 3^y$ y $5^x 7^y$ son una descomposición en factores primos, las cuales son únicas (teorema fundamental de la aritmética 5.2). Por lo tanto, por el Teorema 6.3, existe una aplicación biyectiva entre $\mathbb{Q}$ y $\mathbb{N}$, es decir, son equipotentes.

- El intervalo $[-1, 1]$ y el conjunto de números reales $\mathbb{R}$ tienen el mismo cardinal, ya que $[-1, 1] \subset \mathbb{R}$ y existe una aplicación

$$f : \mathbb{R} \to [-1, 1]$$
$$f(x) = \begin{cases} \frac{1}{x} & \text{si } x \neq 0 \\ 0 & \text{si } x = 0 \end{cases}$$

que es inyectiva. Por lo tanto, por el Teorema 6.3, existe una aplicación biyectiva entre $\mathbb{R}$ y $[-1, 1]$, es decir, son equipotentes.

6.4   Orden en los cardinales

Gracias a los números cardinales, podemos establecer un orden entre conjuntos que nos permita compararlos entre sí.

Definición 6.8: Orden entre cardinales

Dados dos conjuntos A y B, con cardinalidad $|A| = a$ y $|B| = b$, diremos que

- el cardinal a es menor o igual que b, representado como $a \leq b$, si A es equipotente a un subconjunto de B.

- el cardinal a es estrictamente menor que b, representado como $a < b$, si $a \leq b$, y además a es distinto de b (los cardinales son distintos).

Ejemplo 6.5

Dados los conjuntos $\emptyset$, $A = \{1,2,3,4\}$, $B = \{k,l,m\}$, $C = \{x,y,z\}$, $\mathbb{Q}$ y $\mathbb{N}$, podemos establecer que

$$|\emptyset| \leq |B| \leq |C| \leq |A| \leq |\mathbb{N}| \leq |\mathbb{Q}|,$$

o más concretamente,

$$|\emptyset| < |B| = |C| < |A| < |\mathbb{N}| = |\mathbb{Q}|.$$

Este orden se deduce porque

- $|\emptyset| = 0 \leq |X|$, $\forall X$, ya que el conjunto vacío es equipotente a sí mismo, y es subconjunto de cualquier conjunto X.

- $|B| = |C| = 3 < |A| = 4$ son cardinales finitos; concretamente, el cardinal coincide con el número de elementos. La relación de orden entre ellos se deduce porque B y C son equipotentes entre sí, equipotentes a $\{1,2,3\} \subset A = \{1,2,3,4\}$, y que $|B| = |C| \neq A$.

- $|A| = 4 < |\mathbb{N}| = |\mathbb{Q}| = d$, ya que $A = \{1,2,3,4\}$ es equipotente a $\{1,2,3,4\} \subset \mathbb{N}$ (de hecho son el mismo conjunto). La demostración de que $\mathbb{N}$ y $\mathbb{Q}$ tienen el mismo cardinal se puede encontrar en los Ejemplos 6.3 y 6.4.

Nótese que la definición del orden no depende de la elección de los conjuntos. Además, de la definición se deducen dos importantes propiedades.

Proposición 6.1: Propiedades del orden entre cardinales

Sean dos conjuntos A y B cualesquiera.

1. Si $A \subset B$, entonces $|A| \leq |B|$.

   Demostración. Si $A \subset B$, entonces A es equipotente a un subconjunto de B, concretamente, a sí mismo. Entonces, por definición, se concluye que $|A| \leq |B|$. ∎

2. Si existe una aplicación $f : A \to B$ inyectiva, entonces $|A| \leq B$.

   Demostración. Si existe una aplicación $f : A \to B$ inyectiva, entonces $f : A \to f(A)$ es biyectiva. Por lo tanto, como $|A| = |f(A)|$, y sabiendo que $f(A) \subset B$, entonces se deduce (por la anterior propiedad) que $|A| \leq B$. ∎

Evidentemente, el número cardinal mínimo es 0, el del conjunto vacío, ya que el conjunto vacío es subconjunto de todo conjunto, es decir, $\emptyset \subset A$, $\forall A$, y además, no existe ninguna biyección $f : \emptyset \to A$, $\forall A \neq \emptyset$, y por lo tanto $|\emptyset| < |A|$. Sin embargo, podríamos preguntarnos: *¿existe un número cardinal máximo?* El teorema de Cantor demuestra que no lo hay.

Teorema 6.4: Teorema de Cantor

Dado un conjunto A cualquiera, entonces $|A| < |\mathcal{P}(A)|$.

Demostración. En primer lugar, es inmediato comprobar que $|A| \leq |\mathcal{P}(A)|$, puesto que existe una aplicación inyectiva

$$f : A \to \mathcal{P}(A),$$
$$f(a) = \{a\}.$$

Para demostrar que $|A| \neq |\mathcal{P}(A)|$ debemos demostrar que no existe ninguna biyección entre A y $\mathcal{P}(A)$, supondremos que existe una aplicación biyectiva $g : A \to \mathcal{P}(A)$.

Además, definimos el conjunto

$$S = \{x \in A : \ x \notin g(x)\}$$

formado por todos los elementos $x \in A$ que no pertenecen al conjunto imagen $g(x) \in \mathcal{P}(A)$, $g(x) \subseteq A$ que les ha sido asignado por la aplicación g.

Al estar formado por elementos de A, sabemos que $S \subseteq A$, y como la aplicación g es suprayectiva (por ser biyectiva), entonces existe un elemento $a_0 \in A$ tal que $g(a_0) = S$. Entonces,

- si $a_0 \in S$, entonces, por la definición de S, debería cumplirse que $a_0 \notin g(a_0) = S$, llegando a una contradicción, y

- si $a_0 \notin S$, entonces $a_0 \notin g(a_0) = S$. Por lo tanto, por la definición de S, debería ocurrir que $a_0 \in S$, llegando de nuevo a una contradicción.

Por consiguiente g no es suprayectiva, ni tampoco biyectiva y, al no existir biyección, concluimos que $|A| \neq |\mathcal{P}(A)|$.

Por lo tanto, si $|A| \leq |\mathcal{P}(A)|$ y $|A| \neq |\mathcal{P}(A)|$, se concluye que $|A| < |\mathcal{P}(A)|$. ∎

Por este teorema, dado un conjunto A infinito podemos construir un conjunto con mayor cardinalidad, simplemente obteniendo su conjunto potencia (o conjunto de partes) del previo. De este modo, tenemos que

$$0 < |A| < |\mathcal{P}(A)| < |\mathcal{P}(\mathcal{P}(A))| < \dots$$

Por lo tanto, podemos afirmar que no existe un conjunto estrictamente mayor que todos los demás. Gracias al teorema de Cantor, por ejemplo, podemos afirmar que $d = |\mathbb{N}| < |\mathcal{P}(\mathbb{N})|$, es decir, que ambos conjuntos infinitos tienen diferente cardinalidad o "tamaño", y por lo tanto podrían considerarse infinitos de distinto tipo.

La relación $\leq$ entre cardinales es una relación de orden (véase Sección 4.4 del Capítulo 4). Concretamente, se trata de una relación de orden total, tal y como se demuestra en los siguientes resultados.

Teorema 6.5: Teorema de Schröeder-Bernstein

Dados dos conjuntos A y B cualesquiera, si existen dos aplicaciones $f : A \to B$ y $g : B \to A$ inyectivas, entonces existe una aplicación $h : A \to B$ biyectiva.

Equivalentemente, si $|A| \leq |B|$ y $|B| \leq |A|$, entonces $|A| = |B|$ (A y B son equipotentes).

Demostración. Como las aplicaciones f y g son inyectivas, la composición $g \circ f : A \to g(B) \subset A$ también es inyectiva. Por el Teorema 6.3, existe una aplicación $h' : A \to g(B)$ biyectiva. Por otro lado, como $g : B \to A$ es inyectiva, entonces $g : B \to g(B)$ es biyectiva, y por lo tanto, existe una aplicación inversa $g^{-1} : g(B) \to B$.

Por consiguiente, la composición $h = g^{-1} \circ h' : A \to B$ es biyectiva por ser composición de aplicaciones biyectivas. Es decir, que $|A| = |B|$ (A y B son equipotentes). ∎

Teorema 6.6

La relación de orden $\leq$ entre cardinales es una relación de orden parcial.

Demostración. La relación de orden $\leq$ cumple las propiedades de:

- Reflexividad: dado un conjunto A cualquiera, como la aplicación identidad $I_A : A \to A$ es una función biyectiva, y por lo tanto inyectiva, entonces $A \leq A$ (por la Proposición 6.1).

- Transitividad: dados tres conjuntos A, B y C cualesquiera, y suponiendo que $A \leq B$ y $B \leq C$, sabemos que existen dos aplicaciones inyectivas $f : A \to B$ y $g : B \to C$, la composición $g \circ f : A \to C$ también es inyectiva. Por lo tanto, (por la Proposición 6.1) concluimos que $A \leq C$.

- Antisimetría: dados dos conjuntos A y B, suponiendo que $A \leq B$ y $B \leq A$, sabemos que existen dos aplicaciones inyectivas $f : A \to B$ y $g : B \to A$. Entonces (por el Teorema 6.5), existe una aplicación biyectiva $h : A \to B$ y $|A| = |B|$ (A y B son equipotentes). ∎

Teorema 6.7: Teorema de Zermelo o ley de la tricotomía

Dados dos conjuntos A y B cualesquiera, entonces cumplen una de las tres siguientes condiciones:

a) $|A| < |B|$

b) $|B| < |A|$

c) $|A| = |B|$

Por el teorema de Zermelo (Teorema 6.7) podemos concluir que la relación de orden entre cardinales es un orden total, y teniendo en cuenta que existe un cardinal mínimo, el 0, también podemos concluir que se trata de un buen orden.

Ejemplo 6.6

A continuación se identifican los números cardinales y el orden de algunos conjuntos muy conocidos:

- como $\mathbb{N} \subset \mathbb{Z} \subset \mathbb{Q} \subset \mathbb{R} \subset \mathbb{C}$, sabemos (por la Proposición 6.1) que $d = |\mathbb{N}| \leq |\mathbb{Z}| \leq |\mathbb{Q}| \leq |\mathbb{R}| \leq |\mathbb{C}|$. También sabemos (por el Ejemplo 6.3) que $|\mathbb{N}| = |\mathbb{Z}| = |\mathbb{Q}|$.

- el conjunto $\mathbb{N} \times \mathbb{N}$ (el producto cartesiano del conjunto de los naturales) es infinito numerable, es decir, $|\mathbb{N} \times \mathbb{N}| = d$. Si definimos la aplicación $f : \mathbb{N} \to \mathbb{N} \times \mathbb{N}$ tal que

$$f(x) = (x, 1),$$

observamos claramente que es inyectiva. Si adicionalmente definimos $g : \mathbb{N} \times \mathbb{N} \to \mathbb{N}$ tal que

$$g(x, y) = 2^x 3^y,$$

también observamos que es inyectiva, ya que la descomposición por factores primos es única (teorema fundamental de la aritmética 5.2). Por lo tanto, por el teorema de Schröeder-Bernstein (Teorema 6.5), existe una aplicación biyectiva $h : \mathbb{N} \to \mathbb{N} \times \mathbb{N}$.

209

Y como $|\mathbb{N}| = |\mathbb{Z}| = |\mathbb{Q}|$, se puede probar que $\mathbb{Q} \times \mathbb{Q}$ o que $\mathbb{Z} \times \mathbb{Z}$ también son conjuntos infinitos numerables.

- el conjunto $\mathbb{N}^n = \underbrace{\mathbb{N} \times \mathbb{N} \times \cdots \times \mathbb{N}}_{n}$ (el producto cartesiano aplicado sobre n conjuntos $\mathbb{N}$) es infinito numerable, es decir, $|\mathbb{N}^n| = d$. Esto se puede demostrar por inducción:

  1. *Base de inducción*: $\mathbb{N}$ ($n = 1$) y $\mathbb{N}^2 = \mathbb{N} \times \mathbb{N}$ ($n = 2$) son numerables (tal y como se ha demostrado anteriormente).

  2. *Hipótesis de inducción*: supongamos que $\mathbb{N}^n$ es numerable para cierto valor $n \in \mathbb{N}$.

  3. *Paso de inducción*: como $\mathbb{N}^n$ es numerable por hipótesis, existe una aplicación biyectiva $f_n : \mathbb{N}^n \to \mathbb{N}$. Si construimos la aplicación $f_{n+1} = f_2 \circ f_n : \mathbb{N}^{n+1} \to \mathbb{N}$, tal que

  $$f_{n+1}(x_1, \ldots, x_n, x_{n+1}) = f_2(f_n(x_1, \ldots, x_n), x_{n+1}),$$

  observamos que f_{n+1} es biyectiva, por ser composición de dos aplicaciones biyectivas.

  Por lo tanto, queda demostrado para todo $n \in \mathbb{N}$ que existe una biyección entre los conjuntos $\mathbb{N}$ y $\mathbb{N}^n$.

  Como consecuencia, se puede probar que $\mathbb{Q}^n$ y $\mathbb{Z}^n$ también son conjuntos infinitos numerables. Esto implica que el conjunto de todos los polinomios, vectores y matrices en $\mathbb{Q}$ son infinitos numerables.

Ejemplo 6.7

Sea $\{A_1, A_1, \ldots, A_i, \ldots\}$ una familia numerable de conjuntos disjuntos dos a dos, $A_i \cap A_j = \emptyset$, $\forall i \neq j$, donde $|A_i| = d$, $\forall i \in \mathbb{N}$ (los conjuntos de la familia son infinitos numerables). Queremos demostrar que $\bigcup_{i=1}^{\infty} A_i$ también es numerable.

Partiendo de que $|A_i| = d$, $\forall i \in \mathbb{N}$, y dado $A_i = \{a_{i1}, a_{i2}, \ldots, a_{ij}, \ldots\}$, entonces existe una aplicación $f_i : \mathbb{N} \to A_i$ biyectiva tal que $f_i(j) = a_{ij}$. A continuación definimos la aplicación $F : \mathbb{N} \times \mathbb{N} \to \bigcup_{i=1}^{\infty} A_i$, tal que $F(i, j) = f_i(j) = a_{ij}$. La aplicación F es

- inyectiva: si $F(i, j) = F(k, l)$, entonces $f_i(j) = f_k(l)$, o $a_{ij} = a_{kl}$. Como los conjuntos A_i son disjuntos dos a dos, entonces $i = k$, ya que no podemos encontrar dos elementos iguales en conjuntos distintos.

Formalmente, si $A_i \cap A_k = \emptyset$ (conjuntos disjuntos), y $a_{ij} = a_{kl}$ con $i \neq k$, entonces $A_i \cap A_k = \{a_{ij}\} = \{a_{kl}\} \neq \emptyset$, alcanzando una contradicción. Además, si $f_i = f_k$ es biyectiva (y por lo tanto, inyectiva), y sostenemos que $f_i(j) = f_k(l)$, entonces necesariamente $j = l$.

- suprayectiva: sea $a \in \bigcup_{i=1}^{\infty} A_i$. Por ser los A_i disjuntos dos a dos, entonces existe un único $i \in \mathbb{N}$ tal que $a \in A_i$. Como $f_i : \mathbb{N} \to A_i$ es biyectiva (y por lo tanto, suprayectiva), existe un valor $j \in \mathbb{N}$ tal que $f_i(j) = a$. Por lo tanto, existe un par $(i, j) \in \mathbb{N} \times \mathbb{N}$ tal que $F(i, j) = a$. De este modo, concluimos que F es suprayectiva.

Como hemos demostrado que F es inyectiva y suprayectiva, concluimos que es biyectiva y, por consiguiente, $\bigcup_{i=1}^{\infty} A_i$ y $\mathbb{N}$ son equipotentes, o $\left| \bigcup_{i=1}^{\infty} A_i \right| = d$.

6.5 Conjuntos infinitos no numerables

Dentro de los conjuntos infinitos, ya se ha visto por el teorema de Cantor (Teorema 6.4) que no todos poseen el mismo cardinal, ya que el conjunto potencia siempre poseerá un cardinal mayor al del conjunto. En otras palabras, no todos los conjuntos infinitos son numerables. El siguiente teorema, uno de los resultados más importantes de Cantor, demuestra que es necesario definir otro número cardinal infinito además del cardinal infinito numerable $\aleph_0$.

Teorema 6.8

El subconjunto de los números reales $[0, 1]$ es infinito no numerable.

Demostración. Todo número real $x \in [0, 1]$ tiene una expresión en forma decimal del tipo $x = 0.x_1\ x_2\ x_3 \ldots$, donde $x_i \in \{0, 1, 2, \ldots, 9\}, \forall i \in \mathbb{N}$ son las cifras decimales. Procediendo por reducción al absurdo, supondremos que el conjunto $[0, 1]$ es numerable, es decir, que existe una aplicación $f : \mathbb{N} \to [0, 1]$ biyectiva

$$
\begin{array}{ccc}
\mathbb{N} & & [0, 1] \\
n & \overset{f(n)}{\longrightarrow} & x \\
1 & & 0.\mathbf{x_{11}}\ x_{12}\ x_{13} \ldots \\
2 & & 0.x_{21}\ \mathbf{x_{22}}\ x_{23} \ldots \\
3 & & 0.x_{31}\ x_{32}\ \mathbf{x_{33}} \ldots \\
\vdots & & \vdots
\end{array}
$$

A continuación, construimos el número $y = 0.y_1\, y_2\, y_3 \cdots \in [0,1]$ tal que

$$\begin{cases} y_j = 0 & \text{si } x_{jj} \neq 0 \\ y_j = 1 & \text{si } x_{jj} = 0 \end{cases}, \ \forall j \in \mathbb{N}$$

En otras palabras, el número y toma para cada decimal y_j el número decimal x_{jj} de la diagonal de la enumeración y lo modifica. Como $y \in [0,1]$ y f es biyectiva, debería existir un número $j \in \mathbb{N}$ tal que $f(j) = y$. Sin embargo, por su construcción, sabemos que $x_{jj} \neq y_j$, $\forall j \in \mathbb{N}$, y por lo tanto y no se corresponde con ningún $f(j) \in [0,1]$, es decir, $f(j)$ no es imagen de ningún $j \in \mathbb{N}$. Por lo tanto, por contradicción, f no es suprayectiva ni tampoco biyectiva, y de este modo concluimos que el conjunto $[0,1]$ no puede ser numerable, es decir, $|[0,1]| \neq d$.

■

La idea que empleó Cantor para construir un número y modificando los elementos de la diagonal de la enumeración se conoce como el argumento de diagonalización de Cantor. Esta técnica tiene muchas variaciones y se aplica en teoría de la calculabilidad.

Definición 6.9: Aleph 1

Decimos que el conjunto $[0,1]$ de los números reales tiene cardinal *aleph 1*, representado como $\aleph_1$ o c. A este cardinal también se le conoce como cardinal del continuo[a].

Decimos que un conjunto A tiene cardinal c si existe una biyección entre $[0,1]$ (o cualquier otro conjunto de cardinalidad c) y A.

---

[a]Empleamos la letra c por ser un conjunto *continuo*.

Ejemplo 6.8

Algunos ejemplos de conjuntos continuos (con cardinal c) son:

- el conjunto $[a, b]$, $a < b$, es decir, cualquier intervalo cerrado en el conjunto de los números reales $\mathbb{R}$, puesto que existe una biyección

$$f : [0,1] \to [a,b]$$
$$f(x) = a + (b-a)x$$

- el conjunto $(0,1)$, es decir, el intervalo abierto en $\mathbb{R}$ entre 0 y 1. Para comprobarlo, definimos

$$[0,1] = \left\{ 0, 1, \frac{1}{2}, \frac{1}{3}, \ldots \right\} \cup A,$$

donde

$$A = [0,1] - \left\{ 0, 1, \frac{1}{2}, \frac{1}{3}, \ldots \right\} = (0,1) - \left\{ \frac{1}{2}, \frac{1}{3}, \ldots \right\}.$$

Por lo tanto, también podemos definir

$$(0,1) = \left\{ \frac{1}{2}, \frac{1}{3}, \ldots \right\} \cup A.$$

Dada esta estructura, consideramos la siguiente aplicación entre los conjuntos $(0,1)$ y $[0,1]$:

$$
\begin{array}{ccc}
[0,1] & & (0,1) \\
x & \xrightarrow{\;f\;} & f(x) \\
0 & & 1/2 \\
1 & & 1/3 \\
1/2 & & 1/4 \\
1/3 & & 1/5 \\
1/4 & & 1/6 \\
\vdots & & \vdots \\
x \in A & & x
\end{array}
$$

Esta aplicación, que se define como

$$f : [0,1] \to (0,1)$$

$$f(x) = \begin{cases} \frac{1}{2} & \text{si } x = 0, \\ \frac{1}{n+2} & \text{si } x = \frac{1}{n}, \ n \in \mathbb{N}, \\ x & \text{si } x \in A, \end{cases}$$

es biyectiva.

213

- el conjunto de los números reales $\mathbb{R}$, puesto que existe una biyección (Figura 6.1)

$$f : (0,1) \to \mathbb{R}$$

$$f(x) = \frac{\frac{1}{2} - x}{x(1-x)}$$

Esto se puede probar gracias a la derivada de la función,

$$f'(x) = -\frac{1}{2(x-1)^2} - \frac{1}{2x^2} < 0, \ \forall x \in (0,1).$$

Como la derivada es negativa en $(0,1)$, la función f es continua monótona decreciente, y por lo tanto existe función inversa $f^{-1} : \mathbb{R} \to (0,1)$, es decir, f es biyectiva.

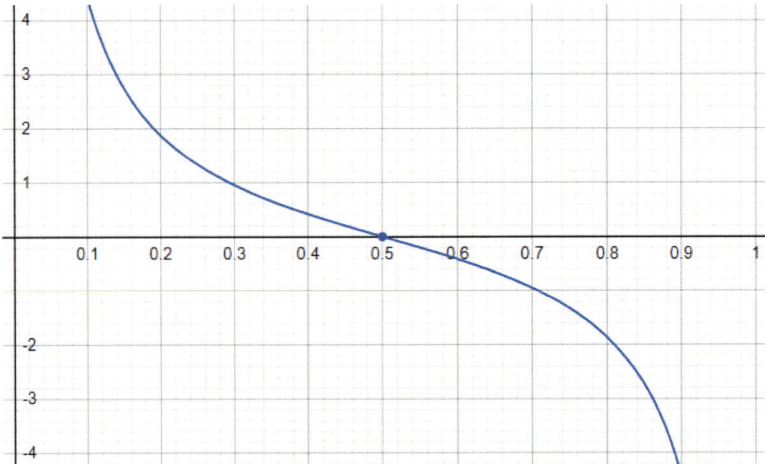

Figura 6.1: Gráfica de la función $f(x) = \frac{\frac{1}{2}-x}{x(1-x)}$ (Ejemplo 6.8).

Teorema 6.9

El conjunto potencia de los naturales $\mathcal{P}(\mathbb{N})$ es equipotente al conjunto $[0,1]$, es decir, $|\mathcal{P}(\mathbb{N})| = c$.

Demostración. Para demostrar que $|\mathcal{P}(\mathbb{N})| = c$, debemos probar dos condiciones: que $|\mathcal{P}(\mathbb{N})| \leq c$ y que $|\mathcal{P}(\mathbb{N})| \geq c$.

- $|\mathcal{P}(\mathbb{N})| \leq c$: si tomamos un subconjunto de los naturales $S \subset \mathbb{N}$, $S \in \mathcal{P}(\mathbb{N})$, podemos definir la aplicación $g : \mathcal{P}(\mathbb{N}) \to [0,1]$ sobre S tal que

$$g(S) = 0.x_1 x_2 x_3 \ldots \, ,$$
$$x_{2j-1} = 0 \quad \text{(posiciones impares)},$$
$$x_{2j} = \begin{cases} 0 & \text{si } j \notin S, \\ 1 & \text{si } j \in S, \end{cases} \quad \text{(posiciones pares)},$$
$$\forall j \in \mathbb{N}.$$

Por ejemplo,

$$g(\emptyset) = 0.000 \cdots = 0,$$
$$g(\{1,3,5\}) = 0.0 \underbrace{1}_{2j=2\cdot 1=2} 000 \underbrace{1}_{2j=2\cdot 3=6} 000 \underbrace{1}_{2j=2\cdot 5=10} 000 \ldots$$

Si $g(S) = 0.x_1 x_2 x_3 \ldots$ y $g(T) = 0.y_1 y_2 y_3 \ldots$, con $S, T \subset \mathbb{N}$, y suponemos que $g(S) = g(T)$ entonces tenemos que $x_j = y_j$, $\forall j \in \mathbb{N}$ (todas las cifras decimales coinciden). Como $x_j = 1$ cuando $\frac{j}{2} \in S$, si $x_j = y_j = 1$, entonces $\frac{j}{2} \in T$. Por lo tanto, $S = T$, y concluimos que g es inyectiva.

- $|\mathcal{P}(\mathbb{N})| \geq c$: si tomamos un número $x = 0.b_1 b_2 b_3 \cdots \in [0,1]$, con $b_i \in \{0,1\}$ (expresado en base 2), podemos definir la aplicación $f : [0,1] \to \mathcal{P}(\mathbb{N})$ sobre x tal que

$$f(x) = f(0.b_1 b_2 \ldots) = \{j \in \mathbb{N} : \ x_j = 1\}.$$

Por ejemplo,

$$f(0) = \emptyset$$
$$f(0.10101\dots) = \{1, 3, 5, \dots\}$$
$$f(0.11111\dots) = \{1, 2, 3, 4, 5, \dots\} = \mathbb{N}$$

Esta aplicación es inyectiva, ya que cada representación en base 2 de x es única, y genera un único subconjunto de $\mathbb{N}$.

Por lo tanto, si existen dos aplicaciones inyectivas $g : \mathcal{P}(\mathbb{N}) \to [0, 1]$ y $f : [0, 1] \to \mathcal{P}(\mathbb{N})$, concluimos por el teorema de Schröeder-Bernstein (Teorema 6.5) que existe una aplicación biyectiva $h : \mathcal{P}(\mathbb{N}) \to [0, 1]$, y que por lo tanto $|\mathcal{P}(\mathbb{N})| = c$. ∎

Combinando los resultados del Teorema 6.9 y del teorema de Cantor (Teorema 6.4), es inmediato deducir que $d = |\mathbb{N}| < |\mathcal{P}(\mathbb{N})| = |\mathbb{R}| = c$, es decir, que los conjuntos infinitos numerables tienen un cardinal (o tamaño) inferior a los conjuntos infinitos no numerables o continuos. Sin embargo, en este punto surge una primera cuestión: *¿es infinito numerable con cardinal d es el más pequeño de los cardinales infinitos, o puede haber alguno menor?* Los siguientes resultados demuestran que d es, efectivamente, el cardinal infinito más pequeño.

Teorema 6.10

Todo conjunto infinito A contiene un subconjunto infinito A' numerable.

Demostración. Sea A un conjunto infinito. Aplicando el *Axioma de Elección*[a] de una sucesión de subconjuntos de A, construimos un conjunto o enumeración de elementos $\{a_1, a_2, a_3, \dots\}$ del siguiente modo:

$$
\begin{array}{cc}
\mathbb{N} & A \\[1em]
1 & a_1 \in A \\
2 & a_2 \in A - \{a_1\} \\
3 & a_3 \in A - \{a_1, a_2\} \\
\vdots & \vdots \\
n & a_n \in A - \{a_1, a_2, a_3, \dots, a_n\} \\
\vdots & \vdots
\end{array}
$$

Cada uno de los conjuntos $A - \{a_1, a_2, a_3, \ldots, a_n\}$, de los cuales escogemos el siguiente elemento a_{n+1} de la sucesión, es infinito. En caso contrario, suponiendo que A fuera infinito y que $A - \{a_1, a_2, a_3, \ldots, a_n\}$ fuera finito, y definiendo A como

$$A = (A - \{a_1, a_2, a_3, \ldots, a_n\}) \cup \{a_1, a_2, a_3, \ldots, a_n\},$$

concluiríamos que A es finito por ser unión de dos conjuntos finitos, pero a su vez A sería infinito por definición, llegando a una contradicción.

Por lo tanto, cada conjunto $A - \{a_1, a_2, a_3, \ldots, a_n\}$ es infinito, y siempre podemos seleccionar un nuevo elemento a_{n+1} distinto al resto. De este modo, podemos construir un subconjunto infinito $\{a_1, a_2, a_3, \ldots, a_n, \ldots\} \subset A$ sin repeticiones y numerable, ya que el propio proceso de construcción es una aplicación biyectiva entre cada número natural $n \in \mathbb{N}$ y el elemento $a_n \in A$ seleccionado. ∎

[a]El Axioma de Elección afirma que para cualquier colección de conjuntos no vacíos, es posible elegir un elemento de cada uno de ellos sin especificar un método o regla de selección concreta.

Teorema 6.11

Si A es un conjunto infinito, entonces $d \leq |A|$. En otras palabras, d es el cardinal infinito más pequeño.

Demostración. Si A es infinito, sabemos por el Teorema 6.10 que contiene un subconjunto A' infinito numerable, de tal modo que $|A'| = d$. Asimismo, también es posible definir una aplicación inyectiva

$$f : A' \to A$$
$$f(x) = x$$

La existencia de una inyección implica (por la Proposición 6.1) que $|A'| = d \leq |A|$. De aquí se concluye que el cardinal d es siempre igual o menor que el cardinal de un conjunto infinito A cualquiera. ∎

Asimismo, una segunda pregunta fundamental es: *¿podría existir algún cardinal intermedio entre d y c?* Al no poder demostrarlo, Cantor lo planteó como una conjetura o hipótesis: la *hipótesis del continuo*.

Proposición 6.2: Hipótesis del continuo

No existe ningún conjunto A tal que su cardinal $|A|$ cumpla que

$$d < |A| < c.$$

En otras palabras, el cardinal del continuo c de los números reales es el inmediatamente superior al cardinal numerable d de los números naturales.

Aunque dicha hipótesis es consistente con los axiomas de la teoría de conjuntos, Paul Cohen demostró en 1963 que la negación de la hipótesis también es consistente con esta teoría. Como consecuencia de ello es posible, al menos de forma abstracta, tratar con un universo donde la hipótesis se cumpla o no, según escojamos. En nuestro caso, estamos más interesados en su aceptación pues facilita la identificación del cardinal de un conjunto. Por ejemplo, dado un conjunto A, cuyo cardinal sabemos que está situado entre c y d, es decir $d \le |A| \le c$, la hipótesis implica que si es distinto de uno, automáticamente es igual al otro.

6.6 Operaciones con cardinales

Hasta este punto, hemos definido las cardinalidades de conjuntos finitos e infinitos por el concepto de equipotencia. Al tratarse de una relación binaria de equivalencia, es posible llevar a cabo ciertas operaciones entre cardinales.

Definición 6.10: Operaciones suma, producto y potencia de cardinales

Dados dos conjuntos disjuntos A y B con cardinalidades $|A| = a$ y $|B| = b$, definimos:

- La *operación suma* $a + b = |A \cup B|$.

- La *operación producto* $ab = |A \times B|$.

- La *operación potencia* $a^b = |A^B| = |\{f : B \to A : \ f \text{ aplicación}\}|$.

Proposición 6.3

Las operaciones suma, producto y potencia son independientes de los conjuntos disjuntos A y B escogidos.

Demostración. Únicamente demostramos la independencia para la operación suma (el resto se dejan como ejercicio al lector). Para demostrar independencia, debemos probar que la suma $a + b$ para dos conjuntos A, B con cardinalidad $|A| = a$, $|B| = b$ se cumple para cualquier otro par de conjuntos $\hat{A}$, $\hat{B}$ disjuntos tales que $\left|\hat{A}\right| = a, \left|\hat{B}\right| = b$, es decir, que $|A \cup B| = \left|\hat{A} \cup \hat{B}\right|$. Como $\left|\hat{A}\right| = |A|$ y $\left|\hat{B}\right| = |B|$, sabemos que existen dos aplicaciones biyectivas $f : A \to \hat{A}$ y $g : B \to \hat{B}$. Si definimos adicionalmente $h : A \cup B \to \hat{A} \cup \hat{B}$ tal que

$$h(x) = \begin{cases} f(x) & \text{si } x \in A \\ g(x) & \text{si } x \in B \end{cases}$$

podemos comprobar que h es

- inyectiva: suponiendo que $h(x) = h(y)$, existen tres casos posibles:

  1. $x \in A$, $y \in A$. En este caso, $h(x) = f(x) = f(y) = h(y)$, y como f es biyectiva (e inyectiva), entonces $x = y$.

  2. $x \in B$, $y \in B$. Análogamente al caso anterior, $h(x) = g(x) = g(y) = g(y)$, y como g es biyectiva, entonces $x = y$.

  3. $x \in A$, $y \in B$ (sin pérdida de generalidad). En este caso, $h(x) = f(x) \in \hat{A}$ y $h(y) = g(y) \in \hat{B}$, pero como $h(x) = h(y)$ por hipótesis, entonces $f(x) = g(y) \in \hat{A}$ y $f(x) = g(y) \in \hat{B}$, simultáneamente. Sin embargo, no existe un elemento que pueda encontrarse a la vez en ambos conjuntos, ya que $\hat{A} \cap \hat{B} = \emptyset$ (son conjuntos disjuntos). Por reducción al absurdo, este caso no es posible.

Por lo tanto, se concluye que si $h(x) = h(y)$, necesariamente $x, y \in A$ o $x, y \in B$. En el primer caso, tenemos que $f(x) = f(y)$ y, por ser f biyectiva, se concluye que $x = y$. Análogamente, en el segundo caso, tenemos que $g(x) = g(y)$ y, por ser g biyectiva, se concluye que $x = y$. Por consiguiente, queda demostrado que h es inyectiva.

- suprayectiva: sea $z \in \hat{A} \cup \hat{B}$. Si $z \in \hat{A}$, entonces existe un valor $a \in A$ tal que $f(a) = z$ por ser f biyectiva (y suprayectiva) y, por definición, $h(a) = z$. Del mismo modo, si $z \in \hat{B}$, entonces existe un valor $b \in B$ tal que $g(b) = z$ por ser g biyectiva (y suprayectiva) y, por definición, $g(b) = z$. Así, queda demostrado que h es suprayectiva.

Por ser h inyectiva y suprayectiva, h es biyectiva, y por lo tanto, concluimos que $|A \cup B| = \left| \hat{A} \cup \hat{B} \right|$. ∎

Las operaciones entre cardinales tienen las mismas propiedades que sus correspondientes números reales.

Proposición 6.4: Propiedades de la operación suma

Dados los números cardinales a, b y c, algunas de las propiedades de la operación suma son:

1. Elemento neutro: $a + 0 = 0 + a = a$

2. Conmutativa: $a + b = b + a$

3. Asociativa: $(a + b) + c = a + (b + c)$

Proposición 6.5: Propiedades de la operación producto

Dados los números cardinales a, b y c, algunas de las propiedades de la operación producto son:

1. Elemento neutro: $a \cdot 1 = 1 \cdot a = a$

2. Conmutativa: $ab = ba$

3. Asociativa: $(ab)c = a(bc)$

4. Distributiva: $a(b + c) = ab + ac$

Proposición 6.6: Propiedades de la operación potencia

Dados los números cardinales a, b y c, algunas de las propiedades de la operación producto son:

1. $a^{b+c} = a^b + a^c$

2. $(ab)^c = a^c b^c$

3. $\left(a^b\right)^c = a^{bc}$

6.7 Ejercicios propuestos

Ejercicio 6.1

Demuestre que si A y B son equipotentes, entonces $|\mathcal{P}(A)| = |\mathcal{P}(B)|$.

Ejercicio 6.2

Halle el cardinal de los siguientes conjuntos:

- $\mathbb{Z} \times \mathbb{N}$

- $\{ax^2 + bx + c = 0 : \ a, b, c \in \mathbb{Z}\}$

- $\{(x, y) \in \mathbb{R}^2 : \ 3x + 2y \geq 7\}$

- $\mathbb{R}^+ = \{x \in \mathbb{R} : \ x > 0\}$

Ejercicio 6.3

Dada una familia de conjuntos $A_1, A_2, \ldots$, demuestre que

1. si los conjuntos son numerables (finitos o con cardinal d), entonces la unión $\bigcup_{n \in \mathbb{N}} A_n$ es numerable.

2. si los conjuntos son continuos (cardinal c), entonces la unión $\bigcup_{n \in \mathbb{N}} A_n$ es continua.

221

Ejercicio 6.4

Dados dos conjuntos $A, B \subset \mathbb{N}$ finitos, demuestre que $|A \cup B| = |A| + |B| - |A \cap B|$.

Ejercicio 6.5

Dados los cardinales a, b, c, demuestre las siguientes propiedades:

1. $a(b + c) = ab + ac$

2. $a^{b+c} = a^b a^c$

3. $(a^b)^c = a^{bc}$

4. $(ab)^c = a^c b^c$

Capítulo 7

Grafos

7.1 Introducción

La teoría de grafos es una de las ramas más populares de las matemáticas y la informática. Una de las razones detrás de su creciente interés es su aplicabilidad a la resolución de problemas complejos de la sociedad moderna en campos tan diversos como economía, *marketing*, transmisión de información, planes de transporte, análisis de redes, epidemilogía, etc.

Muchos de estos problemas se pueden modelar mediante grafos o redes. En estos casos, la teoría de grafos se aplica como herramienta para la formulación de problemas, la definición de estructuras, y el desarrollo de métodos de resolución para estos problemas. La formulación de problemas usando la expresividad de la teoría de grafos proporciona una visión global de los mismos y, por tanto, facilita su comprensión. De esta forma, se puede abordar la búsqueda de la solución óptima al problema con mayores garantías de éxito.

Un grafo es esencialmente cualquier estructura matemática que se pueda representar mediante un conjunto de puntos, llamados vértices o nodos, y un conjunto de líneas, llamadas aristas o arcos, que unan algunos de esos puntos. Las líneas que unen los vértices pueden tener dirección (arcos), o funcionar en ambos sentidos (aristas). En algunos casos se puede asociar una cantidad a las aristas del grafo, lo que abre un conjunto nuevo de perspectivas de aplicación de la teoría de grafos a nuevos tipos de problemas, como por ejemplo algebraicos, de optimización lineal, de flujos, etc. En cualquier caso, los grafos se convierten en una poderosa herramienta a la hora de formular, modelizar y resolver un amplio abanico de problemas discretos.

En este capítulo, examinaremos los fundamentos de la teoría de grafos, incluyendo sus diferentes representaciones. Abordaremos los conceptos de conexión y accesibilidad, y estudiaremos algunos grafos de especial importancia: grafos eulerianos, hamiltonianos y árboles. Además, se presentarán una serie de algoritmos relevantes que permiten analizar y obtener propiedades específicas de los grafos estudiados.

7.2   Grafos

7.2.1   Conceptos básicos

Informalmente, un grafo es un conjunto de vértices y de aristas que unen estos vértices. Según si las aristas sean orientadas o no lo sean, distinguiremos dos tipos de grafos: dirigidos y no dirigidos.

Definición 7.1: Grafo no dirigido

Un *grafo no dirigido* $G = (V(G), A(G), \psi)^a$ es una tripleta ordenada de

1. un conjunto finito y no vacío, $V(G)$,

2. un conjunto finito, $A(G)$, y

3. una función de incidencia $\psi : A(G) \to \mathcal{P}(V(G))$.

Los elementos de $V(G)$ se denominan vértices, nodos o puntos, y los elementos de $A(G)$ se llaman aristas. Cada arista del conjunto $A(G)$ une dos vértices de $V(G)$ de acuerdo con la función de incidencia ψ. En otras palabras, la función ψ asocia a cada arista un *par no ordenado* de vértices (que pueden coincidir), o

$$\forall a \in A(G), \ \exists \psi(a) = \{u, v\} \subset V(G).$$

---

[a]Hemos optado por representar al conjunto de aristas por A, aunque otros autores utilizan al letra E (del inglés *edge*).

Nótese que el conjunto de vértices nunca es vacío; en cambio, el de aristas podría serlo.

> **Nota**   *Cuando no haya confusión posible sobre el grafo al que nos referimos, abreviaremos escribiendo V y A en lugar de V(G) y A(G). Además, si las aristas del grafo quedan perfectamente determinadas, se puede prescindir de la función de incidencia ψ, al quedar ésta implícitamente incluida en la estructura del grafo. En ese caso, se representa el grafo G = (V, A).*

La manera más sencilla de representar un grafo es mediante lo que se llama *representación diagramática* de un grafo: los vértices se representan mediante puntos y las aristas mediante líneas.

Ejemplo 7.1

Dado el grafo

$$V(G) = \{1, 2, 3, 4\},$$
$$A(G) = \{a, b, c, d, e\},$$
$$\psi(a) = \{1, 2\}, \ \psi(b) = \{1, 3\}, \ \psi(c) = \{1, 4\}, \ \psi(d) = \{2, 3\}, \ \psi(e) = \{2, 4\},$$

éste queda representado por el diagrama de la Figura 7.1.

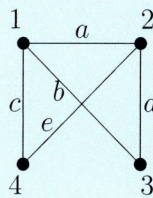

Figura 7.1: Representación diagramática de un grafo (Ejemplo 7.1).

Definición 7.2: Grafo dirigido

Un *grafo dirigido* o *digrafo*, $G = (V(G), A(G), \psi)$ es un triple ordenado de

1. un conjunto finito y no vacío, $V(G)$,

2. un conjunto finito, $A(G)$, y

3. una función de incidencia $\psi : A \to V(G) \times V(G)$.

Los elementos de $V(G)$ se llaman vértices, nodos o puntos, y los elementos de $A(G)$ se llaman aristas dirigidas o arcos. Cada arco del conjunto $A(G)$ une un *vértice inicial* de $V(G)$ con otro *vértice final* de acuerdo con la función de incidencia ψ. En otras palabras, la función ψ asocia a cada arco un par *ordenado* de vértices (que pueden coincidir), o

$$\forall a \in A(G), \ \exists \psi(a) = \langle u, v \rangle \in V(G) \times V(G)$$

En un grafo no dirigido, si la función de incidencia ψ asocia la arista a con el par de vértices u y v, de modo que $\psi(a) = \{u, v\}$, estos dos vértices se denominan *extremos de la arista a*. En cambio, en un grafo dirigido, si $\psi(a) = \langle u, v \rangle$, u es el *extremo inicial* (o *cola*) del arco a y v es su *extremo final* (o *cabeza*). Los arcos se representan mediante flechas que indican el sentido de su orientación.

Ejemplo 7.2

Dado el grafo

$$V(G) = \{1, 2, 3\},$$
$$A(G) = \{a, b, c\},$$
$$\psi(a) = \langle 1, 2 \rangle, \ \psi(b) = \langle 1, 3 \rangle, \ \psi(c) = \langle 2, 3 \rangle,$$

éste queda representado por el diagrama de la Figura 7.2.

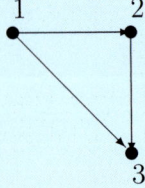

Figura 7.2: Grafo dirigido (Ejemplo 7.2).

Definición 7.3: Elementos especiales de un grafo

Dado un grafo $G = (V, A, \psi)$, definimos los siguientes elementos:

- Un *bucle* o *lazo* es una arista $a \in A$ cuyos vértices extremos coinciden, es decir, $\psi(a) = \{v, v\}$ (o $\psi(a) = \langle v, v \rangle$ en caso de ser dirigido), donde $v \in V$ es un vértice.

- Dos aristas $a, b \in A$ son *paralelas* si tienen los mismos extremos, es decir, si $\psi(a) = \psi(b)$.

- Un vértice v diremos que es un *vértice aislado* si no es extremo de ninguna arista, es decir, si $v \notin \psi(a), \forall a \in A$.

Ejemplo 7.3

En el grafo de la Figura 7.1 (Ejemplo 7.1) no hay bucles, aristas paralelas ni vértices aislados.

En cambio, en el grafo

$$V(G) = \{1, 2, 3, 4, 5\},$$
$$A(G) = \{a, b, c, d, e, f\},$$
$$\psi(a) = \{1, 2\}, \ \psi(b) = \{1, 3\}, \ \psi(c) = \{1, 4\}, \psi(d) = \{2, 3\},$$
$$\psi(e) = \{2, 4\}, \ \psi(f) = \{2, 3\}, \ \psi(g) = \{4, 4\},$$

representado en la Figura 7.3, sí que encontramos aristas y vértices con estas características:

- Las aristas d y f son paralelas, ya que $\psi(d) = \psi(f)$.

- La arista g es un bucle, ya que $\psi(g) = \{4, 4\}$.

- El vértice 5 es aislado, ya que $5 \notin \psi(x), \ \forall x \in A$.

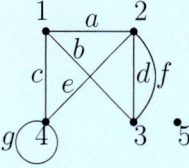

Figura 7.3: Representación de un grafo (Ejemplo 7.3).

Definición 7.4: Grafo simple

Un grafo no dirigido $G = (V, A, \psi)$ es *simple* si no tiene aristas paralelas ni bucles.

Definición 7.5: Multigrafo

Un *multigrafo* es un grafo no dirigido $G = (V, A, \psi)$ que no es simple, es decir, que presenta aristas paralelas y/o bucles.

Ejemplo 7.4

El grafo de la Figura 7.1 (Ejemplo 7.1) es simple, ya que no tiene aristas paralelas ni bucles. Cuando el grafo $G = (V, A, \psi)$ es simple, como no hay dos aristas con los mismos extremos (paralelas), cada arista queda determinada de forma única por sus vértices extremos. Así, el grafo de la Figura 7.1 lo podemos representar simplificadamente como $G = (V, A)$, donde

$$V = \{1, 2, 3, 4\},$$
$$A = \{\{1, 2\}, \{1, 3\}, \{1, 4\}, \{2, 3\}, \{2, 4\}\}.$$

Nota *Cuando el grafo $G = (V, A, \psi)$ es simple, como no hay dos aristas con los mismos extremos, cada arista queda determinada de forma única por sus extremos. Por lo tanto, se puede prescindir de la función de incidencia ψ, y representar el grafo de forma simplificada como $G = (V, A)$, donde el conjunto de aristas A es un conjunto formado por los elementos de la función de incidencia.*

Definición 7.6: Grafo simétrico y antisimétrico

Sea $G = (V, A, \psi)$ un grafo dirigido. Diremos que

- G es un *grafo simétrico* si $\forall \psi(a) = \langle u, v \rangle$, entonces existe el par $\psi(b) = \langle v, u \rangle$, con $a, b \in A$.

- G es un *grafo antisimétrico* si $\forall \psi(a) = \langle u, v \rangle$, entonces no existe el par $\psi(b) = \langle v, u \rangle$, con $a, b \in A$

Ejemplo 7.5

El grafo dirigido de la Figura 7.2 (Ejemplo 7.2) no es simétrico, ya que existe $\langle 1, 3 \rangle \in \psi(A)$, y sin embargo no existe $\langle 3, 1 \rangle \in \psi(A)$, donde $\psi(A)$ es el conjunto de las imágenes de la función de incidencia. Sin embargo, sí que es antisimétrico, ya que $\langle 2, 1 \rangle, \langle 3, 1 \rangle, \langle 3, 2 \rangle \notin \psi(A)$, es decir, no existe ninguna arista simétrica en el conjunto de las aristas que forman el grafo.

Definición 7.7: Grafo vacío

Un grafo $G = (V, A, \psi)$ es *vacío* si el conjunto de aristas es vacío, $A = \emptyset$, es decir, el grafo no tiene aristas.

Definición 7.8: Grafo trivial

Llamaremos grafo trivial $G = (V, A, \psi)$ a aquel que solamente contiene un vértice, $|V| = 1$, y ninguna arista, $A = \emptyset$.

Definición 7.9: Grafo ponderado

Diremos que $G = (V, A, \psi)$ es un *grafo ponderado* si cada arista $a \in A$ lleva asociado un número real $\omega(a) \in \mathbb{R}$, denominado *peso*, *coste* o *capacidad* de la arista.

Ejemplo 7.6

El grafo (no dirigido)

$$V(G) = \{1, 2, 3\},$$
$$A(G) = \{a, b, c\},$$
$$\psi(a) = \{1, 2\}, \ \psi(b) = \{1, 3\}, \ \psi(c) = \{2, 3\},$$
$$\omega(a) = 8, \ \omega(b) = 9, \ \omega(c) = 5,$$

representado en la Figura 7.4, es un grafo ponderado, ya que cada arista tiene asociado un peso.

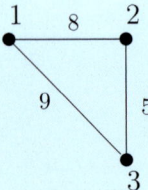

Figura 7.4: Grafo ponderado (Ejemplo 7.6).

Nota *A partir de este punto, si no se indica lo contrario, se asumirá que los grafos son simples.*

7.2.2 *Adyacencia e incidencia*

Definición 7.10: Adyacencia e incidencia

Sea $G = (V, A, \psi)$ un grafo no dirigido cualquiera. Dos vértices $u, v \in V$ son *adyacentes* si son vértices extremos de una misma arista $a \in A$, $\psi(a) = \{u, v\}$. En ese caso, diremos que la arista a es *incidente* con los vértices u y v.

Si $G = (V, A, \psi)$ es un grafo dirigido, dados dos vértices $u, v \in V$, diremos que u *es adyacente hacia* v, o que v *es adyacente desde* u, si son vértices extremos de una misma arista $a \in A$, $\psi(a) = \langle u, v \rangle$.

En el caso de grafos no dirigidos, cada arista $a \in A$ tiene asociados un par de vértices u y v (por la función de incidencia), que escribiremos como $\{u, v\}$ o $\{v, u\}$. Esto significa que

- a es una arista entre u y v,

- a es incidente en los vértices u y v,

- u y v son adyacentes,

- u y v son los extremos de a.

En caso de grafos dirigidos, cada arco $a \in A$ se asocia con un par ordenado de vértices $\langle u, v \rangle$. Esto significa que

- a es una arista dirigida desde u hacia v,

- el vértice u es adyacente hacia el vértice v,

- el vértice v es adyacente desde el vértice u,

- la arista dirigida o arco a es incidente desde u,

- la arista dirigida o arco a es incidente hacia v.

Ejemplo 7.7

Por un lado, en el grafo no dirigido de la Figura 7.3, los vértices adyacentes son

- el 1 y el 2,

- el 1 y el 3,

- el 1 y el 4,

- el 2 y el 3,

- el 2 y el 4, y

- el 4 y el 4,

ya que para todos ellos existe una arista que los une, tal y como se observa en la función de incidencia. También podemos decir que la arista que los une es incidente con estos vértices.

Por otro lado, en el grafo de la Figura 7.2, los vértices adyacentes (o las aristas dirigidas incidentes) son

- de 1 hacia 2,

- de 1 hacia 3, y

- de 2 hacia 3,

ya que para todos ellos existe una arista dirigida o arco en forma de par ordenado que los une.

Definición 7.11: Función de adyacencia

Sea $G = (V, A, \psi)$ un grafo no dirigido. Representaremos por $\Gamma(v)$ el conjunto de todos aquellos vértices del grafo adyacentes a v, es decir,

$$\Gamma(v) = \{u \in V : v \text{ es adyacente a } u\} = \{u \in V : \exists a \in A : \psi(a) = \{u, v\}\}.$$

Si $G = (V, A, \psi)$ es un grafo dirigido, representaremos por $\Gamma(v)$ al conjunto de todos aquellos vértices adyacentes *desde* v, es decir

$$\Gamma(v) = \{u \in V : u \text{ es adyacente desde } v\} = \{u \in V : \exists a \in A : \psi(a) = \langle v, u \rangle\}.$$

Análogamente, representaremos por $\Gamma^{-1}(v)$ al conjunto de vértices adyacentes hacia un vértice v, es decir,

$$\Gamma^{-1}(v) = \{u \in V : u \text{ es adyacente hacia } v\} = \{u \in V : \exists a \in A : \psi(a) = \langle u, v \rangle\}.$$

La aplicación $\Gamma : V \to \Gamma(V)$ que asocia a cada vértice v el conjunto $\Gamma(v)$ se conoce como *función de adyacencia del grafo G*.

A partir de la función de adyacencia, podemos definir de forma recursiva

- el conjunto $\Gamma^2(v) = \Gamma(\Gamma(v))$ como el conjunto de los vértices que son adyacentes a los vértices adyacentes a v (o desde v, en caso de ser un grafo dirigido),

- el conjunto $\Gamma^3(v) = \Gamma(\Gamma^2(v)) = \Gamma(\Gamma(\Gamma(v)))$ como el conjunto de los vértices que son adyacentes a los vértices que son adyacentes a los vértices que son adyacentes a v, (o desde v, en caso de ser un grafo dirigido), es decir, aquellos vértices que se encuentran separados de v por 3 aristas.

$\vdots$

- el conjunto $\Gamma^{n+1}(v) = \Gamma(\Gamma^n(v))$ como el conjunto de vértices que se encuentran separados de v por n aristas.

Ejemplo 7.8

Dado el grafo de la Figura 7.3 (Ejemplo 7.3),

$$\Gamma(4) = \{1, 2, 4\},$$
$$\Gamma^2(4) = \Gamma(\Gamma(4)) = \Gamma(\{1, 2, 4\}) = \{1, 2, 3, 4\}.$$

En cambio, observamos que $\Gamma(5) = \emptyset$, ya que ningún vértice es adyacente a 5.

7.2.3 Grado

Definición 7.12: Grado de un vértice

Sea $G = (V, A, \psi)$ un grafo no dirigido. Llamaremos *grado de un vértice v*, y lo representaremos por $g(v)$, al número de aristas incidentes en ese vértice. En el caso de un bucle, se considera que éste incide dos veces en el mismo vértice.

Sea $G = (V, A, \psi)$ un grafo dirigido. Llamaremos *grado de entrada de un vértice v*, y lo representaremos por $g_e(v)$, al número de arcos incidentes hacia el vértice v, es decir, al número de arcos que tienen a v como vértice final. Análogamente, llamaremos *grado de salida de v*, y los representaremos por $g_s(v)$, al número de arcos incidentes desde el vértice v, es decir, al número de arcos que tienen a v como vértice inicial.

Es importante destacar que, si tratamos con grafos dirigidos, distinguimos entre los arcos que llegan y los que salen de cada vértice, es decir, incidentes desde y hacia ese vértice.

En relación al grado de los vértices, existen dos importantes resultados.

Teorema 7.1

Sea $G = (V, A, \psi)$ un grafo dirigido cualquiera, con n vértices y e aristas. Entonces, la suma de los grados de entrada es igual a la suma de los grados de salida e igual al número de arcos del grafo, es decir,

$$\sum_{v \in V} g_e(v) = \sum_{v \in V} g_s(v) = e.$$

Demostración. Cada arco del grafo dirigido, por definición, parte de un vértice para alcanzar otro. Por lo tanto, por cada arco existente en el grafo, sumamos un grado de entrada y un grado de salida. Si el grafo tiene e arcos, entonces encontraremos e grados de entrada y de salida. ∎

Teorema 7.2: Teorema del apretón de manos

Sea $G = (V, A, \psi)$ un grafo no dirigido cualquiera, con $|V| = n$, $|A| = e$. Entonces, la suma de los grados de los vértices es igual a dos veces el número de aristas, es decir,

$$\sum_{i=1}^{n} g(v_i) = 2e$$

Demostración. La demostración es sencilla: cuando se suman los grados de los vértices, cada arista contribuye a aumentar en uno el grado de cada uno de los dos vértices en los que la arista es incidente. Por lo tanto, cada arista aporta dos grados al total. ∎

Este teorema se conoce como el teorema del apretón de manos porque, si consideramos que los vértices representan a las personas que asisten a una reunión, y cada arista indica que las dos personas representadas por los vérices se han saludado estrechando sus manos, podemos concluir que el número de manos estrechadas es par.

Ejemplo 7.9

Para el grafo no dirigido de la Figura 7.1 (Ejemplo 7.1), tenemos que

- $g(1) = 3$, ya que hay tres aristas que inciden en él (a, b y c),

- $g(2) = 3$, ya que hay tres aristas que inciden en él (a, e y d),

- $g(3) = 2$, ya que hay dos aristas que inciden en él (b y d), y

- $g(4) = 2$, ya que hay dos aristas que inciden en él (c y e).

Si sumamos los grados, comprobaremos que el resultado coincide con el doble del número de aristas, $|A| = 5$ (tal y como indica el Teorema 7.2):

$$\sum_{v=1}^{4} g(v) = 3 + 3 + 2 + 2 = 10 = 2 \cdot 5 = 2|A|.$$

Para el grafo dirigido de la Figura 7.2 (Ejemplo 7.2), tenemos que

- $g_e(1) = 0$, ya que ningún arco dirigida incide hacia él, y $g_s(1) = 2$, ya que dos arcos inciden desde él (a y b).

- $g_e(2) = 1$, ya que un arco incide hacia él (a), y $g_s(2) = 1$, ya que un arco inciden desde él (c).

- $g_e(3) = 2$, ya que dos arcos inciden hacia él (a y c), y $g_s(3) = 0$, ya que ningún arco incide desde él.

Si sumamos los grados de entrada y los grados de salida, comprobaremos que coincide con el número de arcos (tal y como indica el Teorema 7.1):

$$\sum_{v=1}^{3} g_e(v) = 0 + 1 + 2 = 3,$$

$$\sum_{v=1}^{3} g_s(v) = 2 + 1 + 0 = 3.$$

Proposición 7.1

Sea $G = (V, A, \psi)$ un grafo no dirigido cualquiera. Entonces, el número de vértices de grado impar es par.

Demostración. La suma de los grados de todos los vértices del grafo es par, ya que equivale al doble del número de aristas (Teorema 7.2). Si definimos los conjuntos

$$V_1 = \{\, v \in V : \ g(v) \text{ es impar}\},$$
$$V_2 = \{\, v \in V : \ g(v) \text{ es par}\},$$

observamos que $\{V_1, V_2\}$ constituyen una partición de V (ya que $V = V_1 \cup V_2$ y $V_1 \cap V_2 = \emptyset$).

Por lo tanto, se tiene que

$$\underbrace{2e}_{\text{par}} = \underbrace{\sum_{v \in V} g(v)}_{\text{par}} = \sum_{v \in V_1} g(v) + \underbrace{\sum_{v \in V_2} g(v)}_{\text{par}}.$$

Entonces, necesariamente el término $\sum_{v \in V_1} g(v)$ es par. Si cada uno de los sumandos es impar por la definición de V_1, entonces el número de sumandos - el número de vértices de V_1 - ha de ser un número par. En conclusión, el número de vértices de grado impar es par. ∎

Definición 7.13: Grafo regular

Sea $G = (V, A, \psi)$ un grafo no dirigido. Diremos que G es *regular* si todos los vértices tienen el mismo grado. Si todos los vértices del grafo son de grado k, o lo que es lo mismo, si cada vértice es incidente con exactamente k aristas, diremos que el grafo es *k-regular*. Formalmente,

$$G = (V, A, \psi) \text{ es } k\text{-regular} \longleftrightarrow \forall v \in V, \ g(v) = k$$

Ejemplo 7.10

El grafo

$$V = \{1, 2, 3, 4\},$$
$$A = \{\{1, 2\}, \{1, 3\}, \{1, 4\}, \{2, 3\}, \{2, 4\}, \{3, 4\}\},$$

representado en la Figura 7.5 es un grafo 3-regular, ya que todos sus vértices tienen grado 3.

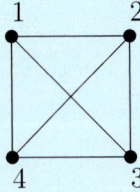

Figura 7.5: Grafo 3-regular (Ejemplo 7.10).

Definición 7.14: Grado mínimo

Sea $G = (V, A, \psi)$ un grafo no dirigido. Llamaremos *grado mínimo* de G al menor de los grados de todos sus vértices,

$$\delta(G) = \min\{g(v) : \ v \in V\}.$$

Definición 7.15: Grado máximo

Sea $G = (V, A, \psi)$ un grafo no dirigido. Llamaremos *grado máximo* de G al mayor de los grados de todos sus vértices,

$$\Delta(G) = \max\{g(v) : \ v \in V\}.$$

Proposición 7.2

Para cualquier grafo no dirigido $G = (V, A, \psi)$ se cumple que

1. El grado de cualquier vértice se encuentra entre el grado máximo y el mínimo, es decir, $\forall v \in V, \quad \delta(G) \leq g(v) \leq \Delta(G)$.

2. El grafo es k-regular si y sólo si $\delta(G) = \Delta(G) = k$ (sus grados máximo y mínimo coinciden).

Ejemplo 7.11

El grafo de la Figura 7.1 (Ejemplo 7.1) tiene un grado mínimo $\delta(G) = 2$ y un grado máximo $\Delta(G) = 3$. En el grafo de la Figura 7.5, el grado máximo y mínimo coinciden, $\delta(G) = \Delta(G) = 3$, por lo que el grafo es 3-regular.

Definición 7.16: Grafo completo

Sea $G = (V, A, \psi)$ un grafo. Diremos que G es *completo* si cualquier par de vértices $u, v \in V$ distintos son adyacentes, es decir, si existe una arista a que los une, $\psi(a) = \{u, v\}$ (en grafos no dirigidos), o $\psi(a) = \langle u, v \rangle$ (en grafos dirigidos).

Al grafo completo simple de n vértices lo denotamos por K_n.

Proposición 7.3

Un grafo completo K_n es $(n-1)$-regular.

Demostración. Un grafo completo K_n posee un conjunto de n vértices por definición, $V = \{1, \ldots, n\}$. Si tomamos un vértice cualquiera $i \in V$, por ser el grafo completo, sabemos que existen $n-1$ aristas que conectan con los $n-1$ vértices restantes, concretamente, con $\{1, \ldots, n\} - \{i\}$ (consigo mismo no conecta, porque el grafo simple no tiene bucles). Por lo tanto, el grado del vértice i es $g(i) = n-1$ y, como i es un vértice arbitrario, todos los vértices tienen el mismo grado, por lo que el grafo es $(n-1)$-regular. ∎

Ejemplo 7.12

El grafo de la Figura 7.5 es el grafo completo K_4, ya que tiene 4 vértices, y cualquier par de vértices distintos están unidos por una arista. Observamos que cualquier vértice $v \in V$ tiene grado $g(v) = 3$.

El grafo de la Figura 7.6 es el grafo completo K_5 o grafo de Kuratowski, ya que tiene 4 vértices, y cualquier par de vértices distintos están unidos por una arista. También observamos que cualquier vértice $v \in V$ tiene grado $g(v) = 4$.

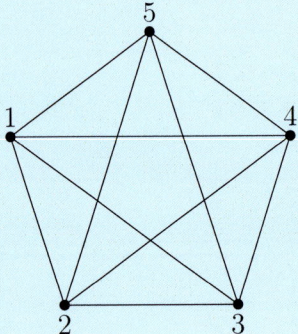

Figura 7.6: Grafo K_5 (Ejemplo 7.12).

> **Proposición 7.4**
>
> Un grafo completo K_n tiene exactamente $\frac{n(n-1)}{2}$ aristas.
>
> *Demostración.* Dado el grafo completo $K_n = (V, A)$ con $|V| = n$ vértices, el número de aristas $|A|$ equivale al número de combinaciones de dos vértices que pueden formarse con el conjunto de vértices V, es decir,
>
> $$|A| = \binom{n}{2} = \frac{n!}{2!(n-2)!} = \frac{n(n-1)}{2}.$$
>
> ■

7.3 Representaciones de un grafo

Existen muchas maneras de representar un grafo finito. La más sencilla y, probablemente, la más común es la representación mediante diagramas. La ventaja de esta representación es que proporciona una visión clara sobre el grafo y alguna de sus propiedades más evidentes. Sin embargo, su principal inconveniente es que no se puede emplear en algoritmos ni es fácilmente representable cuando el grafo deja de ser pequeño. Otra forma sería representar los grafos mediante conjuntos. Para ello, se necesitan dos conjuntos: uno que contendrá todos los vértices del grafo, y otro con todas las aristas. Sin embargo, esta opción tampoco es la más adecuada a la hora de aplicar algoritmos.

Por ello, la forma más extendida de representar grafos es mediante el uso de *matrices* y *listas*. El método de representación elegido es un factor que puede ser fundamental en el funcionamiento eficiente de un algoritmo que trabaje sobre un grafo.

7.3.1 Matriz de adyacencia

Definición 7.17: Matriz de adyacencia

Dado un grafo $G = (V, A, \psi)$ con n vértices, llamaremos *matriz de adyacencia* a una matriz de dimensiones $n \times n$, denotada por $M_A(G) = [a_{ij}]_{n \times n}$, donde a_{ij} indica

- el número de aristas que unen los vértices v_i y v_j, en el caso de grafos no dirigidos.

- el número de aristas dirigidas o arcos que salen del vértice v_i y alcanzan el vértice v_j, en el caso de grafos dirigidos.

En el caso de grafos sin aristas paralelas, $G = (V, A)$, entonces

$$a_{ij} = \begin{cases} 1 & \text{si } \{i, j\} \in A, \\ 0 & \text{otro caso,} \end{cases}$$

en grafos no dirigidos, o

$$a_{ij} = \begin{cases} 1 & \text{si } \langle i, j \rangle \in A, \\ 0 & \text{otro caso,} \end{cases}$$

en grafos dirigidos.

Proposición 7.5: Propiedades de la matriz de adyacencia

Dado un grafo sin aristas paralelas $G = (V, A)$, la matriz de adyacencia $M_A(G)$ presenta las siguientes propiedades:

1. Si el grafo es no dirigido, entonces la matriz de adyacencia es simétrica.

2. Si el grafo no tiene bucles, todos los elementos de la diagonal son cero.

3. Una fila o una columna de ceros representa un vértice aislado.

4. Los elementos no nulos de la diagonal representan los bucles.

5. En los grafos no dirigidos, la suma de las entradas de una fila o de una columna equivale al grado del vértice correspondiente a dicha fila o columna,

$$\sum_{j=1}^{n} a_{ij} = \sum_{j=1}^{n} a_{ji} = g(i),$$

mientras que si el grafo es dirigido, entonces la suma de una fila equivale al grado de salida, y la suma de una columna, al grado de entrada del vértice correspondiente a dicha fila o columna,

$$\sum_{j=1}^{n} a_{ij} = g_s(i),$$

$$\sum_{i=1}^{n} a_{ij} = g_e(j).$$

6. La suma de todos los elementos de la matriz es el doble del número de aristas del grafo (Teorema 7.2),

$$\sum_{i=1}^{n}\sum_{j=1}^{n} a_{ij} = 2|A|.$$

Ejemplo 7.13

Dado el grafo no dirigido

$$V(G) = \{1, 2, 3, 4, 5\},$$
$$A(G) = \{a, b, c\},$$
$$\psi(a) = \{1, 3\}, \ \psi(b) = \{2, 5\}, \ \psi(c) = \{3, 4\},$$

representado en la Figura 7.7, su matriz de adyacencia es

$$M_A(G) = \begin{pmatrix} 0 & 0 & 1 & 0 & 0 \\ 0 & 0 & 0 & 0 & 1 \\ 1 & 0 & 0 & 1 & 0 \\ 0 & 0 & 1 & 0 & 0 \\ 0 & 1 & 0 & 0 & 0 \end{pmatrix}$$

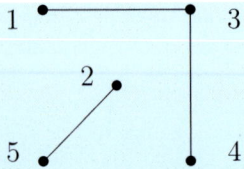

Figura 7.7: Grafo no dirigido (Ejemplo 7.13)

Ejemplo 7.14

Dado el grafo dirigido

$$V(G) = \{1, 2, 3, 4, 5\},$$
$$A(G) = \{a, b, c, d\},$$
$$\psi(a) = \langle 1, 2 \rangle, \ \psi(b) = \langle 2, 3 \rangle, \ \psi(c) = \langle 3, 4 \rangle, \ psi(d) = \langle 2, 5 \rangle$$

representado en la Figura 7.8,

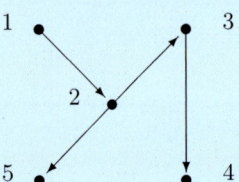

Figura 7.8: Grafo dirigido (Ejemplo 7.14).

su matriz de adyacencia viene dada por

$$M_A(G) = \begin{pmatrix} 0 & 1 & 0 & 0 & 0 \\ 0 & 0 & 1 & 0 & 1 \\ 0 & 0 & 0 & 1 & 0 \\ 0 & 0 & 0 & 0 & 0 \\ 0 & 0 & 0 & 0 & 0 \end{pmatrix}.$$

> **Nota**   *Podemos observar que la matriz de adyacencia de un grafo y la matriz de una relación coinciden (véase Capítulo 4).*

Dado un grafo simple ponderado no dirigido $G = (V, A)$, podemos considerar la matriz que contiene los pesos o costes de las aristas.

Definición 7.18: Matriz de costes

Dado un grafo simple ponderado $G = (V, A)$, definimos la *matriz de costes* $M_C(G) = [c_{ij}]_{n \times n}$, donde el elemento c_{ij} representa el peso o coste de la arista a tal que $\psi(a) = \{i, j\}$.

Ejemplo 7.15

Si consideramos el grafo de la Figura 7.9,

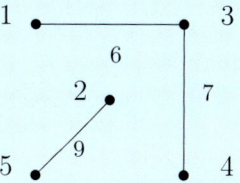

Figura 7.9: Grafo ponderado (Ejemplo 7.15).

su matriz de costes es

$$
M_C = \begin{pmatrix}
0 & 0 & 6 & 0 & 0 \\
0 & 0 & 0 & 0 & 9 \\
6 & 0 & 0 & 7 & 0 \\
0 & 0 & 7 & 0 & 0 \\
0 & 9 & 0 & 0 & 0
\end{pmatrix}.
$$

> **Nota** *Si el grafo es no dirigido, la matriz de adyacencia será simétrica. Si además trabajamos con grafos simples sin bucles, todas las entradas de la diagonal serán nulas. En estos casos, es suficiente con estudiar la parte triangular superior de la matriz, lo cual simplifica ciertas tareas en grafos de grandes dimensiones.*

7.3.2 Listados de adyacencia

Otra forma alternativa de representar un grafo, especialmente en el ámbito de la programación informática, es mediante los listados de adyacencia. Existen muchos listados diferentes, ya que cada *software* que trabaja con grafos utiliza su propia manera de representar el grafo, de acuerdo a su estructura. Aún siendo todas muy similares, presentan ligeras diferencias. A continuación definiremos un listado genérico, aunque habitualmente se emplea la representación matricial.

Definición 7.19: Lista de adyacencia

Dado el grafo $G = (V, A, \psi)$ con $|V| = n$ vértices y $|A| = e$ aristas, la *lista de adyacencia* es un par de vectores

$$L = (\underbrace{v_{11}, \ldots, v_{1\alpha_1}}_{\text{Vértices ady. a 1}}, \underbrace{v_{21}, \ldots, v_{2\alpha_2}}_{\text{Vértices ady. a 2}} \cdots, \underbrace{v_{n1}, \ldots, v_{n\alpha_n}}_{\text{Vértices ady. a } n}),$$

$$H = \left(1, 1 + \alpha_1, 1 + \alpha_1 + \alpha_2, \ldots, 1 + \sum_{i=1}^{n-1} \alpha_i\right),$$

donde $v_{i\alpha_j} \in V$, $\forall 0 \leq i, j \leq n$, $0 \leq \alpha_j \leq n$. Por su definición, el vector L contiene concatenadas las listas de vértices adyacentes al primer vértice, al segundo, etc., por orden, y el vector H contiene las posiciones del vector L en las que comienzan las listas de vértices adyacentes.

Ejemplo 7.16

Dado el grafo no dirigido $G = (V, A)$, donde

$$V = \{1, 2, 3, 4\},$$
$$A = \{\{1, 2\}, \{1, 3\}, \{2, 3\}, \{3, 4\}\},$$

entonces la lista de adyacencia de G viene dada por

$$L = (\underbrace{2, 3}_{\text{Vértices ady. a 1}} , \underbrace{1, 3}_{\text{Vértices ady. a 2}} , \underbrace{1, 2, 4}_{\text{Vértices ady. a 3}} , \underbrace{3}_{\text{Vértices ady. a 4}}),$$

$$H = (1, 3, 5, 8).$$

7.3.3 Matriz de incidencia

Mediante la matriz de adyacencia representamos el grafo en función de la existencia de aristas entre vértices, otra manera de representar un grafo es a través de la relación entre los vértices y las aristas, utilizaremos esta relación para definir la matriz de incidencia de un grafo.

Definición 7.20: Matriz de incidencia

Dado un grafo $G = (V, A, \psi)$, con $V = \{v_1, v_2, \ldots, v_n\}$ ($|V| = n$) su conjunto de vértices y $A = \{a_1, a_2, \ldots, a_e\}$ ($|A| = e$) su conjunto de aristas, llamaremos *matriz de incidencia* a la matriz $M_I(G) = [a_{ij}]_{n \times e}$, donde

$$a_{ij} = \begin{cases} 1 & \text{si la arista } e_j \text{ es incidente con } v_i \text{ y no es un bucle,} \\ 2 & \text{si la arista } e_j \text{ es incidente con } v_i \text{ y es un bucle,} \\ 0 & \text{en otro caso,} \end{cases}$$

si el grafo es no dirigido, y

$$a_{ij} = \begin{cases} 1 & \text{si } v_i \text{ es el vértice inicial de la arista } e_j, \\ -1 & \text{si } v_i \text{ es el vértice final de la arista } e_j, \\ 0 & \text{en otro caso,} \end{cases}$$

si el grafo es dirigido.

Ejemplo 7.17

La matriz de incidencia para el grafo de la Figura 7.7 (Ejemplo 7.13) es

$$M_I = \begin{pmatrix} 1 & 0 & 0 \\ 0 & 0 & 1 \\ 1 & 1 & 0 \\ 0 & 1 & 0 \\ 0 & 0 & 1 \end{pmatrix}.$$

Ejemplo 7.18

La matriz de incidencia para el grafo de la Figura 7.8 (Ejemplo 7.14) es

$$M_I = \begin{pmatrix} 1 & 0 & 0 & 0 \\ -1 & 1 & 0 & 1 \\ 0 & -1 & 1 & 0 \\ 0 & 0 & -1 & 0 \\ 0 & 0 & 0 & -1 \end{pmatrix}.$$

Proposición 7.6: Propiedades de la matriz de incidencia

Dado un grafo $G = (V, A, \psi)$, las propiedades de su matriz de incidencia $M_I(G)$ son las siguientes:

1. Es una matriz de dimensiones $n \times e$, por lo que, en general, será rectangular.

2. En un grafo no dirigido, la suma de todas las entradas de una fila equivale el grado del vértice correspondiente a dicha fila,

$$\sum_{j=1}^{e} a_{ij} = g(i),$$

   mientras que en un grafo dirigido, esta suma equivale a la diferencia entre el grado de salida y el grado de entrada del vértice correspondiente a la fila,

$$\sum_{j=1}^{e} a_{ij} = g_s(i) - g_e(i).$$

3. En un grafo dirigido, la suma de las entradas de cualquier columna es 2,

$$\sum_{i=1}^{n} a_{ij} = 2,$$

mientras que, en un grafo no dirigido, es 0,

$$\sum_{j=1}^{n} a_{ij} = 0.$$

4. Una fila de ceros representa un vértice aislado.

5. Dos columnas iguales representan dos aristas paralelas.

6. En un grafo dirigido, la suma de todas las entradas de la matriz es el doble del número de aristas del grafo,

$$\sum_{i=1}^{n}\sum_{j=1}^{e} a_{ij} = 2|A| = 2e,$$

mientras que en un grafo dirigido, la suma de todas las entradas es 0,

$$\sum_{i=1}^{n}\sum_{j=1}^{e} a_{ij} = 0.$$

Las matrices de adyacencia y de incidencia son las representaciones de carácter más general, ya que permiten caracterizar completamente a un grafo. Sin embargo, cuando un grafo es muy grande, o está "mal condicionado" (tiene muchos vértices y pocas aristas o viceversa), estas matrices son muy grandes, con muchas entradas nulas, y su almacenamiento y operatividad resultan costosos. Frente la gran variedad de problemas que se pueden resolver mediante grafos, existen muchos métodos para resolverlos. Dependiendo del enfoque de cada método - optimización combinatoria, algebraicos, etc. -, se han desarrollado algoritmos específicos. En función del algoritmo, resulta conveniente emplear alguna forma especial de representación de los datos de un grafo, diseñada específicamente para dicho problema.

7.4   Subgrafos e isomorfismos

7.4.1   Subgrafos

Sea $G = (V, A)$ un grafo cualquiera. Diremos que un grafo $G' = (V', A')$ es un *subgrafo* de G si V' es subconjunto de V, $V' \subseteq V$, y A' es subconjunto de A, $A' \subseteq A$.

Sea $G' = (V', A')$ un subgrafo de $G = (V, A)$. Diremos que G' es un *subgrafo generador* de G si $V' = V$, es decir tiene exactamente todos los vértices del grafo, aunque no necesariamente todas las aristas.

Observamos que el grafo, de la Figura 7.10b, es un subgrafo del grafo completo K_4, representado en la Figura 7.10a, ya que está formado por un subconjunto de vértices y un subconjunto de aristas del grafo completo. Asimismo, observamos que el grafo de la Figura 7.10c es un subgrafo generador del grafo K_4, ya que está formado por el conjunto de todos los vértices y un subconjunto de aristas del grafo completo.

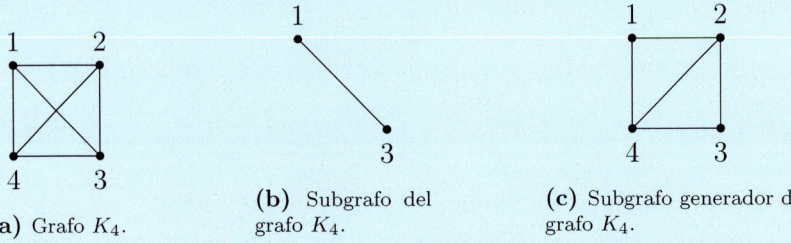

(a) Grafo K_4.   **(b)** Subgrafo del grafo K_4.   **(c)** Subgrafo generador del grafo K_4.

Figura 7.10: Grafo K_4 y subgrafos (Ejemplo 7.19).

Sea $G = (V, A, \psi)$ un grafo, y sea un conjunto de vértices $V' \subseteq V$. Llamaremos *subgrafo generado por* V' a un grafo $G' = (V', A')$ donde $A' \subseteq A$, es el subconjunto de aristas del grafo G que tienen como vértices extremos los vértices de V'.

Ejemplo 7.20

La Figura 7.11 representa un subgrafo del grafo completo K_4 (Figura 7.10a, Ejemplo 7.19) generado por los vértices $V' = \{1, 2, 4\}$.

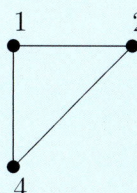

Figura 7.11: Subgrafo de K_4 generado por el conjunto de vértices $V' = \{1, 2, 4\}$ (Ejemplo 7.20).

Definición 7.24: Subgrafo generado por aristas

Sea $G = (V, A, \psi)$ un grafo, y sea un conjunto de aristas $A' \subseteq A$. Llamaremos *subgrafo generado por A'* a un grafo $G' = (V', A')$, donde $V' \subseteq V$ es el subconjunto de vértices que son extremos de las aristas de A' en el grafo G.

Ejemplo 7.21

La Figura 7.12 representa un subgrafo del grafo completo K_4 (Figura 7.10a, Ejemplo 7.19) generado por las aristas $A' = \{\{1, 4\}, \{3, 4\}\}$.

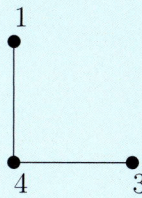

Figura 7.12: Subgrafo de K_4 generado por el conjunto de aristas $A' = \{\{1, 4\}, \{3, 4\}\}$ (Ejemplo 7.21).

Definición 7.25: Grafo simple subyacente

Sea $G = (V, A, \psi)$ un grafo. Llamaremos *grafo simple subyacente* de G a un subgrafo generador simple y maximal respecto al número de aristas.

Nota *A efectos prácticos, el grafo simple subyacente se obtiene reduciendo todas las aristas paralelas a una sola.*

Definición 7.26: Grafo complementario

Sea $G = (V, A, \psi)$ un grafo, con n vértices ($|V| = n$). Llamaremos *grafo complementario* de G a un grafo $G' = (V', A', \psi')$ cuyos vértices son los de V, $V' = V$, y sus aristas son las del grafo completo $K_n = (V, A_K, \psi_k)$ que no están en A, es decir, $A' = A_K - A$.

Ejemplo 7.22

En la Figura 7.13 se muestra el grafo complementario del grafo de la Figura 7.12 (Ejemplo 7.21)

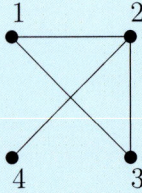

Figura 7.13: Grafo complementario del grafo G representado en la Figura 7.12 (Ejemplo 7.22).

Proposición 7.7

Todo grafo simple sin bucles no dirigido $G = (V, A)$ con $|V| = n$ vértices es un subgrafo del grafo completo K_n.

Demostración. Por la definición de grafo completo de n vértices, sabemos que el grafo $K_n = (V, A_K)$ es aquel cuyo conjunto de aristas A_K contiene a todos los posibles pares de vértices del conjunto V. Para cualquier grafo simple $G = (V, A)$ con el mismo conjunto de vértices V, sabemos que $A \subseteq A_K$. Por lo tanto, por definición, G es un subgrafo de K_n. ∎

Proposición 7.8

De todos los grafos posibles no dirigidos de n vértices, el grafo completo K_n tiene el máximo número de subgrafos, concretamente,

$$\sum_{i=0}^{n} \binom{n}{i} 2^{\frac{i(i-1)}{2}}.$$

Demostración. Sea $G = (V, A)$ un grafo cualquiera con $|V| = n$ vértices, y sea el grafo completo $K_n = (V, A_K)$ de n vértices. Es inmediato deducir que todos los subgrafos de G también son subgrafos de K_n, ya que G es subgrafo de K_n (Proposición 7.7). Si decimos que G tiene s subgrafos, entonces el número de subgrafos de K_n será, como mínimo, $s + 1$, ya que el propio K_n también se incluye como subgrafo de sí mismo. Por lo tanto, como K_n siempre tiene más subgrafos que cualquier otro grafo de n vértices, es el grafo que tiene el máximo número de subgrafos.

Para calcular el número de subgrafos de K_n, observamos que existen $\binom{n}{i} = \frac{n!}{(n-i)!i!}$ formas (combinaciones) de seleccionar i vértices del conjunto V (con n vértices). Además, un grafo de i vértices puede tener como máximo $\frac{i(i-1)}{2}$ aristas distintas (Proposición 7.4). En función de si estas aristas están o no presentes en el grafo de i vértices, existen $2^{\frac{i(i-1)}{2}}$ posibles grafos. Por lo tanto, el número de subgrafos de i vértices es de $\binom{n}{i} 2^{\frac{i(i-1)}{2}}$, y el número total de subgrafos de K_n será de

$$\sum_{i=0}^{n} \binom{n}{i} 2^{\frac{i(i-1)}{2}}.$$

∎

Ejemplo 7.23

El grafo completo K_2 tiene exactamente

$$\sum_{i=0}^{2} \binom{2}{i} 2^{\frac{i(i-1)}{2}} = \binom{2}{0} 2^0 + \binom{2}{1} 2^0 + \binom{2}{2} 2^{\frac{2 \cdot 1}{2}} = 1 + 2 + 2 = 5$$

subgrafos. La Figura 7.14 muestra todos los subgrafos obtenidos a partir de K_2.

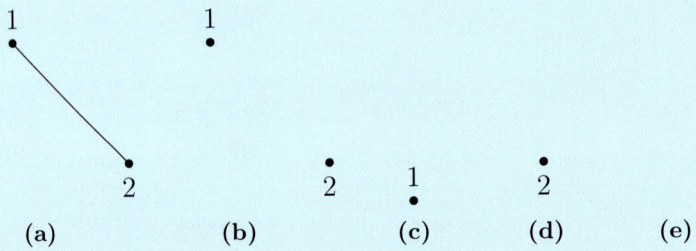

Figura 7.14: Grafo K_2 y subgrafos (Ejemplo 7.23).

7.4.2   Isomorfismo

Definición 7.27: Isomorfismo

Sean $G = (V(G), A(G), \psi_G)$ y $H = (V(H), A(H), \psi_H)$ dos grafos. Diremos que G y H son *isomorfos* si existen dos biyecciones

$$\begin{aligned} \theta : V(G) &\rightarrow V(H) \\ u &\rightarrow \theta(u) \end{aligned}$$

$$\begin{aligned} \varphi : A(G) &\rightarrow A(H) \\ e &\rightarrow \varphi(e) \end{aligned}$$

compatibles con las funciones de incidencia, es decir, que $\forall a \in A(G)$,

- si $a = \{u, v\} \in A(G)$, entonces $\varphi(a) = \{\theta(u), \theta(v)\} \in A(H)$, para grafos no dirigidos, o

- si $a = \langle u, v \rangle \in A(G)$, entonces $\varphi(a) = \langle \theta(u), \theta(v) \rangle \in A(H)$, para grafos dirigidos.

Ejemplo 7.24

Tenemos los dos grafos simples G y H (Figura 7.15), tales que

$$V(G) = \{1, 2, 3, 4\}$$
$$A(G) = \{\{1, 2\}, \{1, 3\}, \{2, 4\}, \{3, 4\}\},$$
$$V(H) = \{a, b, c, d\},$$
$$A(H) = \{\{a, b\}, \{a, d\}, \{b, c\}, \{d, c\}\},$$

y deseamos comprobar si son isomorfos. Para ello, debemos encontrar las dos aplicaciones que definen un isomorfismo.

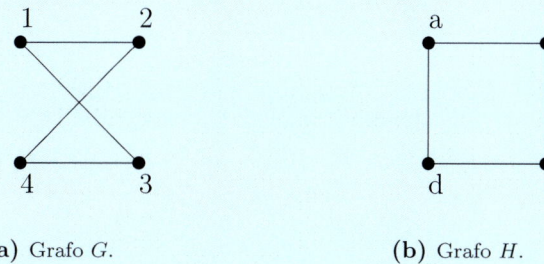

(a) Grafo G.   (b) Grafo H.

Figura 7.15: Grafos isomorfos (Ejemplo 7.24).

En este caso, podemos construir θ y φ de la forma

$$
\begin{aligned}
\theta : V(G) \quad &\to \quad V(H) \\
1 \quad &\to \quad a \\
2 \quad &\to \quad b \\
3 \quad &\to \quad d \\
4 \quad &\to \quad c \\
\varphi : E(G) \quad &\to \quad E(H) \\
\{1, 2\} \quad &\to \quad \{a, b\} \\
\{1, 3\} \quad &\to \quad \{a, d\} \\
\{2, 4\} \quad &\to \quad \{b, c\} \\
\{3, 4\} \quad &\to \quad \{d, c\}
\end{aligned}
$$

Con ello, queda probado que G y H son isomorfos.

253

Definición 7.28: Propiedad invariante

Se dice que una propiedad de un grafo es *invariante* si ésta se conserva a través de isomorfismos.

Algunas propiedades invariantes de los grafos son:

- el número de vértices y el número de aristas,

- la lista de grados de todos los vértices,

- ser bipartito, k-regular o simple,

- tener vértices aislados o tener bucles.

Proposición 7.9

El isomorfismo es una relación de equivalencia, y es condición necesaria pero no suficiente de isomorfismo que dos grafos tengan el mismo número de vértices y aristas.

Los grafos que son isomorfos tienen las mismas propiedades como grafos. En muchas ocasiones es interesante saber si dos grafos son isomorfos o no. Por ejemplo, en química se usan los grafos para modelar las moléculas representando los átomos como vértices y los enlaces como aristas. Si se sintetiza una determinada molécula en el laboratorio y se desea saber algo acerca de sus características, sería conveniente comprobar si es "isomorfa" a otra molécula sobre la que disponemos más información. Sin embargo, no existe todavía ningún algoritmo conocido que compruebe si dos grafos son isomorfos en un tiempo polinómico. En algunos casos es muy sencillo determinar si dos grafos no son isomorfos mientras que, en otros, resulta más complicado.

Definición 7.29: Grafo bipartido

Sea $G = (V, A, \psi)$ un grafo. Diremos que G es un grafo *bipartido* o *bipartito* con bipartición X e Y, y lo representaremos por $G = ([X, Y], A, \psi)$, si cumple que

i) $V = X \cup Y$

ii) $X \cap Y = \emptyset$

iii) Si $\{u, v\} \in \psi(A)$, entonces $u \in X, v \in Y$, o bien $u \in Y, v \in X$.

Los grafos bipartidos son especialmente relevantes en relaciones y funciones. Por ejemplo, los grafos asociados a funciones son grafos bipartidos. El grafo asociado a una función se puede representar de manera que el conjunto de vértices se pueda dividir en dos subconjuntos disjuntos: conjunto origen o dominio, y conjunto imagen o codominio, de tal modo que todas las aristas del grafo unan un vértice del primer subconjunto con uno del segundo.

Por otro lado, si tenemos una relación R entre dos conjuntos disjuntos X e Y, o en otras palabras, R es un subconjunto del producto cartesiano de $X \times Y$, podemos definir un grafo bipartido $G = (V, A) = ([X, Y], A)$ que represente a R del siguiente modo:

1. $V = X \cup Y$,

2. A contendrá aquellas aristas a tales que $\psi(a) = \langle x, y \rangle \in R$.

Definición 7.30: Grafo bipartido completo

Sea $G = ([X, Y], A)$ un grafo bipartido, donde $|X| = i$ y $|Y| = j$. Diremos que G es *bipartido completo*, y lo representamos por $K_{i,j}$, si cada vértice de X es adyacente a todos y cada uno de los vértices de Y.

Ejemplo 7.25

La Figura 7.16 muestra algunos ejemplos de grafos bipartidos completos.

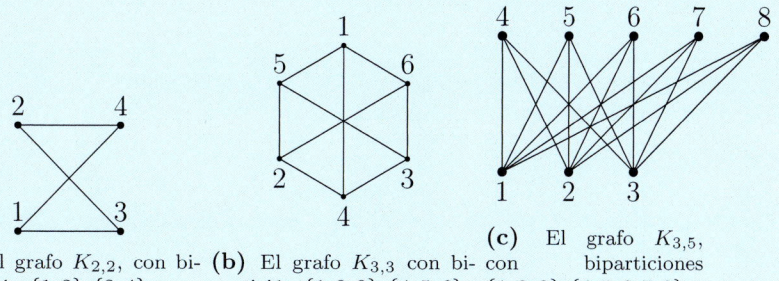

(a) El grafo $K_{2,2}$, con bipartición $\{1, 2\}, \{3, 4\}$. (b) El grafo $K_{3,3}$ con bipartición $\{1, 2, 3\}, \{4, 5, 6\}$. (c) El grafo $K_{3,5}$, con biparticiones $\{1, 2, 3\}, \{4, 5, 6, 7, 8\}$.

Figura 7.16: Grafos bipartidos completos (Ejemplo 7.25).

> **Proposición 7.10**
>
> Los grafos bipartidos completos $K_{i,j}$ son isomorfos a los bipartidos completos $K_{j,i}$.

7.5 Caminos y conexión

> **Definición 7.31: Cadena, camino y ciclo**
>
> Sea $G = (V, A, \psi)$ un grafo no dirigido, sea $V = \{v_1, v_2, \ldots, v_n\}$ su conjunto de vértices y $A = \{a_1, a_2, \ldots, a_e\}$ su conjunto de aristas. Llamaremos *cadena* del vértice v_1 al vértice v_k, a una sucesión de vértices y aristas
>
> $$P = (v_1, a_1, v_2, a_2, \ldots, v_k, a_k, v_{k+1}),$$
>
> de tal modo que $\forall j,\ 1 \leq j \leq k,\quad a_j = \{v_j, v_{j+1}\}$, es decir, que cada arista a_i tiene como vértices extremos los mismos que tiene en el camino.
>
> - A los vértices v_1 y v_{k+1} se les llama *vértices extremos de la cadena*.
>
> - Si todas las aristas son distintas diremos que la cadena es *simple*, y si $v_1 = v_{k+1}$, diremos que la cadena es *cerrada*.
>
> - Cuando en P todos los vértices sean distintos (a excepción del primero y el último, que podrían coincidir), diremos que P es un *camino*. Si u y v son el primer y último vértice del camino, éste se denota como $(u\text{-}v)$-camino.
>
> - Un camino o una cadena decimos que es *trivial*, si sólo tiene un vértice y ninguna arista.
>
> - Cuando en un camino no trivial, los vértices extremos coinciden $v_1 = v_{k+1}$, entonces diremos que es un *ciclo*. La diferencia con la cadena cerrada es que, en un ciclo, no se repiten vértices, mientras que en una cadena cerrada si pueden repetirse.
>
> - Llamaremos *longitud* de un camino P a su número de aristas, y lo denotaremos como $l(P)$.
>
> - Llamaremos *distancia entre dos vértices* u y v a la longitud del camino más corto en el grafo entre los dos vértices, y lo denotaremos como $d(u, v)$

Nota *Cuando el grafo sea simple, cada arista queda unívocamente determinada por sus vértices extremos. En dicho caso, podremos representar a una cadena enumerando exclusivamente sus vértices.*

Ejemplo 7.26

Para el grafo completo K_5 (Figura 7.6, Ejemplo 7.12), observamos que:

- $P_1 = (1, 3, 2, 5, 4, 2, 1, 3)$ es una (1-3)-cadena.

- $P_2 = (1, 3, 2, 5, 4)$ es un (1-4)-camino.

- $P_3 = (1, 2, 4, 3, 5, 1)$ y $P_4 = (1, 2, 3, 4, 5, 1)$ son ciclos.

- $P_5 = (1, 2, 4, 1, 3, 5, 1)$ es una cadena cerrada.

- $P_6 = (1)$ es un camino trivial.

- P_2 tiene cuatro aristas, por lo tanto su longitud es $l(P_2) = 4$.

- Del vértice 1 al vértice 4 tenemos caminos de longitud 1, 2, 3 y 4, por lo que la distancia de u a v será de $d(u, v) = 1$ (la mínima).

Definición 7.32: Semicamino, camino, semiciclo y ciclo dirigidos

Sea $G = (V, A, \psi)$ un grafo dirigido, sea $V = \{v_1, v_2, \dots, v_n\}$ su conjunto de vértices y $A = \{a_1, a_2, \dots, a_e\}$ su conjunto de aristas. Llamaremos *semicamino dirigido* del vértice v_1 al vértice v_k a una sucesión de vértices y aristas

$$P = (v_1, a_1, v_2, a_2, \dots, v_k, a_k, v_{k+1})$$

tal que $\forall j$, $1 \leq j \leq k$, $a_j = \langle v_j, v_{j+1} \rangle$ o $a_j = \langle v_{j+1}, v_j \rangle$ y en la que no se repiten vértices. Si, más estrictamente, $\forall j$, $1 \leq j \leq k$, $a_j = \langle v_j, v_{j+1} \rangle$, entonces diremos que P es un *camino dirigido*.

Más específicamente, si los vértices inicial y final coinciden, entonces llamaremos *semiciclo dirigido* al semicamino, o *ciclo dirigido* al camino dirigido. Si u y v son el primer y último vértice del camino, éste se denota como $\langle u\text{-}v \rangle$-camino dirigido.

257

Ejemplo 7.27

En el grafo dirigido de la Figura 7.8, observamos que

- $P_1 = (4, 3, 2, 5)$ es un $\langle 4\text{-}5 \rangle$-semicamino dirigido, ya que no tiene en cuenta la dirección de las aristas (de hecho, los vértices se recorren en la dirección opuesta).

- $P_2 = (1, 2, 3, 4)$ es un $\langle 1\text{-}4 \rangle$-camino dirigido, ya que los vértices se recorren siguiendo la dirección de las aristas.

7.5.1 Conexión y componentes conexas

Definición 7.33: Conexión no dirigida

Sea $G = (V, A, \psi)$ un grafo no dirigido y $u, v \in V$ dos vértices cualesquiera. Diremos que el vértice u está conectado con v, o que los vértices u y v están *conectados*, si y sólo si existe algún $(u\text{-}v)$-camino dentro del grafo G.

Nota *Es importante distinguir entre vértices adyacentes (existe una arista que los une) y conectados (existe un camino que los une). De hecho, la adyacencia se puede considerar como conexión entre vértices mediante caminos de longitud 1.*

Proposición 7.11: Propiedades de la relación de conexión

Dado el grafo no dirigido $G = (V, A, \psi)$, la relación de conexión cumple las siguientes propiedades:

- Reflexividad: cualquier vértice $u \in V$ esta conectado consigo mismo por un camino P de longitud $l(P) = 0$.

- Simetría: dados dos vértices $u, v \in V$, si u está conectado con v (existe un camino P de u a v), también v está conectado con u (existe un camino $\overline{P}$ de v a u).

- Transitividad: dados tres vértices $u, v, w \in V$, si u y v están conectados (existe un camino P_1 de u a v), y v y w también lo están (existe otro camino P_2 de v a w), entonces los vértices u y w están también conectados (existe un camino P_3 que los une).

Por sus propiedades, la relación de conexión definida sobre un conjunto de vértices V de un grafo $G = (V, A, \psi)$ es una relación binaria de equivalencia. Dado un vértice cualquiera $u \in V$, su clase de equivalencia puede definirse como

$$[u] = \{v \in V : \ u,v \text{ conectados}\} = \{v \in V : \ \exists (u\text{-}v)\text{-camino en } G\}$$

donde los vertices del conjunto $[u]$ son los que se encuentran conectados con u.

Ejemplo 7.28

En el grafo de la Figura 7.7 (Ejemplo 7.13), los vértices 1 y 4 se encuentran conectados, ya que existe el (1-4)-camino $P = (1, 3, 4)$ que los une. Por otro lado, los vértices 1 y 5 no están conectados, ya que no existe ningún (1-5)-camino que los úna.

Si observamos la conectividad entre los vértices del grafo, comprobamos que tan solo existen dos clases de equivalencia:

$$[1] = [3] = [4] = \{1, 3, 4\},$$
$$[2] = [5] = \{2, 5\}.$$

Definición 7.34: Componente conexa no dirigida

Llamaremos *componente conexa* de un grafo no dirigido $G = (V, A, \psi)$ al subgrafo generado por cada una de las clases de equivalencia definidas por la relación de conexión sobre el conjunto de vértices V. En otras palabras, la componente conexa es el grafo cuyos vértices son los de $[u] \subseteq V$, y las aristas son las del grafo G incidentes con los vértices de $[u]$.

De esta definición, vinculada a las clases de equivalencia de los vértices, se deduce que las componentes conexas

- no tienen vértices comunes,

- no tienen aristas comunes,

- no existen aristas entre componentes conexas distintas de un grafo.

Estas propiedades se deben a que las clases de equivalencia son una partición del conjunto de vértices.

Definición 7.35: Grafo conexo no dirigido

Diremos que un grafo $G = (V, A, \psi)$ es *conexo* si todos sus vértices estan conectados entre sí.

Si un grafo tiene ω componentes conexas distintas, diremos que se trata de un grafo ω-conexo.

Desde el punto de vista de las clases de equivalencia, un grafo es conexo (o 1-conexo) si tan solo tiene una clase de equivalencia, y ω-conexo si tiene ω clases de equivalencia.

Ejemplo 7.29

El grafo completo K_5, por el hecho de ser completo, es conexo. Sin embargo, el grafo de la Figura 7.7 (Ejemplos 7.13) tiene, tal y como se ha visto en el Ejemplo 7.28, dos clases de equivalencia, es decir, dos componentes conexas, por lo que el grafo es 2-conexo.

A continuación se presentan algunos resultados fundamentales de la conexión.

Teorema 7.3

Sea $G = (V, A, \psi)$ un grafo no dirigido y conexo. G es bipartido si y sólo si no contiene ciclos de longitud impar.

Demostración. ($\rightarrow$) Partimos de la base de que $G = (V, A, \psi)$ es un grafo cualquiera no dirigido conexo bipartido, y se pretende demostrar que no contiene ciclos de longitud impar.

Como es bipartido, existirán dos subconjuntos de V, X e Y de tal modo que

$$X \cup Y = V,$$
$$X \cap Y = \emptyset,$$

y $\forall a \in A$, $a = \{x, y\} : x \in X$, $y \in Y$.

Supongamos que existe el ciclo C

$$C = (v_0, a_0, v_1, a_1, v_2, a_2, v_3, a_3, \ldots, v_{k-1}, a_{k-1}, v_0),$$

donde $v_0 \in X$ es el primer y último vértice del ciclo.

Por ser G bipartido, sabemos que, de forma alternada, $v_0 \in X, v_1 \in Y, v_2 \in X, \ldots, v_{k-2} \in X, v_{k-1} \in Y$. Nótese que el penúltimo vértice del ciclo v_{k-1} tiene que pertenecer al conjunto Y, ya que está conectado con el vértice final $v_0 \in X$. Por lo tanto, la longitud del ciclo $l(C)$ tiene que ser un número par, ya que el ciclo empieza y finaliza en el mismo vértice.

Por consiguiente, al quedar demostrado que cualquier ciclo C escogido es par, el grafo no puede contener ciclos de longitud impar.

($\leftarrow$) Partimos de que el grafo no dirigido y conexo G no contiene ciclos de longitud impar. Con ello, se pretende demostrar que G es bipartido.

Dado un vértice $u \in V$, podemos definir

$$V_1 = \{v \in V \ : \ d(u, v) \text{ impar}\},$$
$$V_2 = \{v \in V \ : \ d(u, v) \text{ par}\}.$$

donde $d(u, v)$ es la distancia entre los vértices u y v.

Por ser G conexo, sabemos que $V_1 \cup V_2 = V$, y por definición de los conjuntos, sabemos que $V_1 \cap V_2 = \emptyset$. Para demostrar que no existen aristas entre los propios vértices de los conjuntos V_1 y V_2, supongamos la existencia de dos vértices $x, y \in V_2$, de modo que existe la arista $\{x, y\} \in A$ (la demostración para V_1 es análoga). En este caso, como

$$x \in V_2 \to d(u, x) = 2p,$$
$$y \in V_2 \to d(u, y) = 2q,$$

es decir, existe un camino P de longitud $l(P) = 2p$ desde u hasta x, y otro camino Q de longitud $l(Q) = 2q$ desde u hasta y.

Si $p = q$, entonces podríamos definir el ciclo $R = P \cup \{x, y\} \cup Q$, cuya longitud sería $l(R) = 2p + 2q + 1 = 2p + 2p + 1 = 4p + 1$, que es impar. Como, por hipótesis de partida, todos los ciclos son de longitud par, deducimos que $p \neq q$.

Si a continuación asumimos que $p \neq q$, con $p < q$ (sin pérdida de generalidad), entonces $2p < 2p + 1 < 2q$. Si, en este caso, formamos el camino $R = P \cup \{x, y\}$, tenemos un $(u\text{-}y)$-camino, y cuya longitud es $l(R) = 2p + 1 < 2q$. Sin embargo, habíamos supuesto que el $(u\text{-}y)$-camino más corto era Q, ya que $l(Q) = d(u, y)$ (la distancia es la longitud más corta por definición). Por lo tanto, se alcanza una contradicción, que parte de asumir que existe una arista $a = \{x, y\} \in A$ con $x, y \in V_2$.

Por consiguiente, al no poder existir ninguna arista de este tipo, concluimos que G es bipartido. ∎

Teorema 7.4

Si $G = (V, A, \psi)$ es un grafo no dirigido conexo no trivial, entonces G tiene un vértice de grado uno, un ciclo, o ambas cosas.

Demostración. Vamos a suponer que G presenta n vértices $V = \{v_1, \ldots, v_n\}$ no tiene ningún vértice de grado uno, es decir, $\forall v \in V$, $g(v) > 1$, o equivalentemente, el grado mínimo es $\delta(G) > 1$.

Si tomamos un vértice $v_2 \in V$, con grado $g(v_1) > 1$, entonces debe existir al menos un par de vértices $v_1, v_3 \in V$ de tal modo que $\{v_1, v_2\}, \{v_2, v_3\} \in A$. Como $g(v_3) > 1$, necesariamente debe existir al menos otro vértice v_4 distinto de v_2 tal que $\{v_3, v_4\} \in A$. Si $v_4 = v_1$, entonces existe un ciclo $C = \{v_1, v_2, v_3, v_1\}$, y en caso contrario, como $g(v_4) > 1$, debe existir al menos otro vértice v_5 distinto de v_3 tal que $\{v_4, v_5\} \in A$. Si $v_5 = v_1$ o o $v_5 = v_2$, entonces $C = \{v_1, v_2, v_3, v_4, v_1\}$ o $C = \{v_2, v_3, v_4, v_2\}$ son ciclos del grafo, respectivamente.

Si aplicamos este criterio sucesivamente para todos los vértices, de forma general, para cualquier vértice $v_k \in V$, $k = 2, \ldots, n - 1$ conectado con otro vértice previo $v_{k-1} \in V$ por la arista $\{v_{k-1}, v_k\} \in A$, debe existir otro vértice $v_i \in V$ distinto a v_{k-1} de tal modo que $\{v_k, v_i\} \in A$. Y, en caso de que v_i sea un vértice previamente visto, es decir, que $i = 1, 2, \ldots, k - 2$, entonces existe un ciclo $C = \{v_i, \ldots, v_{k-1}, v_k, v_i\}$.

Finalmente, para el último vértice de la lista, $v_n \in V$, además de la arista $\{v_{n-1}, v_n\} \in A$, como $g(v_n) > 1$, entonces debe existir otro vértice $v_i \in V$ distinto a v_{n-1} tal que $\{v_n, v_i\} \in A$. Sin embargo, v_i debe ser necesariamente un vértice previo, es decir, $i = 1, \ldots, n - 2$, ya que no existen más vértices en el grafo que analizar. Por lo tanto, si se alcanza este último caso, existe un ciclo $C = \{v_i, \ldots, v_{n-1}, v_n, v_i\}$.

Concluimos, por lo tanto, que el grafo G debe tener al menos un vértice de grado 1, un ciclo o ambas cosas. ∎

Teorema 7.5

Sea $G = (V, A, \psi)$ un grafo no dirigido conexo y C un ciclo en G. Sea a una arista del ciclo C. Entonces $H = (V, A - \{a\})$ sigue siendo conexo[a].

Demostración. Para que H sea conexo, debe demostrarse que $\forall u, v \in V$, existe un $(u\text{-}v)$-camino en H.

Sabemos que cualquier par de vértices $u, v \in V$ del grafo H también se encuentra en G (ya que el conjunto de vértices es compartido por ambos grafos), y que G es conexo. Partiendo de ello, existen dos posibles escenarios:

- si la arista retirada $a = \{x, y\}$ no pertenece al $(u\text{-}v)$-camino de G. En este caso, u y v siguen conectados.

- si la arista retirada $a = \{x, y\}$ pertenece al $(u\text{-}v)$-camino de G. En este caso, el $(u\text{-}v)$-camino y el ciclo C son de la forma

$$P = (u, u_1, u_2, \ldots, x, y, v_1, v_2, \ldots, v),$$
$$C = (x, y, c_1, c_2, \ldots, c_k, x).$$

En este segundo caso, aunque quitemos la arista a, siempre podremos formar el camino alternativo

$$P' = (u, u_1, u_2, \ldots, x, c_k, \ldots, c_1, y, v_1, v_2, \ldots, v).$$

Por lo tanto, en el grafo H, dados cualquier par de vértices u y v, existe un $u\text{-}v$ camino que los une, es decir, H es conexo. ∎

---

[a]Es decir, si a un grafo conexo le quitamos una arista de un ciclo, el grafo resultante sigue siendo conexo.

Teorema 7.6

Sea $G = (V, A, \psi)$ conexo no dirigido con $|V| \geq 2$. Entonces, el número de aristas de G es $|A| \geq |V| - 1$.

Demostración. Supongamos que exista un grafo $G = (V, A, \psi)$ conexo no dirigido con $|V| = n$ vértices con $|A| < n - 1$ aristas. Sea m el mínino número para el cual existe un grafo conexo no dirigido con menos de $m - 1$ aristas.

Sea $G = (V, A, \psi)$ un grafo conexo no dirigido con $|V| = m$ vértices y que contiene el mínimo número de aristas de entre todos los grafos conexos con m vértices. El grafo G no contiene ciclos, de modo que, por ser conexo, tendrá al menos un vértice de grado 1 (Teorema 7.4).

Llamemos u al vértice de grado 1, y sea $\{u, v\} \in A$ la única arista incidente con él. Consideremos el grafo $H = (V - \{u\}, A - \{\{u, v\}\})$. Entonces,

$$|V - \{u\}| = m - 1, \quad |E - \{\{u, v\}\}| < m - 2,$$

y además es conexo. Esto contradice la suposición de que m es el menor valor para el cual existen grafos conexos con m vértices y $m - 1$ aristas. ∎

Teorema 7.7

Sea V un conjunto de vértices. Entonces, existe un grafo $G = (V, A, \psi)$ conexo no dirigido con $|A| = |V| - 1$ aristas.

Demostración. Dado un conjunto $V = \{v_1, v_2, v_3, ..., v_n\}$ de n vértices, podemos definir el conjunto de aristas $A = \{a_1, ..., a_{n-1}\}$ que definen este grafo como

$$a_1 = \{v_1, v_2\},$$
$$a_2 = \{v_2, v_3\},$$
$$\vdots$$
$$a_{n-2} = \{v_{n-2}, v_{n-1}\},$$
$$a_{n-1} = \{v_{n-1}, v_n\}.$$

De este modo, $G = (V, A)$ es un grafo conexo con $|A| = n - 1$ aristas. ∎

En grafos dirigidos, las definiciones son similares, pero existen algunas variaciones y nuevos conceptos.

Definición 7.36: Conexión fuerte dirigida

Sea $G = (V, A, \psi)$ un grafo dirigido. Dos vértices u y v estan *fuertemente conectados* si y sólo si existe un $\langle u\text{-}v \rangle$-camino dirigido y un $\langle v\text{-}u \rangle$-camino dirigido.

Definición 7.37: Grafo fuertemente conexo

Sea $G = (V, A, \psi)$ un grafo dirigido. G es *fuertemente conexo* si y sólo si todos sus vértices están fuertemente conectados, es decir, si $\forall u, v \in V$ existe un $\langle u\text{-}v \rangle$-camino dirigido y un $\langle v\text{-}u \rangle$-camino dirigido.

Ejemplo 7.30

El grafo de la Figura 7.17 es un grafo fuertemente conexo, ya que para cualquier par de vértices $u, v \in V$ existe un camino dirigido desde u hasta v, y otro desde v hasta u.

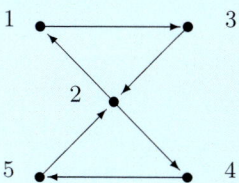

Figura 7.17: Grafo fuertemente conexo (Ejemplo 7.30).

Definición 7.38: Conexión unilateral dirigida

Sea $G = (V, A, \psi)$ un grafo dirigido. Dos vértices u y v estan *unilateralmente conectados* si y sólo si existe un $\langle u\text{-}v \rangle$-camino dirigido o un $\langle v\text{-}u \rangle$-camino dirigido.

Definición 7.39: Grafo unilateralmente conexo

Sea $G = (V, A, \psi)$ un grafo dirigido. G es *unilateralmente conexo* si y sólo si todos sus vértices están unilateralmente conectados, es decir, si $\forall u, v \in V$ existe un $\langle u\text{-}v \rangle$-camino dirigido o un $\langle v\text{-}u \rangle$-camino dirigido.

Definición 7.40: Conexión débil dirigida

Sea $G = (V, A)$ un grafo dirigido. Dos vértices u y v están *débilmente conectados* si y sólo si existe un $\langle u\text{-}v \rangle$-semicamino dirigido.

Definición 7.41: Grafo débilmente conexo

Sea $G = (V, A, \psi)$ un grafo dirigido. G es *débilmente conexo* si y sólo si todos sus vértices están débilmente conectados, es decir, si $\forall u, v \in V$ existe un $\langle u\text{-}v \rangle$-semicamino dirigido.

Ejemplo 7.31

Si consideramos el grafo de la Figura 7.18 es débilmente conexo, ya que, desde cualquier vértice u, se puede trazar un semicamino hasta cualquier otro vértice v (o sea, un camino sin tener en cuenta el sentido de las aristas).

Sin embargo, el grafo no es unilateralmente conexo ya que, aunque algunos vértices, como el 5 y el 2, o el 2 y el 4 sí que se encuentran unilateralmente conectados, algunos pares como el 5 y el 4 no lo están. Con este ejemplo se demuestra además que la conexión unilateral no es transitiva.

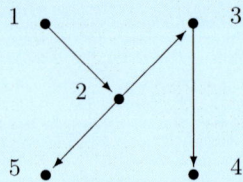

Figura 7.18: Grafo débilmente conexo (Ejemplo 7.31).

Proposición 7.12

Si un grafo G es fuertemente conexo, entonces es unilateralmente conexo. Y si un grafo G es unilateralmente conexo, entonces es débilmente conexo. Las implicaciones entre las relaciones de conexión son las siguientes:

$$\text{Fuertemente conexo} \rightarrow \text{Unilateralmente conexo} \rightarrow \text{Débilmente conexo}$$

Definición 7.42: Componente conexa dirigida

Sea G un grafo dirigido y $G_1 \subseteq G$, de tal modo que G_1 es fuertemente conexo. G_1 es una *componente fuertemente/unilateralmente/débilmente conexa* de G si y sólo si no existe ningún otro subgrafo fuertemente/unilateralmente/débilmente conexo de G que contenga a G_1. Formalmente,

$$\forall G_2 \subseteq G, \ G_2 \text{ fuerte/unilateral/débilmente conexo}, \ G_1 \subseteq G_2 \Rightarrow G_1 \equiv G_2.$$

Ejemplo 7.32

Dado el grafo G de la Figura 7.19, observamos que se compone de dos componentes (no existen otras que las contengan):

- una componente G_1 fuertemente conexa.

- una componente G_2 unilateralmente conexa.

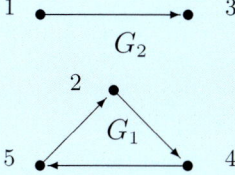

Figura 7.19: Grafo G con componentes conexas dirigidas (Ejemplo 7.32).

Por otro lado, dado el grafo H de la Figura 7.20, observamos que se compone de dos componentes:

- una componente H_1 débilmente conexa.

- una componente H_2 unilateralmente conexa.

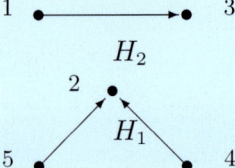

Figura 7.20: Grafo H con componentes conexas dirigida (Ejemplo 7.32).

> **Nota** *Se puede comprobar que las relaciones de conexión fuerte y débil sobre los vértices de un grafo dirigido son relaciones binarias de equivalencia, es decir, que cumplen las propiedades de reflexividad, simetría y transitividad. Sin embargo, la conexión unilateral no verifica la propiedad transitiva. Por lo tanto, las componentes conexas unilaterales no tienen porque ser necesariamente disjuntas. También esta es la razón por la cual las componentes conexas en grafos dirigidos se definen sin recurrir a las clases de equivalencia.*

Algunas de las propiedades de la conexión dirigida y sus diferentes tipos se presentan a continuación.

Teorema 7.8

Si un grafo $G = (V, A, \psi)$ es dirigido y fuertemente conexo, con $|V| = n \geq 2$, entonces el número de aristas es $|A| \geq n$.

Demostración. Por ser G fuertemente conexo, cumple que $\forall u, v \in V$, existe un $(u\text{-}v)$-camino dirigido y un $(v\text{-}u)$-camino dirigido. Por lo tanto, $\forall u, v \in V$ se cumple que

$$g_e(u), g_s(u), g_e(v), g_s(v) \geq 1,$$

ya que al menos un camino sale y entra en cada vértice.

Con ello, sabiendo que $|V| = n$, se concluye que

$$|A| = \sum_{v \in V} g_s(v) \geq n.$$

■

Teorema 7.9

Sea V un conjunto de vértices con $|V| = n$. Entonces, existe un grafo $G = (V, A, \psi)$ dirigido y fuertemente conexo cuyo número de aristas es $|A| = n$.

Demostración. Dado el conjunto de n vértices $V = \{v_1, \ldots, v_n\}$, se puede conseguir un grafo dirigido y fuertemente conexo formando un ciclo dirigido con todos los vértices del grafo, es decir, definiendo un conjunto de n aristas $|A| = \{a_1, \ldots, a_n\}$ tales que

$$a_1 = \langle v_1, v_2 \rangle,$$
$$a_2 = \langle v_2, v_3 \rangle,$$
$$\vdots$$
$$a_{n-1} = \langle v_{n-1}, v_n \rangle,$$
$$a_n = \langle v_n, v_1 \rangle.$$

El grafo dirigido resultante es fuertemente conexo.

■

7.5.2 Accesibilidad

Los conceptos de adyacencia e incidencia, directamente relacionados con la existencia de aristas entre vértices del grafo, nos permiten representar un grafo mediante las matrices de adyacencia y de incidencia. Del mismo modo, la conexión entre vértices da lugar a una nueva forma de representar el grafo, gracias al concepto de *accesibilidad*, el cual nos indica de qué formas o a través de qué caminos se puede "acceder" a los vértices de un grafo.

Definición 7.43: Accesibilidad

Sea $G = (V, A, \psi)$ un grafo. Diremos que el vértice $v_i \in V$ es *accesible* desde el vértice $v_j \in V$, si existe un camino (dirigido o no dirigido) desde v_j hasta v_i.

Definición 7.44: Matriz de accesibilidad

La matriz de accesibilidad de un grafo $G = (V, A, \psi)$ con $|V| = n$ vértices se define como $M_R(G) = [r_{ij}]_{n \times n}$, donde

$$r_{ij} = \begin{cases} 1 & \text{si } v_j \text{ es accesible desde } v_i \\ 0 & \text{si } v_j \text{ no es accesible desde } v_i \end{cases}$$

Si denotamos como $R(v)$ al conjunto de vértices accesibles desde v, dicho conjunto se puede expresar mediante el uso de la función Γ (Definición 7.11).

$$R(v) = \{u \in V : \ u \text{ accesible desde } v\} \equiv \{v\} \cup \Gamma(v) \cup \ldots \cup \Gamma^k(v),$$

donde k es el máximo número de aristas que separan al vértice v de su vértice más lejano.

De forma recíproca a la matriz de accesibilidad podemos definir la matriz de acceso.

Definición 7.45: Matriz de acceso

La *matriz de acceso* de un grafo $G = (V, A, \psi)$ con $|V| = n$ vértices se define como la matriz $M_Q(G) = [q_{ij}]_{n \times n}$, donde

$$q_{ij} = \begin{cases} 1 & \text{si } v_i \text{ es accesible desde } v_j \\ 0 & \text{si } v_i \text{ no es accesible desde } v_j \end{cases}$$

Nótese que la matriz de acceso es la traspuesta de la matriz de accesibilidad, $M_Q(G) = M_R(G)^T$.

> **Nota** *Cuando el grafo es no dirigido, las matrices de accesibilidad y acceso coinciden, puesto que la conexión entre vértices es una relación simétrica.*

Ejemplo 7.33

Dado el grafo no dirigido de la Figura 7.21,

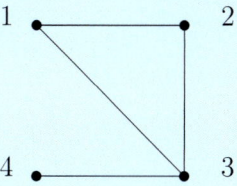

Figura 7.21: Grafo no dirigido (Ejemplo 7.33).

su matriz de accesibilidad y de acceso viene dada por

$$M_R = M_Q = \begin{pmatrix} 1 & 1 & 1 & 1 \\ 1 & 1 & 1 & 1 \\ 1 & 1 & 1 & 1 \\ 1 & 1 & 1 & 1 \end{pmatrix}.$$

Observamos que todas las entradas son 1, ya que todos los vértices son accesibles desde cualquier otro vértice, es decir, el grafo es conexo.

Sin embargo, en el caso del grafo no dirigido de la Figura 7.7 (Ejemplo 7.13), la matriz de accesibilidad y de acceso es

$$
M_R = M_Q = \begin{pmatrix} 1 & 0 & 1 & 1 & 0 \\ 0 & 1 & 0 & 0 & 1 \\ 1 & 0 & 1 & 1 & 0 \\ 1 & 0 & 1 & 1 & 0 \\ 0 & 1 & 0 & 0 & 1 \end{pmatrix}
$$

Observamos en este segundo caso que existen vértices que no son accesibles desde otros. Para identificar los vértices conectados entre ellos, basta con observar aquellos vértices cuyas filas de la matriz son iguales: los vértices 2 y 5 por un lado, y los vértices 1, 3 y 4 por otro.

Finalmente, para el caso del grafo dirigido de la Figura 7.19 (Ejemplo 7.32), su matriz de accesibilidad es

$$
M_R = \begin{pmatrix} 1 & 0 & 1 & 0 & 0 \\ 0 & 1 & 0 & 0 & 1 \\ 0 & 0 & 1 & 0 & 0 \\ 0 & 1 & 0 & 1 & 0 \\ 0 & 0 & 0 & 1 & 1 \end{pmatrix},
$$

mientras que su matriz de acceso es

$$
M_Q = M_R^T = \begin{pmatrix} 1 & 0 & 0 & 0 & 0 \\ 0 & 1 & 0 & 1 & 0 \\ 1 & 0 & 1 & 0 & 0 \\ 0 & 0 & 0 & 1 & 1 \\ 0 & 1 & 0 & 1 & 1 \end{pmatrix}.
$$

> **Nota** *Una forma de identificar las componentes fuertemente conexas de un grafo es obtener el producto entre la matriz de accesibilidad y de acceso de un grafo. Los vértices que presenten filas equivalentes son los vértices fuertemente conectados.*

7.5.3 Algoritmos de búsqueda en grafos

Llegados este punto, una vez estudiados los conceptos clave acerca de la conectividad, se presentan dos algoritmos de búsqueda que permiten obtener los vértices alcanzables desde cualquier vértice del grafo, y de este modo construir las matrices de accesibilidad y acceso.

Breadth First Search (BFS)

El objetivo del algoritmo *Breadth First Search* o búsqueda en amplitud es encontrar todos los vértices accesibles de un grafo desde un vértice de partida, desde los más cercanos hasta los más lejanos del vértice inicial. Para ello, a partir del primer vértice, el algoritmo "visita" primeramente todos los vértices adyacentes, en segundo lugar los adyacentes de éstos, y así sucesivamente hasta recorrer todo el grafo. Este algoritmo es válido tanto para grafos dirigidos como para no dirigidos. El algoritmo BFS se describe en pseudocódigo en el Algoritmo 6.

Algoritmo 6 Búsqueda en amplitud (BFS)

1: **Inputs:**
    Grafo $G = (V, A)$, $v_0 \in V$
2: **Initialize:**
    $Q \leftarrow \{v_0\}$ ▷ Cola de nodos no visitados
    $S \leftarrow \{v_0\}$ ▷ Nodos visitados
    $T \leftarrow \emptyset$ ▷ Recorrido
3: **while** $Q \neq \emptyset$ **do**
4:      Toma el primer $v \in Q$
5:      $Q \leftarrow Q - \{v\}$
6:      **for** cada $u \in \Gamma(v)$ (adyacente a v) **do**
7:          **if** $u \notin S$ **then**
8:              $Q \leftarrow Q \cup \{u\}$ ▷ u incluido al final (se añade a la cola)
9:              $S \leftarrow S \cup \{u\}$
10:             $T \leftarrow T \cup \{\{u, v\}\}$
11:          **end if**
12:      **end for**
13: **end while**
14: **return** S

Al final de la aplicación, el algoritmo BFS retorna el conjunto de vértices visitados S, que contiene los vértices accesibles desde el vértice de partida del recorrido v_0, y un conjunto de aristas T con el recorrido del algoritmo, y que forman un árbol (véase Sección 7.8).

Ejemplo 7.34

Dado el grafo G de la Figura 7.22, y tomando como vértice inicial el vértice 1, el algoritmo BFS operaría del siguiente modo:

1. Como inicialización, definimos la cola de vértices por visitar $Q = \{1\}$, los vértices visitados $S = \{1\}$ y el conjunto de aristas del recorrido $T = \emptyset$.

2. Seleccionamos el primer vértice de la cola Q, en este caso, el 1 (el único), lo eliminamos de la cola Q, y detectamos sus vértices adyacentes: 2, 3 y 4. Como ninguno de ellos se encuentra en el conjunto de visitados S, los añadimos tanto a la cola Q como a visitados S, y añadimos las aristas a T. En este punto, tenemos que $Q = \{2, 3, 4\}$, $S = \{1, 2, 3, 4\}$ y $T = \{\{1, 2\}, \{1, 3\}, \{1, 4\}\}$.

3. Como la cola Q no está vacía, seleccionamos el primero de sus vértices - el 2 -, lo eliminamos de la cola Q, y observamos su vértices adyacentes: 1 y 5. Como únicamente el $5 \notin S$ no ha sido visitado, lo añadimos a la cola Q y a visitados S. En este punto, tenemos que $Q = \{3, 4, 5\}$, $S = \{1, 2, 3, 4, 5\}$ y $T = \{\{1, 2\}, \{1, 3\}, \{1, 4\}, \{2, 5\}\}$.

4. Como la cola Q no está vacía, seleccionamos el primero de sus vértices - el 3 -, lo eliminamos de la cola Q, y observamos su vértices adyacentes: 1 y 5. Como estos vértices ya han sido visitados, tenemos que $Q = \{4, 5\}$ y $S = \{1, 2, 3, 4, 5\}$ (no hay modificación en la lista de visitados).

5. Como la cola Q no está vacía, seleccionamos el primero de sus vértices - el 4 -, lo eliminamos de la cola Q, y observamos su vértices adyacentes: 6 y 7. Como ninguno de estos vértices ha sido visitado, $6, 7 \notin S$, los añadimos a la cola Q y a visitados S. En este punto, tenemos que $Q = \{5, 6, 7\}$, $S = \{1, 2, 3, 4, 5, 6, 7\}$ y $T = \{\{1, 2\}, \{1, 3\}, \{1, 4\}, \{2, 5\}, \{4, 6\}, \{4, 7\}\}$.

6. Como la cola Q no está vacía, seleccionamos el primero de sus vértices - el 5 -, lo eliminamos de la cola Q, y observamos su vértices adyacentes: 2, 3 y 8. Como únicamente el 8 no ha sido visitado, $8 \notin S$, lo añadimos a la cola Q y a visitados S. En este punto, tenemos que $Q = \{6, 7, 8\}$, $S = \{1, 2, 3, 4, 5, 6, 7, 8\}$ y $T = \{\{1, 2\}, \{1, 3\}, \{1, 4\}, \{2, 5\}, \{4, 6\}, \{4, 7\}, \{5, 8\}\}$.

7. Finalmente, en las siguientes iteraciones, como todos los vértices del grafo han sido visitados, ninguno de los nodos que quedan en la cola Q tendrá vértices adyacentes sin visitar. Por lo tanto, no se añadirán nuevos vértices a la cola, y los que quedan se irán eliminando sucesivamente hasta que quede vacía, $Q = \emptyset$. En este punto, el algoritmo BFS finaliza.

Al tratarse de un grafo conexo, el resultado del algoritmo BFS será $S = V = \{1, 2, 3, 4, 5, 6, 7, 8\}$, ya que todos los vértices son accesibles desde 1. Por el procedimiento, se puede observar además que el algoritmo ha visitado los vértices por distancia al vértice inicial, de más cercanos a más lejanos.

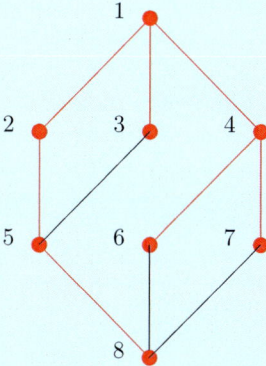

Figura 7.22: Grafo conexo no dirigido (Ejemplo 7.34). Los vértices y las aristas en rojo representan los vértices visitados S y el recorrido T del algoritmo BFS, respectivamente.

> **Nota** *Si un grafo $G = (V, A)$ es conexo, el conjunto S de vértices visitados que retorna el algoritmo BFS contendrá todos los vértices del grafo, es decir $S = V$.*

Una de las aplicaciones más extendidas del algoritmo BFS es la detección de las componentes conexas de un grafo.

La complejidad temporal del algoritmo depende de qué técnica se use para representar el grafo. Dado un grafo de n vértices, si se emplea la matriz de adyacencia para programar el algoritmo, la complejidad de encontrar todos los vértices adyacentes a uno dado es del orden del número de vértices, $\mathcal{O}(n)$. En cuanto a la complejidad espacial se necesitan n bits para representar el conjunto de vértices visitados S y n bits para implementar la cola Q, además de los bits necesarios para almacenar el grafo.

Depth First Search (DFS)

El objetivo del algoritmo *Depth First Search* o búsqueda en profundidad, al igual que el algoritmo BFS, hallar todos los vértices accesibles de un grafo a partir de un nodo inicial, pero en este caso, recorriendo por orden todos los caminos que parten de dicho nodo "en profundidad". El algoritmo DFS, partiendo de un vértice inicial, recorre el grafo a través de un camino saltando entre vértices adyacentes que no hayan sido visitados previamente, y finaliza dicho camino cuando ya no encuentra más. En ese punto, el algoritmo retorna de nuevo hacia el nodo inicial, escoge otro camino y lo recorre de nuevo. Este procedimiento se repite hasta haber recorrido todos los posibles caminos del grafo desde dicho nodo. El algoritmo DFS se describe en pseudocódigo en el Algoritmo 7.

Algoritmo 7 Búsqueda en profundidad (DFS)

1: **Inputs:**
    Grafo $G = (V, A)$, $v_0 \in V$
2: **Initialize:**
    $Q \leftarrow \{v_0\}$ $\triangleright$ Pila de nodos no visitados
    $S \leftarrow \{v_0\}$ $\triangleright$ Nodos visitados
    $T \leftarrow \emptyset$ $\triangleright$ Recorrido
3: **while** $Q \neq \emptyset$ **do**
4:   Toma el primer $v \in Q$
5:   $Q \leftarrow Q - \{v\}$
6:   **for** cada $u \in \Gamma(v)$ (adyacente a v) **do**
7:    **if** $u \notin S$ **then**
8:     $Q \leftarrow \{u\} \cup Q$ $\triangleright$ u incluido al principio (se apila)
9:     $S \leftarrow S \cup \{u\}$
10:     $T \leftarrow T \cup \{\{u, v\}\}$
11:    **end if**
12:   **end for**
13: **end while**
14: **return** S

Nota   *Nótese que los algoritmos BFS y DFS indican la accesibilidad del vértice inicial v_0. Desde un punto de vista matricial, retornan la fila de la matriz de accesibilidad asociada al vértice v_0.*

Ejemplo 7.35

Si aplicamos el algoritmo DFS sobre el grafo de la Figura 7.23, tomando como vértice inicial el 1, obtenemos los siguientes pasos:

1. Como inicialización, definimos la pila de vértices por visitar $Q = \{1\}$, los vértices visitados $S = \{1\}$ y el recorrido $T = \emptyset$.

2. Como la pila Q no está vacía, seleccionamos el primero de sus vértices - el 1 -, lo eliminamos de la pila Q y detectamos sus vértices adyacentes: 2, 3 y 4. Como ninguno de ellos ha sido visitado, $2, 3, 4 \notin S$, los añadimos a la pila Q y a visitados S, y añadimos las aristas a T. En este punto, tenemos que $Q = \{2, 3, 4\}$, $S = \{1, 2, 3, 4\}$ y $T = \{\{1, 2\}, \{1, 3\}, \{1, 4\}\}$.

3. Como la pila Q no está vacía, seleccionamos el primero de sus vértices - el 2 -, lo eliminamos de la pila Q y detectamos su vértices adyacentes: 1 y 5. Como únicamente el vértice 5 no ha sido visitado, $5 \notin S$, lo añadimos a la pila Q y a visitados S y añadimos las aristas a T. En este punto, tenemos que $Q = \{5, 3, 4\}$ y $S = \{1, 2, 3, 4, 5\}$ y $T = \{\{1, 2\}, \{1, 3\}, \{1, 4\}, \{2, 5\}\}$.

4. Como la pila Q no está vacía, seleccionamos el primero de sus vértices - el 5 -, lo eliminamos de la pila Q y detectamos su vértices adyacentes: 2, 3 y 8. Como únicamente el vértice $8 \notin S$ no ha sido visitado, lo añadimos a la pila Q y a visitados S y añadimos las aristas a T. En este punto, tenemos que $Q = \{8, 3, 4\}$, $S = \{1, 2, 3, 4, 5, 8\}$ y $T = \{\{1, 2\}, \{1, 3\}, \{1, 4\}, \{2, 5\}, \{5, 8\}\}$.

5. Como la pila Q no está vacía, seleccionamos el primero de sus vértices - el 8 -, lo eliminamos de la pila Q y detectamos su vértices adyacentes: 5, 6 y 7. Como los vértices 6 y 7 no han sido visitados, $6, 7 \notin S$, los añadimos a la pila Q y a visitados S y añadimos sus aristas a T. En este punto, tenemos que $Q = \{6, 7, 3, 4\}$, $S = \{1, 2, 3, 4, 5, 8, 6, 7\}$ y $T = \{\{1, 2\}, \{1, 3\}, \{1, 4\}, \{2, 5\}, \{5, 8\}, \{6, 8\}, \{7, 8\}\}$.

6. Finalmente, en las siguientes iteraciones, como todos los vértices del grafo han sido visitados, ninguno de los nodos que quedan en la pila Q tendrá vértices adyacentes sin visitar. Por lo tanto, no se añadirán nuevos vértices a la pila, y los que quedan se irán eliminando sucesivamente hasta que quede vacía, $Q = \emptyset$. En este punto, el algoritmo DFS finaliza.

De nuevo, al tratarse de un grafo conexo, el resultado del algoritmo DFS, al igual que el BFS, será $S = V = \{1, 2, 3, 4, 5, 6, 7, 8\}$, ya que todos los vértices son accesibles desde 1. Sin embargo, en este caso, se puede observar que el algoritmo ha visitado los vértices siguiendo caminos ("en profundidad") a través del grafo.

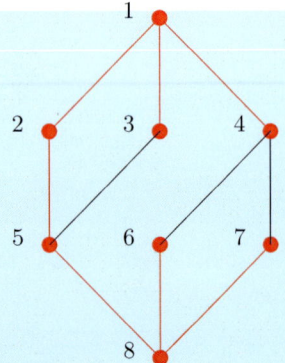

Figura 7.23: Grafo conexo no dirigido (Ejemplo 7.35). Los vértices y las aristas en rojo representan los vértices visitados S y el recorrido T del algoritmo DFS, respectivamente.

Aunque ambos algoritmos tienen la misma complejidad temporal y espacial, observamos que el algoritmo BFS emplea una cola de vértices en su implementación (en la que los vértices se van añadiendo al final de la lista), mientras que el DFS utiliza una pila (en la que los vértices se van añadiendo al principio de la lista). Esto conlleva a que su comportamiento y su coste computacional dependa del tipo de grafo sobre el que se apliquen. Por ejemplo, en los grafos cuyos vértices tienen un elevado grado de salida funciona mejor el algoritmo DFS, mientras que son el peor escenario para el algoritmo BFS. Lo contrario sucede en grafos con muy bajo grado de salida, como los lineales (Figura 7.24), en los que funciona mejor el BFS.

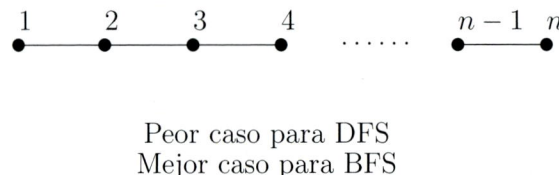

Peor caso para DFS
Mejor caso para BFS

Figura 7.24: Complejidad espacial.

Si aplicaramos este algoritmo a un grafo G no conexo, se obtendrían los vértices de sus componentes conexas haciendo sucesivas llamadas a DFS cada vez con un vértice que aún no haya sido alcanzado.

Algoritmo de Dijkstra

El objetivo del algoritmo de Dijkstra, o algoritmo de caminos mínimos, es encontrar el camino más corto entre un vértice inicial y el resto de vértices en un grafo ponderado. La idea del algoritmo es ir saltando entre los vértices del grafo buscando el camino más corto (con menor peso) que parte del vértice inicial. El algoritmo mantiene una etiqueta o registro del peso del camino más corto conocido desde el vértice inicial hasta cada vértice, que iterativamente actualiza si encuentra un nuevo camino más corto. Una vez que el algoritmo ha encontrado el camino más corto entre el vértice inicial y otro vértice, entonces dicho vértice se marca como "visitado", y su etiqueta queda fija. El orden de visita a los vértices se realiza de menor a mayor valor de etiqueta. El algoritmo continúa hasta que todos los vértices del grafo han sido visitados. El algoritmo de Dijkstra se describe en pseudocódigo en el Algoritmo 8.

Algoritmo 8 Dijkstra

1: **Inputs:**
    Grafo $G = (V, A, \psi, \omega)$ ponderado, $v_0 \in V$, $n = |V|$
2: **Initialize:**
    $D \leftarrow (\infty, \ldots, \infty) \in \mathbb{R}^n$ ▷ Etiquetas de los n vértices
    $D[v_0] = 0$ ▷ Etiqueta del vértice inicial
    $S \leftarrow \emptyset$ ▷ Nodos visitados
    $T \leftarrow \emptyset$ ▷ Caminos mínimos
3: **while** $S \neq V$ **do**
4:      Elige $v \in V - S : D[v]$ sea mínimo   ▷ Vértice actual
5:      $S \leftarrow S \cup \{v\}$
6:      **for** cada $u \in \Gamma(v)$ (adyacente a v), $u \notin S$ **do**
7:          $D[u] \leftarrow \min\{D[u], \; D[v] + \omega(\{u, v\})\}$
8:      **end for**
9: **end while**
10: **return** D

En este esquema, el algoritmo de Dijkstra retorna un vector D de etiquetas con los pesos de los caminos más cortos entre el vértice inicial y el resto de vértices. Adicionalmente, se pueden ir recopilando los vértices que provocan las actualizaciones para que el algoritmo no solo devuelva el mínimo peso, sino también el camino mínimo entre dos vértices.

Una forma sencilla para aplicar el algoritmo de Dijkstra de forma manual es emplear una tabla tal y como se muestra en el Ejemplo 7.36.

Ejemplo 7.36

Dado el grafo ponderado G de la Figura 7.25 con vértices $V = \{A, B, C, D, E\}$, aplicamos el algoritmo de Dijkstra para hallar el camino de mínimo peso entre el vértice C y el resto de vértices.

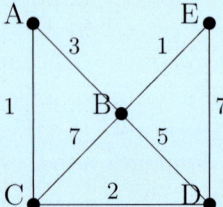

Figura 7.25: Grafo ponderado (Ejemplo 7.36).

El procedimiento es el siguiente:

1. En la inicialización, definimos el conjunto $S = \emptyset$ de nodos visitados (inicialmente no hemos visitado ninguno), y el vector de etiquetas $D = (\infty, \infty, 0, \infty, \infty)$. Las posiciones 1, 2, 3, 4 y 5 del vector se corresponden con las etiquetas de los vértices A, B, C, D y E, respectivamente. Inicialmente, asignamos un valor de 0 para el vértice C, y un valor infinito para el resto.

	A	B	**C**	D	E
D (ini.)	∞	∞	**0**	∞	∞

2. En el primer paso del algoritmo, escogemos al vértice C como vértice actual puesto que, de entre todos los vértices no visitados, es el de mínimo peso (0). A continuación, añadimos el vértice al conjunto de visitados y exploramos sus vértices adyacentes. Como vértices adyacentes no visitados de C, encontramos tres: A, B y D.

Para cada uno de ellos, actualizamos sus etiqueta como

$$D[A] = \min\{D[A], D[C] + \omega(\{C, A\})\} = \min\{\infty, 0 + 1\} = 1,$$
$$D[B] = \min\{D[B], D[C] + \omega(\{C, B\})\} = \min\{\infty, 0 + 7\} = 2,$$
$$D[D] = \min\{D[D], D[C] + \omega(\{C, D\})\} = \min\{\infty, 0 + 2\} = 7.$$

En todos los vértices, el valor de las nuevas etiquetas calculadas son menores al valor previo en el vector D, por lo que sus posiciones 1, 3 y 4 correspondientes a los vértices A, B y D, respectivamente, se actualizan. En la tabla, indicaremos junto a la etiqueta el vértice que ha provocado su actualización (en este caso, C). Por el momento, estas etiquetas representan los pesos de los caminos más cortos explorados para alcanzar dichos vértices. En este punto, tenemos que $S = \{C\}$ y $D = (1, 7, 0, 2, \infty)$. La etiqueta del vértice C queda fija.

	A	B	**C**	D	E
D (ini.)	∞	∞	**0**	∞	∞
D (it. 1)	1/C	7/C		2/C	∞

3. Como $S \neq V$, continuamos aplicando el algoritmo. En este paso, visitamos el vértice A, ya que es el vértice no visitado con menor peso, $D[A] = 1$, lo añadimos al conjunto de visitados, y actualizamos la etiqueta de su único vértice adyacente no visitado, B, como

$$D[B] = \min\{D[B], D[A] + \omega(\{A, B\})\} = \min\{7, 1 + 3\} = 4.$$

Observamos que el peso total del camino que pasa por el vértice A para llegar a B (peso 4) es menor que el del camino calculado previamente que une C y B de forma directa (peso 7). Por lo tanto, actualizamos el vector D en la segunda posición correspondiente al vértice B. En este punto, tenemos que $D = (1, 4, 0, 2, \infty)$ y $S = \{C, A\}$. La etiqueta del vértice A queda fija.

	A	B	**C**	D	E
D (ini.)	∞	∞	**0**	∞	∞
D (it. 1)	**1/C**	7/C		2/C	∞
D (it. 2)		4/A		2/C	∞

4. Como $S \neq V$, visitamos el vértice D, que es el vértice no visitado con menor peso, $D[D] = 2$, lo añadimos al conjunto de visitados, y actualizamos las etiquetas de sus vértices adyacentes no visitados, B y E, como

$$D[B] = \min\{D[B], D[D] + \omega(\{D, B\})\} = \min\{4, 2 + 5\} = 4,$$
$$D[E] = \min\{D[E], D[D] + \omega(\{D, E\})\} = \min\{\infty, 2 + 7\} = 9.$$

Observamos que la ruta previa que pasa por A para alcanzar B (peso 4) es más corta que la que pasa por D, calculada en este paso (peso 7). Por otro lado, la ruta para alcanzar E a través de D (peso 9) es la única calculada hasta el momento. Por lo tanto, el vector D se actualiza en su última entrada. En este punto, tenemos que $D = (1, 4, 0, 2, 9)$ y $S = \{C, A, D\}$. La etiqueta del vértice D queda fija.

	A	B	**C**	**D**	E
D (ini.)	∞	∞	**0**	∞	∞
D (it. 1)	**1/C**	7/C		2/C	∞
D (it. 2)		4/A		**2/C**	∞
D (it. 3)		4/A			9/D

5. Como $S \neq V$, visitamos el vértice B, que es el vértice no visitado con menor peso, $D[B] = 4$, lo añadimos al conjunto de visitados, y actualizamos la etiqueta de su único vértice adyacente no visitado, E, como

$$D[E] = \min\{D[E], D[B] + \omega(\{B, E\})\} = \min\{9, 4 + 1\} = 5.$$

Observamos que la ruta actualmente calculada que pasa por A y B para alcanzar E (peso 5) es más corta que la previa, que pasa por D (peso 9). Por otro lado, la ruta para alcanzar E a través de D (peso 9) es la única calculada hasta el momento. Por lo tanto, el vector D se actualiza en su última entrada. En este punto, tenemos que $D = (1, 4, 0, 2, 5)$ y $S = \{C, A, D, B\}$. La etiqueta del vértice B queda fija.

	A	**B**	**C**	**D**	E
D (ini.)	∞	∞	**0**	∞	∞
D (it. 1)	**1/C**	7/C		2/C	∞
D (it. 2)		4/A		**2/C**	∞
D (it. 3)		**4/A**			9/D
D (it. 4)					5/B

6. Como $S \neq V$, visitamos el vértice E, que es el último vértice que queda por visitar, y lo añadimos al conjunto de visitados. Como no tiene vértices adyacentes no visitados (el resto de vértices ya se han visitado), tenemos que $D = (1, 4, 0, 2, 5)$ y $S = \{\text{C}, \text{A}, \text{D}, \text{B}, \text{E}\}$. La etiqueta del vértice E queda fija.

	A	**B**	**C**	**D**	**E**
D (ini.)	∞	∞	**0**	∞	∞
D (it. 1)	**1/C**	7/C		2/C	∞
D (it. 2)		4/A		**2/C**	∞
D (it. 3)		**4/A**			9/D
D (it. 4)					**5/B**

7. Como $S = V$, el algoritmo finaliza.

El resultado del algoritmo es el vector $D = (1, 4, 0, 2, 5)$, que contiene el peso de los caminos más cortos desde el vértice inicial C al resto de vértices. Las etiquetas nos indican que el vértice A es el más cercano a C, seguido de D, B y E. Por otro lado, con los vértices registrados en cada iteración, se puede obtener un subgrafo generador que indica los caminos más cortos:

- De C a A: $P = (\text{C}, \text{A})$.

- De C a B: $P = (\text{C}, \text{A}, \text{B})$.

- De C a D: $P = (\text{C}, \text{D})$.

- De C a E: $P = (\text{C}, \text{A}, \text{B}, \text{E})$.

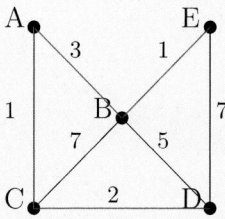

Figura 7.26: Resultado del algoritmo de Dijkstra sobre el grafo ponderado inicial (Ejemplo 7.36). Las aristas en rojo indican el subgrafo generador que marca los caminos más cortos desde el vértice C al resto.

La principal limitación del algoritmo de Dijkstra es que no funciona correctamente en grafos ponderados con pesos negativos. Para este tipo de grafos, existen algoritmos similares alternativos, como el algoritmo de Bellman-Ford.

7.5.4   Cortaduras y conectividad

Definición 7.46: Cortadura de vértices

Dado un grafo $G = (V, A, \psi)$ conexo, decimos que $V' \subseteq V$, con $|V'| = k$, es una *k-cortadura de vértices* si el grafo $G' = (V - V', A)$ deja de ser conexo.

Definición 7.47: Conectividad

La *conectividad* de un grafo es el mínimo valor $k \in \mathbb{N}$ para el cual el grafo tiene una k-cortadura de vértices. En otras palabras, la conectividad es el mínimo número de vértices que se han de eliminar para que el grafo resultante sea no conexo.

> **Nota**   *Un vértice de grado 1 no puede ser un vértice de corte, ya que es el extremo de un camino del grafo.*

Definición 7.48: Cortadura de aristas

Dado un grafo $G = (V, A, \psi)$ conexo, decimos que $A' \subseteq A$, con $|A'| = k$, es una *k-cortadura de aristas* si el grafo $G' = (V, A - A', \psi)$ deja de ser conexo.

Definición 7.49: Aristoconectividad

La *aristoconectividad* de un grafo es el mínimo valor $k \in \mathbb{N}$ para el cual el grafo tiene una k-cortadura de aristas. En otras palabras, la conectividad es el mínimo número de aristas que se han de eliminar para que el grafo resultante sea no conexo.

Definición 7.50: Vértice de corte

Dado un grafo $G = (V, A, \psi)$, decimos que un vértice $v \in V$ es un *vértice de corte* si por sí mismo, $V' = \{v\}$ constituye una 1-cortadura.

Definición 7.51: Arista de corte

Dado un grafo $G = (V, A, \psi)$, decimos que una arista $a \in A$ es una *arista de corte* si por sí misma, $A' = \{a\}$ constituye una 1-cortadura de aristas.

> **Nota** *Una arista que esté contenida en un ciclo del grafo no puede ser una arista de corte porque, al eliminarla, todos los vértices del ciclo seguirían estando conectados entre ellos.*

Proposición 7.13

En todo grafo conexo G de conectividad k, aristoconectividad k' y grado mínimo $\delta(G)$, se cumple que

$$k \leq k' \leq \delta(G)$$

Ejemplo 7.37

Para el grafo de la Figura 7.27, tenemos que $V' = \{3\}$ es una 1-cortadura de vértices. Como eliminando un único vértice el grafo deja de ser conexo, la conectividad de este grafo (el mínimo número de vértices a eliminar para que deje de ser conexo) es de $k = 1$. Por ello, el vértice 3 es un vértice de corte.

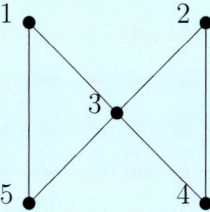

Figura 7.27: Grafo conexo (Ejemplo 7.37).

Ejemplo 7.38

Para el grafo de la Figura 7.28, tenemos que $A' = \{\{3, 4\}\}$ es una 1-cortadura de aristas. Como eliminando una única aristas el grafo deja de ser conexo, la aristoconectividad de este grafo (el mínimo número de aristas a eliminar para que deje de ser conexo) es de $k = 1$. Por ello, la arista $\{3, 4\}$ es una arista de corte.

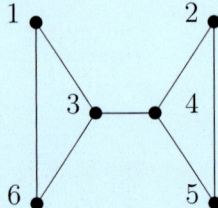

Figura 7.28: Grafo conexo (Ejemplo 7.38).

Definición 7.52: Bloque

Un *bloque* es un grafo conexo que no tiene vértices de corte.

Adicionalmente, podemos definir el concepto de bloque dentro de un grafo G como un subgrafo de G que es bloque y maximal respecto de G. Con esta definición, siempre podemos expresar un grafo como la unión de sus bloques.

Ejemplo 7.39

El grafo de la Figura 7.29 es un bloque.

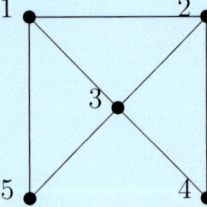

Figura 7.29: Bloque (Ejemplo 7.39).

7.6   Grafos eulerianos

El origen de la teoría de grafos ocurre en siglo XVIII, en la ciudad de Königsberg, de la antigua Prusia Oriental (actualmente Kaliningrado, Rusia). El río
Pregel atravesaba la ciudad y, después de rodear la isla Kneiphof, se dividía
en dos ramas, de tal modo que la ciudad quedaba dividida en cuatro zonas
diferentes y que se conectaban gracias a siete puentes (la situación se muestra
en la Figura 7.30). Un problema extendido entre los habitantes de la ciudad
consistía en averiguar si era posible, desde algún punto de la ciudad, cruzar
todos los puentes una sola vez y retornar al punto de partida.

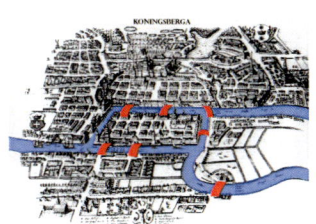   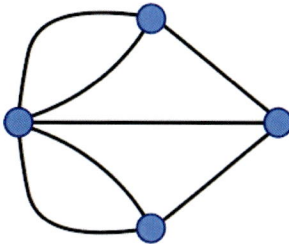

(a) Grabado de la ciudad de Königsberg.   **(b)** Grafo de la ciudad de Königsberg.

Figura 7.30: Problema de los puentes de Königsberg.

Este problema lo podemos expresar como un problema de grafos considerando
las masas de tierra como los vértices y los puentes representan las aristas que
los unen. De este modo, el problema se podría formular como el de recorrer
todas las aristas del grafo volviendo al punto de partida sin pasar dos veces
por la misma arista, o en otras palabras, encontrar un ciclo que recorra todas
las arista del grafo exactamente una vez. Euler demostró que no era posible
encontrar este tipo de ciclo y que el problema de los puentes de Königsberg
no tenía solución. Además, estableció las condiciones para que el problema la
tuviese[1].

---

[1]*Solutio problematis ad geometriam situs pertinentis* (Solución de un problema relativo a la
geometría de posición).

7.6.1 Conceptos básicos

Definición 7.53: Camino euleriano

Dado un grafo $G = (V, A, \psi)$ no dirigido, diremos que P es un *camino euleriano* en G si recorre todas las aristas del grafo exactamente una vez.

Definición 7.54: Ciclo euleriano

Dado un grafo $G = (V, A, \psi)$ no dirigido, denominamos *ciclo euleriano* a un camino euleriano P cuyos vértices inicial y final coinciden.

Definición 7.55: Grafo euleriano

Dado un grafo $G = (V, A, \psi)$ no dirigido, diremos que G es un grafo euleriano si contiene un *ciclo euleriano*[a].

---

[a]En grafos eulerianos, el término *ciclo* se refiere a cadenas cerradas, en las que los vértices se pueden repetir.

Una vez definido el concepto de grafo euleriano, Euler demostró un teorema que permite identificar con gran facilidad este tipo de grafos.

Teorema 7.10: Teorema de Euler

Sea un grafo $G = (V, A, \psi)$ no dirigido, conexo y no trivial. Entonces, G es euleriano si y sólo si no tiene vértices de grado impar.

Demostración. ($\rightarrow$) Si $G = (V, A, \psi)$ es un grafo euleriano, existe un ciclo euleriano C en G, de forma que C recorre todas las aristas del grafo exactamente una vez.

Si tomamos un vértice cualquiera $v \in V$, como C recorre todas las aristas del grafo una vez, y G es conexo, todos los vértices se recorren en el ciclo. Entonces, puede ocurrir que *(i)* v sea un vértice intermedio de C, o *(ii)* v sea el vértice inicial. Teniendo en cuenta que el grafo es euleriano, el grado de v equivale al número de aristas del ciclo C que incidan sobre él, y puede ser:

---

i) $g(v) = 2p$, donde p el número de veces que el ciclo C pasa por v, si v es vértice intermedio. Esto se debe a que, si v se encuentra en un ciclo, cada paso por v implica la existencia de una arista de entrada y una arista de salida.

ii) $g(v) = 1 + 2p + 1 = 2(p + 1)$, donde p el número de veces que el ciclo C pasa por v, si v es vértice inicial. En este caso, se suman al grado las aristas inicial y final.

En ambos casos, observamos que el grado de v es par, para cualquier v. Por lo tanto, si G es euleriano, no existen vértices de grado impar.

($\leftarrow$) Asumiendo que $G = (V, A, \psi)$ no tiene vértices de grado impar, entonces, $\forall v \in V$, $g(v)$ es par, y consecuentemente, el grado mínimo es $\delta(G) \geq 2$. Asimismo, por ser G es conexo, contiene un ciclo de longitud $\delta(G) + 1$.

Procediendo por reducción al absurdo, supongamos que G no es euleriano, y sea C un ciclo maximal respecto del número de aristas en G, es decir C es el ciclo con mayor número de aristas que existe en G. Como G contiene un ciclo de al menos longitud $\delta(G) + 1$, necesariamente tiene que existir al menos un ciclo maximal.

Como G no es euleriano, sabemos que el grafo no tiene un ciclo que recorra todas las aristas, es decir, que existen aristas que quedan fuera del ciclo C. A las aristas que quedan en el ciclo las denotaremos como A_C. Consideremos en este punto el grafo $H = (V, A - A_C)$, es decir el grafo que tiene los mismos vértices que G y las aristas de G que no son del ciclo C.

El grafo H tiene al menos una componente conexa no trivial. Dicha componente conexa H' tiene un número de aristas $|A(H')| > 0$. Si todas las componentes fuesen triviales (esto es, vértices aislados sin aristas), entonces $A - A_C = \emptyset$, o equivalentemente, $A = A_C$, y por lo tanto todas las aristas del grafo G estarían contenidas en C. Sin embargo, esto implicaría por definición que G es euleriano, y se ha asumido por hipótesis que no lo es.

Sea pues la componente conexa no trivial H', y sea $v \in V$ un vértice de H'. El grado $g(v)$ en el grafo G se ha asumido par por hipótesis. Como a G le hemos eliminado las aristas del ciclo C para obtener el grafo H, a v se le han eliminado dos aristas incidentes con él (por cada vez que el ciclo C lo atraviesa). Por ello, el grado de $g(v)$ en la componente conexa $H' \subseteq H$ seguirá siendo par.

Como los vértices de la componente H' tienen grado par, y partiendo de un vértice $x \in C \cap V(H')$, podemos construir una cadena cerrada C' que empiece y termine en x. De esta forma, como $x \in C$ y $x \in C'$, si construimos $C \cup C'$, obtenemos una nueva cadena cerrada tal que $|C \cup C'| > |C|$, lo cual contradice la elección de C como ciclo maximal.

Por lo tanto, por contradicción, G tiene que ser euleriano. ∎

> **Proposición 7.14**
>
> Sea un grafo $G = (V, A, \psi)$ no dirigido, no euleriano, conexo y no trivial. Entonces, G contiene un camino euleriano si y solo si tiene exactamente dos vértices de grado impar.
>
> *Demostración.* ($\rightarrow$) Si G contiene un camino euleriano, mediante un razonamiento análogo al del Teorema 7.10, obtendremos que todos los vértices internos del camino tienen grado par.
>
> ($\leftarrow$) Si asumimos que existen dos vértices $u, v \in V$ de grado impar, y construimos el grafo $H = (V, A \cup \{u, v\})$ resultante de unir los dos vértices de grado impar con una arista, entonces el nuevo grafo será euleriano, ya que todos los vértices, incluidos u y v tendrán grado par. Por ser euleriano, H tendrá un ciclo euleriano C que contendrá la arista $\{u, v\}$ añadida. Finalmente, si eliminamos esta arista del ciclo, se obtiene el camino euleriano. ∎

Podemos comprobar que el grafo de los puentes de Königsberg no verifica la condición del teorema de Euler (Teorema 7.10), ya que tiene vértices de grado impar. Por lo tanto, no es euleriano, es decir, no puede existir un ciclo que recorra las aristas (los puentes) una sola vez. Como el grafo tiene 5 vértices de grado impar (Proposición 7.14), tampoco contiene un camino euleriano, es decir, que los puentes tampoco se pueden recorrer una sola vez sin finalizar en el mismo punto de partida.

> **Ejemplo 7.40**
>
> El grafo completo K_5 (Figura 7.6) es un grafo euleriano, ya que todos sus vértices tienen grado $g(v) = 4$. De forma general, todos los grafos completos K_n con número de vértices n impar, al ser $(n - 1)$-regulares (Proposición 7.3), son todos eulerianos, mientras que si n es par, entonces son no eulerianos.

7.6.2 Algoritmo de ciclos eulerianos

Para identificar ciclos eulerianos en grafos eulerianos, existe un procedimiento sencillo conocido como la regla o algoritmo de Fleury. Partiendo de un vértice dado, el algoritmo va recorriendo todas las aristas del grafo sucesivamente, de tal modo que, cuando se cruza una arista, esta se elimina del grafo. Sin embargo, no está permitido atravesar una arista que deje el grafo desconectado en dos componentes conexas no triviales. Si es posible volver al punto de partida después de haber eliminado todas las aristas, entonces habremos encontrado un ciclo euleriano. El algoritmo de Fleury se describe en pseudocódigo en el Algoritmo 9.

Algoritmo 9 Algoritmo de Fleury

1: **Inputs:**
   Grafo $G = (V, A)$ euleriano, $v_0 \in V$
2: **Initialize:**
   $C \leftarrow \emptyset$ ▷ Ciclo euleriano
   $v \leftarrow v_0$ ▷ Vértice actual
3: **while** $A \neq \emptyset$ **do**
4:    **if** $g(v) = 1$ **then**
5:       Elige $w \in \Gamma(v)$
6:       $V \leftarrow V - \{v\}$
7:       $A \leftarrow A - \{\{v, w\}\}$
8:    **else**
9:       Elige $w \in \Gamma(v)$, $\{v, w\}$ no es arista de corte
10:      $A \leftarrow A - \{\{v, w\}\}$
11:   **end if**
12:   $C \leftarrow C \cup \{w\}$
13:   $v \leftarrow w$
14: **end while**
15: **return** C

> **Nota** *El algoritmo de Fleury también se puede emplear para obtener un camino euleriano en un grafo no euleriano con exactamente dos vértices de grado impar (Proposición 7.14). Para identificarlo, podemos transformar el grafo no euleriano en euleriano añadiendo una arista artificial entre los dos vértices de grado impar (si los vértices no son adyacentes) o un vértice artificial con dos aristas artificiales que los conecten (si los vértices son adyacentes), y aplicar posteriormente el algoritmo de Fleury para encontrar un ciclo euleriano. Finalmente, eliminando la arista artificial del ciclo, obtendríamos el camino euleriano.*

Ejemplo 7.41

Dado el grafo G de la Figura 7.31a, podemos comprobar que se trata de un grafo no euleriano, ya que presenta dos vértices (6 e 3) de grado impar (Teorema 7.10), pero que sí que contiene un camino euleriano (Proposición 7.14).

En este caso, añadiendo simplemente una arista que una los dos vértices de grado impar, $\{3,6\}$, conseguimos que todos los vértices tengan grado par y, por lo tanto, que el nuevo grafo G', representado en la Figura 7.31b, sea euleriano.

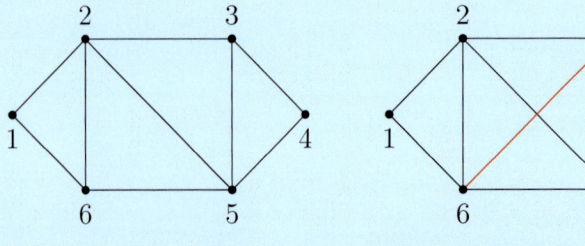

(a) Grafo G no euleriano.   (b) Grafo G' euleriano.

Sobre el nuevo grafo euleriano G' es posible aplicar el algoritmo de Fleury. El procedimiento que sigue el algoritmo es el siguiente:

1. Como inicialización del algoritmo, definimos un vértice inicial v cualquiera, por ejemplo $v = 2$, y el ciclo $C = \emptyset$ (inicialmente vacío).

2. A continuación, como el grado del vértice actual $v = 2$ es $g(v) = g(2) = 4$, escogemos el vértice $w = 3$, ya que es adyacente a 2 y $\{2,3\}$ no es arista de corte (al eliminarla, el grafo sigue siendo conexo). Una vez escogido el vértice, eliminamos la arista del grafo, añadimos el vértice $w = 3$ a la lista del ciclo, y lo fijamos como vértice actual. En este punto, tenemos que $v = 3$, $C = \{3\}$ y el siguiente grafo.

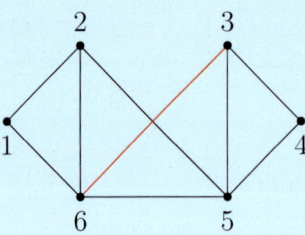

3. Como $A \neq \emptyset$ (aún quedan aristas), y el grado del vértice actual $v = 3$ es $g(v) = g(3) = 3$, escogemos el vértice $w = 4$, ya que es adyacente a 3 y $\{3,4\}$ no es arista de corte, eliminamos la arista del grafo, añadimos el vértice $w = 4$ a la lista del ciclo, y lo fijamos como vértice actual. En este punto, tenemos que $v = 4$, $C = \{3,4\}$ y el siguiente grafo.

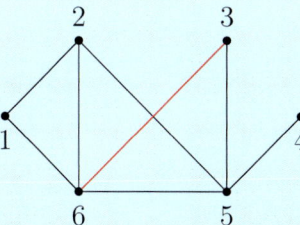

4. Como $A \neq \emptyset$, y el grado del vértice actual $v = 4$ es $g(v) = g(4) = 1$, escogemos el único vértice adyacente $w = 5$, eliminamos la arista $\{4,5\}$ del grafo y el vértice v, añadimos el vértice $w = 5$ a la lista del ciclo, y lo fijamos como vértice actual. En este punto, tenemos que $v = 5$, $C = \{3,4,5\}$ y el siguiente grafo.

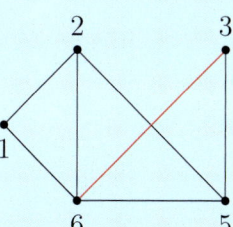

5. Como $A \neq \emptyset$, y el grado del vértice actual $v = 5$ es $g(v) = g(5) = 3$, escogemos el vértice $w = 6$, ya que es adyacente a 5 y $\{5,6\}$ no es arista de corte, eliminamos la arista del grafo, añadimos el vértice $w = 6$ a la lista del ciclo, y lo fijamos como vértice actual. En este punto, tenemos que $v = 6$, $C = \{3,4,5,6\}$ y el siguiente grafo.

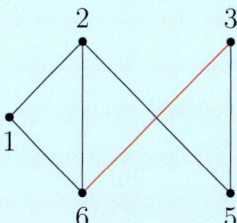

293

6. Como $A \neq \emptyset$, y el grado del vértice actual $v = 6$ es $g(v) = g(6) = 2$, escogemos el vértice $w = 1$, ya que es adyacente a 6 y $\{6, 1\}$ no es arista de corte, eliminamos la arista del grafo, añadimos el vértice $w = 1$ a la lista del ciclo, y lo fijamos como vértice actual. En este punto, tenemos que $v = 1$, $C = \{3, 4, 5, 6, 1\}$ y el siguiente grafo.

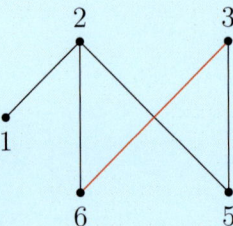

7. Como $A \neq \emptyset$, y el grado del vértice actual $v = 1$ es $g(v) = g(1) = 1$, escogemos el único vértice adyacente $w = 2$, eliminamos la arista $\{1, 2\}$ del grafo y el vértice $v = 1$, añadimos el vértice $w = 2$ a la lista del ciclo, y lo fijamos como vértice actual. En este punto, tenemos que $v = 2$, $C = \{3, 4, 5, 6, 1, 2\}$ y el siguiente grafo.

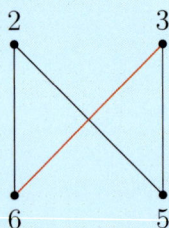

8. Como $A \neq \emptyset$, y el grado del vértice actual $v = 2$ es $g(v) = g(2) = 2$, escogemos el vértice $w = 5$, ya que es adyacente a 2 y $\{2, 5\}$ no es arista de corte, eliminamos la arista del grafo, añadimos el vértice $w = 5$ a la lista del ciclo, y lo fijamos como vértice actual. En este punto, tenemos que $v = 5$, $C = \{3, 4, 5, 6, 1, 2, 5\}$ y el siguiente grafo.

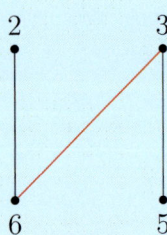

9. En este punto, todos los vértices restantes presentan grado 1. Desde el vértice $v = 5$, el algoritmo saltará en los últimos tres pasos a los vértices 3, 6 y 2, eliminando las aristas $\{5,3\}$, $\{3,6\}$ y $\{6,2\}$ sucesivamente. Al finalizar el algoritmo en el vértice 2 (cuando $A = \emptyset$), el ciclo euleriano obtenido será $C = \{3, 4, 5, 6, 1, 2, 5, 3, 6, 2\}$.

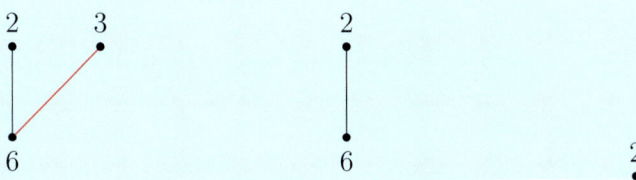

Una vez obtenido resultado del algoritmo de Fleury, el ciclo euleariano $C = \{3, 4, 5, 6, 1, 2, 5, 3, 6, 2\}$ del grafo G', observamos que en él se encuentra la arista $\{3,6\}$ introducida articicialmente. Si reescribimos la secuencia del ciclo partiendo del vértice 6 y finalizando en el 3, obtenemos el camino euleriano $P = \{6, 2, 3, 4, 5, 6, 1, 2, 5, 3\}$ del grafo G (en G, el salto entre 3 y 6 no es posible).

Nota *Como alternativa al algoritmo de Fleury, encontramos el algoritmo de Hierholzer, que también encuentra ciclos eulerianos.*

Son muchos los problemas relacionados con los grafos eulerianos. Entre los más interesante, podemos destacar el *problema del cartero chino* o el *problema de las sucesiones de Brujin*.

En el problema del cartero chino, formulado por Mei-Ko Kwan en 1962 se trata de optimizar la ruta que debe seguir un cartero para repartir sus cartas en un conjunto de calles. Teniendo en cuenta que el cartero debe recorrer todas las casas de la calle al menos una vez, y que recorrer cada calle tiene un coste asociado (es un grafo ponderado), si el grafo es euleriano, deberemos obtener el ciclo euleriano, y si el grafo no es euleriano, deberemos determinar las calles por las que debe pasar dos veces con un coste mínimo.

En el problema de las sucesión de Brujin, el objetivo es ordenar de todas las formas posibles sobre un vector circular (un ciclo) todas las palabras de k digitos formadas a partir de un alfabeto Σ, de tal modo que todas las palabras tan solo aparezcan una vez. En alfabetos binarios $\Sigma = \{0, 1\}$, el objetivo sería ordenar las 2^k sucesiones de k dígitos. Este problema tiene interesantes aplicaciones en criptografía.

7.7   Grafos hamiltonianos

En el siglo XIX el matemático irlades Sir William R. Hamilton diseñó un juego llamado "Alrededor del mundo", en el que, sobre un dodecaedro (figura geométrica con 12 caras pentagonales), se situaban 20 ciudades que debían recorrerse sin repetir ninguna ciudad (Figura 7.33).

Planteado como un problema de grafos, el escenario se puede plantear como un grafo 3-regular con 20 vértices y 30 aristas en el que, partiendo de un vértice, se deben recorrer todos los vértices del grafo sin repetir ninguno. El problema es semejante al de Euler, pero en este caso, deben recorrerse todos los vértices en vez de las aristas.

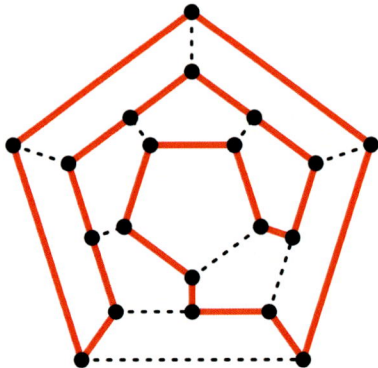

Figura 7.33: Dodecaedro del problema de Hamilton

Definición 7.56: Camino hamitoniano

Dado un grafo $G = (V, A, \psi)$ no dirigido, diremos que P es un *camino hamiltoniano* si pasa por cada vértice del grafo exactamente una vez.

Definición 7.57: Ciclo hamiltoniano

Un *ciclo hamiltoniano* es un camino hamiltoniano cuyos vértices inicial y final coinciden.

Definición 7.58: Grafo hamiltoniano

Dado un grafo $G = (V, A, \psi)$ no dirigido, diremos que es un *grafo hamiltoniano* si contiene un ciclo hamiltoniano, o equivalentemente, que contiene un ciclo generador.

El problema de determinar si un grafo es hamiltoniano es un problema computacionalmente muy costoso (NP-completo) y, desafortunadamente, no existe ninguna caracterización general (ninguna condición necesaria y suficiente) para saber si un grafo es hamiltoniano, circunstancia que sí se da para los grafos eulerianos. Sin embargo, resulta interesante conocer condiciones bajo las cuales un grafo puede ser hamiltoniano, o ciertas propiedades los grafos hamiltonianos cumplen.

Teorema 7.11: Teorema de Dirac

Sea un grafo no dirigido $G = (V, A, \psi)$ con $|V| = n \geq 3$ vértices. Si el grado mínimo $\delta(G) = \lceil \frac{n}{2} \rceil$ (la fracción redondeada superiormente), entonces G es hamiltoniano.

Proposición 7.15

Sea un grafo no dirigido $G = (V, A, \psi)$ con $|V| = n \geq 3$ vértices. Si existe algún vértice $v \in V$ tal que $g(v) = \frac{n-1}{2}$, entonces G contiene un camino hamiltoniano.

Teorema 7.12

Sea un grafo no dirigido $G = (V, A, \psi)$, sea $k(G)$ el número de componentes conexas del grafo G, sea $V' \subseteq V$ un conjunto de vértices cualquiera no vacío y sea el grafo $G' = (V - V', A, \psi')$. Si G es hamiltoniano, entonces $k(G') = |V'|$, para cualquier V'.

> **Nota**   *Haciendo uso de estas propiedades y de otras, existen múltiples algoritmos que permiten encontrar ciclos hamiltonianos en grafos.*

7.8 Árboles

Los árboles son un tipo de grafos que, por sus propiedades, son útiles en muchos campos de las matemáticas. Un árbol se puede ver como la estructura básica subyacente en un grafo conexo. Si las estructuras de datos usadas para el almacenamiento de información tienen las características de un árbol, permiten una recuperación más rápida de la información almacenada. Por ejemplo, la mayoría de los sistemas operativos permiten mantener la información a diferentes niveles en directorios y subdirectorios, que se podrían ver como los vértices de un árbol. Son también útiles en otros campos como inteligencia artificial, redes de comunicación, análisis de datos, redes eléctricas, etc.

7.8.1 Conceptos básicos

Definición 7.59: Árbol no dirigido

Sea $G = (V, A, \psi)$ un grafo no dirigido. Diremos que G es un *árbol* si es conexo y acíclico.

Ejemplo 7.42

El grafo de la Figura 7.34 es un árbol no dirigido, ya que todos sus vértices están conectados y no tiene ciclos.

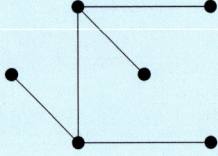

Figura 7.34: Árbol no dirigido (Ejemplo 7.42).

Teorema 7.13

Sea $G = (V, A, \psi)$ un grafo no dirigido con $|V| \geq 2$. Entonces, las siguientes afirmaciones son equivalentes:

i) G es un árbol.

ii) G no tiene bucles y para cualquier par de vértices distintos en V, existe un único camino simple en G que los une.

iii) G es acíclico y $|A| = |V| - 1$.

iv) G es conexo y $|A| = |V| - 1$.

Demostración. La equivalencia de estas cuatro afirmaciones se puede establecer demostrando las siguientes implicaciones:

- i) $\rightarrow$ ii)

  Sea $G = (V, A)$ un árbol, y sean $x, y \in V$ dos vértices distintos de G. Procediendo por reducción al absurdo, supongamos que existen dos caminos distintos P_1 y P_2 que unen los vértices x e y en el grafo G. Si consideramos la unión de los dos caminos, $P_1 \cup P_2$, obtenemos un ciclo. Sin embargo, si por hipótesis G es un árbol, G debería ser acíclico. Por lo tanto, por contradicción, la asunción de que existen dos caminos distintos P_1 y P_2 entre x y y es falsa y, en consecuencia, entre dos vértices cualesquiera de G existe un único camino.

- ii) $\rightarrow$ iii)

  Si G es un grafo sin bucles y entre dos vértices cualesquiera $x, y \in V$ existe un único camino que los une, es trivial que el grafo G no tiene ciclos, puesto que la existencia de un ciclo implica necesariamente la existencia de dos caminos para llegar desde x hasta y.

  Para demostrar por otro lado que el número de aristas es $|A| = |V| - 1$, aplicaremos la demostración por inducción:

  1. *Base de inducción*: partimos de $|V| = 2$. Si el grafo tan solo presenta dos vértices, $V = \{x, y\}$ no tiene bucles, y debe existir un camino simple entre ellos, entonces existe una única arista a que los une, $\psi(a) = \{x, y\}$. Por lo tanto, $A = \{a\}$ se cumple que $|A| = |V| - 1 = 2 - 1 = 1$.

  2. *Hipótesis de inducción*: suponemos que, para todo grafo con $|V| = n$ vértices, donde n es inferior a cierto valor k ($n \leq k$), sin bucles y con todo par de vértices conectados por un único camino simple, se cumple que $|A| = |V| - 1 = n - 1$.

3. *Paso de inducción*: para $|V| = n = k + 1$, es decir, suponiendo que el grafo tiene $k + 1$ vértices, si eliminamos una arista a cualquiera tal que $\psi(a) = \{x, y\} \in A$ del grafo, se elimina el único $(x\text{-}y)$-camino existente entre dichos vértices. Por lo tanto, el grafo quedaría dividido en dos subgrafos, que son componentes conexas: $G_x = (V_x, A_x)$, que contiene a x, y $G_y = (V_y, A_y)$, que contiene a y. Como G_x y G_y son grafos con menos de k vértices cada uno, por la hipótesis de inducción, sabemos que

$$|V_x| = n_x \leq k \rightarrow |A_x| = n_x - 1,$$
$$|V_y| = n_y \leq k \rightarrow |A_y| = n_y - 1,$$
$$|V| = n = n_x + n_y.$$

Con ello, deducimos que

$$A = A_x \cup A_y \cup \{a\},$$
$$|A| = |A_x| + |A_y| + |\{a\}|$$
$$= (n_x - 1) + (n_y - 1) + 1$$
$$= \underbrace{n_x + n_y}_{n} - 1 - 1 + 1$$
$$= n - 1 = k + 1 - 1 = k.$$

Por lo tanto, por inducción, concluimos que para todo grafo $G = (V, A)$ con $|V|$ vértices, sin bucles y con cualquier par de vértices conectados por un único camino, el número de aristas es $|A| = |V| - 1$.

- iii) $\rightarrow$ iv)

Siendo G acíclico y $|A| = |V| - 1$, por reducción al absurdo, suponemos que G no es conexo. Por lo tanto, existen dos componentes conexas[a] $G_x = (V_x, A_x)$ y $G_y = (V_y, A_y)$. Adicionalmente, sabemos que ambas componentes son acíclicas, ya que G es acíclico. Por consiguiente, G_x y G_y son dos árboles (grafos acíclicos conexos) y, por las implicaciones i) $\rightarrow$ ii) y ii) $\rightarrow$ iii),

$$|A_x| = |V_x| - 1,$$
$$|A_y| = |V_y| - 1.$$

Con ello, y sabiendo que $|A_x| + |A_y| = |A|$ y que $|V_x| + |V_y| = |V|$, se llega a que

$$|V| - 1 = |A| = |A_x| + |A_y| = |V_x| - 1 + |V_y| - 1 = |V| - 2.$$

Evidentemente, al tratarse de una contradicción que parte de suponer que G no es conexo, concluimos que G es un grafo conexo.

- iv) $\rightarrow$ i)

  Partiendo de que G es conexo y que $|A| = |V| - 1$, tan solo debe demostrarse que G es acíclico para garantizar que sea un árbol.

  Para ello, por reducción al absurdo, supongamos que existe un ciclo C en G, y sea $a \in C$ una arista del ciclo, tal que $\psi(a) = \{x, y\}$. Si a G se le elimina la arista a del ciclo, obtenemos un grafo $G' = (V, A - \{a\}, \psi')$ que seguirá siendo conexo, pero en este caso acíclico (es decir, un árbol). Sin embargo, si G tiene $|V| - 1$ aristas por hipótesis, G' presentará $|V| - 2$ aristas. Esto contradice la implicación i) $\rightarrow$ iii), es decir, que cualquier árbol $G = (V, A, \psi)$ tiene siempre $|A| = |V| - 1$ aristas. Por consiguiente, por contradicción, deducimos que si G es conexo y con $|A| = |V| - 1$ aristas, también es acíclico y, por lo tanto, un árbol.

Por lo tanto, con estas cuatro implicaciones demostradas, queda demostrada la equivalencia entre las cuatro afirmaciones del teorema. ∎

---

[a]La prueba se puede generalizar para n componentes conexas aplicando la misma demostración que se desarrolla en este punto.

Proposición 7.16

Sea $G = (V, A, \psi)$ un grafo no dirigido. Si G es un árbol no trivial, entonces contiene al menos dos vértices de grado uno.

Demostración. Por ser G un árbol, es conexo, es decir, $\forall v \in V, g(v) \geq 1$. Además, el árbol tiene $|A| = |V| - 1$ aristas (Teorema 7.13). Por ello, y por el Teorema del Apretón de Manos (Teorema 7.2), sabemos que

$$\sum_{v \in V} g(v) = 2|A| = 2(|V| - 1) = 2|V| - 2.$$

Si suponemos un grafo en el que $\forall v$, $g(v) = 2$, entonces es evidente que

$$\sum_{v \in V} g(v) = \sum_{v \in V} 2 = 2|V| > 2|V| - 2,$$

lo cual contradice la regla general deducida previamente. Por lo tanto, para garantizar que siempre se verifique que la suma de grados no exceda el valor de $2|V| - 2$, deben existir al menos dos vértices en el grafo G cuyo grado sea 1. ∎

301

Proposición 7.17

Sea $G = (V, A, \psi)$ un grafo no dirigido. Entonces, G es un árbol si y sólo si toda arista es arista de corte.

Demostración. ($\rightarrow$) Si G es un árbol (grafo conexo y acíclico), sabemos que tiene $|A| = |V| - 1$ aristas (Teorema 7.13). Por reducción al absurdo, si suponemos que existe una arista $a \in A$ que no es de corte, entonces el grafo $G' = (V, A - \{a\}, \psi')$ que resulta al eliminar dicha arista sigue siendo un grafo conexo y acíclico, es decir, sigue siendo un árbol. Sin embargo, su número de aristas es de

$$|A - \{a\}| = |A| - |\{a\}| = (|V| - 1) - 1 = |V| - 2,$$

lo cual es una contradicción si G' es un árbol. Por lo tanto, por contradicción, toda arista $a \in A$ es arista de corte.

($\leftarrow$) Partiendo de que toda arista de G es de corte, es evidente que G es un grafo conexo.

Procediendo por reducción al absurdo, suponemos que G no es un árbol, es decir, que contiene algún ciclo C. Por lo tanto, si eliminamos alguna arista $a \in C$ que se encuentre en dicho ciclo, el grafo resultante $G' = (V, A - \{a\}, \psi')$ sigue siendo un grafo conexo y, en consecuencia, la arista a no sería arista de corte. Por lo tanto, por contradicción, deducimos que G debe ser acíclico, y, en consecuencia, un árbol. ∎

Definición 7.60: Árbol generador

Sea $G = (V, A, \psi)$ un grafo no dirigido. Llamaremos *árbol generador* de un grafo G a un subgrafo generador de G que sea árbol.

Teorema 7.14

Sea G un grafo no dirigido y conexo. G_1 es árbol generador de G si y sólo si G_1 es subgrafo generador conexo minimal respecto al número de aristas.

Demostración. ($\rightarrow$) Por hipótesis, G_1 es árbol generador de G. Por ser árbol generador, G_1 es un subgrafo generador de G y conexo. Tan solo queda por demostrar que G_1 es minimal respecto al número de aristas, es decir, que no existe un árbol generado de G con menos aristas.

Como G_1 es un árbol, cualquier par de vértices $x, y \in V$ está unido por un único camino. Si tenemos la arista $a \in A : \psi(a) = \{x, y\}$ y la eliminamos del grafo, entonces los vértices x e y quedan desconectados (desaparece el camino que los conectaba). Por lo tanto, G_1 es minimal respecto al número de aristas.

($\leftarrow$) G_1 es subgrafo generador conexo de G y minimal respecto al número de aristas. Queda por demostrar que G_1 es árbol o, lo que es lo mismo, demostrar que G_1 es acíclico.

Si G_1 tuviera un ciclo C, se podría eliminar una arista $a \in C$ de ese ciclo sin que el grafo dejara de ser conexo. Si esto fuera cierto, entonces $G1$ no sería minimal respecto al número de aristas, puesto que existiría un subgrafo $G_1' = (V, A - \{a\}, \psi')$ conexo generador de G más pequeño que G_1. Por lo tanto, por contradicción, G_1 no puede contener ningún ciclo si es minimal respecto al número de aristas y, en consecuencia, es árbol. ∎

Proposición 7.18

Si $G = (V, A, \psi)$ es un grafo no dirigido y conexo, entonces contiene un árbol generador.

Demostración. Sea G_1 un subgrafo generador de G, de forma que sea conexo y minimal respecto al número de aristas. Como G_1 es minimal respecto al número de aristas, cualquier arista de G_1 que eliminemos dejará al grafo resultante desconectado. Por lo tanto, toda arista de G_1 es arista de corte y, en consecuencia (Proposición 7.17), G_1 es un árbol generador. ∎

Proposición 7.19

Todos los árboles generadores de un grafo dado G no dirigido conexo tienen el mismo número de aristas.

Teorema 7.15

Sea $G = (V, A, \psi)$ un grafo no dirigido conexo, $G_1 = (V_1, A_1, \psi_1)$ un árbol generador de G y $a \in A$ una arista del grafo G tal que $a \notin A_1$. Entonces, $G' = (V, A \cup \{a\}, \psi')$ es un grafo que contiene un único ciclo.

Demostración. Sea $a \in A, \psi(a) = \{x, y\}$ la arista del grafo G tal que $a \notin G_1$, donde $x, y \in V$ son dos vértices. Como x e y son vértices del árbol G_1, estarán unidos por un único camino P. Por lo tanto, añadimos la arista a al grafo G_1, de tal modo que obtenemos el grafo $G' = (V, A \cup \{a\}, \psi')$, estamos añadiendo otro camino entre los dos vértices. En consecuencia tendremos un ciclo $C = P \cup \{a\}$ en G' que, por la unicidad del camino P en el árbol G_1, es único. ∎

Proposición 7.20

Si $G = (V, A, \psi)$ es conexo, entonces $|A| \geq |V| - 1$.

Proposición 7.21: S

G es un grafo conexo no trivial, entonces tiene al menos dos vértices que no son de corte.

Demostración. Por la Proposición 7.18 podemos decir que existe un árbol generador G_1 de G. Por ser G_1 árbol, tiene al menos dos vértices de grado 1 (Proposicion 7.16). Estos vértices no son de corte en el árbol G_1 y, por lo tanto, tampoco lo serán en el grafo G. ∎

7.8.2 Algoritmos para obtener árboles generadores

Dado un grafo no dirigido, ponderado y conexo, un problema de interés sería encontrar un árbol generador de *coste mínimo*, donde el coste es la suma de los pesos de todas las aristas. Una aplicación típica de los árboles generadores de coste mínimo tiene lugar en el diseño de redes de comunicación. Los vértices del grafo representan las ciudades o los puntos de comunicación, las aristas, las líneas de comunicación existentes y el peso asociado a una arista, el coste de seleccionar esa línea para la red. Un árbol generador de coste mínimo representa una red que comunicaría todos los nodos con un coste global mínimo.

Un posible método para calcularlo sería obtener todos los árboles generadores, calcular el coste total de cada uno de ellos y elegir el de menor coste. Este procedimiento garantizaría que el árbol resultante sería el de mínimo coste. Sin embargo, es inviable debido al gran número de árboles generadores existentes en un grafo. Por ejemplo, el grafo K_n tiene al menos $2^{n-1}-1$ arboles generadores. La complejidad de un algoritmo basado en este método será, en el peor de los casos, de 2^n.

Además, no tiene por qué existir un sólo árbol generador de peso mínimo. Por ejemplo, si trabajamos con un grafo cíclico y conexo de n vértices, cuyas aristas tienen todas el mismo peso, entonces todos los árboles generadores de este grafo tendrán el mismo coste, mientras que si todas las aristas tuvieran pesos diferentes, el árbol generador de coste mínimo sería único.

La mayoría de los métodos para la búsqueda de árboles generadores de coste mínimo se basan en la siguiente propiedad:

Proposición 7.22

Sea $G = (V, A, \psi)$ un grafo conexo y ponderado. Sea $U \subseteq V$ algún subconjunto propio del conjunto de vértices. Si $\{u, v\}$ es una arista de coste mínimo que une a U y $V - U$, es decir, $u \in U$, $v \in V - U$, entonces existe un árbol generador de coste mínimo que incluye a $\{u, v\}$ entre sus aristas.

Uno de los métodos que se puede utilizar para obtener el árbol generador de coste mínimo de un grafo es el método de Prim. El algoritmo de Prim comenzaría construyendo el árbol desde un primer vértice inicial vértice del árbol y, en cada paso del algoritmo, se localiza la arista más corta que conecta el vértice con el resto de vértices no visitados, y se añade a la lista de aristas. El algoritmo se repite hasta que todos los vértices hayan sido visitados. El algoritmo de Prim se describe en pseudocódigo en pseudocódigo en el Algoritmo 10.

Algoritmo 10 Algoritmo de Prim

1: **Inputs:**
       Grafo $G = (V, A, \psi, \omega)$ ponderado, $v_0 \in V$
2: **Initialize:**
       $G_1 = (V_1, A_1) \leftarrow (\emptyset, \emptyset)$
       $S \leftarrow \{v_0\}$
       $W \leftarrow \emptyset$
3: **for** cada $a \in A : \psi(a) = \{v_0, x\}, \ x \in V$ **do**
4:     $W \leftarrow W \cup \{a\}$
5: **end for**
6: **while** $W \neq \emptyset$ **do**
7:     Elige $a \in W : \psi(a) = \{u, v\}, \ \omega(a)$ es mínimo
8:     **if** $v \notin S$ **then**
9:         $A_1 \leftarrow A_1 \cup \{a\}$
10:         $V_1 \leftarrow V_1 \cup \{u, v\}$
11:         $S \leftarrow S \cup \{v\}$
12:         **for** cada $b \in A : \psi(b) = \{v, x\}, \ x \in V$ **do**
13:             **if** $x \notin S$ **then**
14:                 $W \leftarrow W \cup \{b\}$
15:             **end if**
16:         **end for**
17:     **end if**
18: **end while**
19: **return** $G_1 = (V_1, A_1)$

Otro método eficiente para obtener el árbol generador de coste mínimo es el algoritmo de Kruskal. Partiendo de un grafo vacío, el algoritmo añade progresivamente las aristas de menor peso del grafo, de tal modo que, al añadir una arista, ésta no forme un ciclo. El procedimiento se prolonga hasta que se hayan añadido al grafo $n-1$ aristas. En el caso de buscar el arbol generador de máximo peso, se procedería de forma análoga, escogiendo las aristas de mayor peso. La complejidad de este algoritmo es $\mathcal{O}(e \log e)$, siendo e el número de aristas del grafo. El algoritmo de Kruskal se describe en el Algoritmo 11.

Algoritmo 11 Algoritmo de Kruskal

1: **Inputs:**
   Grafo $G = (V, A, \psi, \omega)$ ponderado
2: **Initialize:**
   $A_1 \leftarrow \emptyset$ ▷ Aristas del árbol generador
   $\hat{A} \leftarrow A$ ▷ Aristas no visitadas
   $S_1 \leftarrow \{v_1\}, \ldots, S_n \leftarrow \{v_n\}$
3: **while** $|A_1| < |V| - 1$ **do**
4:     Elige $a \in \hat{A} : \psi(a) = \{u, v\}$, $\omega(a)$ es mínimo
5:     $\hat{A} \leftarrow \hat{A} - \{a\}$
6:     **if** $u \in S_k$, $v \in S_l$, $k \neq l$ **then**
7:         $A_1 \leftarrow A_1 \cup \{a\}$ ▷ Nueva arista del árbol
8:         $S_k \leftarrow S_k \cup S_l$
9:         Elimina S_l
10:     **end if**
11: **end while**
12: **return** $G_1 = (V, A_1)$

Teorema 7.16

El algoritmo de Kruskal proporciona el árbol generador de coste mínimo a partir de cualquier grafo G no dirigido conexo y ponderado.

Ejemplo 7.43

Dado el grafo de la Figura 7.35 con $n = 7$ vértices, aplicamos el algoritmo de Kruskal para obtener el árbol generador de mínimo peso.

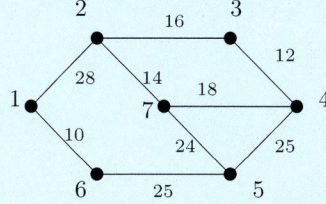

Figura 7.35: Grafo no dirigido, ponderado y conexo (Ejemplo 7.43).

El procedimiento es el siguiente:

1. Inicializamos el conjunto de aristas del árbol generador $A_1 = \emptyset$ (inicialmente ninguna), las aristas no visitadas $\hat{A} = A$ (inicialmente todas), y los conjuntos

$$S_1 = \{1\}, \ S_2 = \{2\}, \ S_3 = \{3\}, \ S_4 = \{4\}, \ S_5 = \{5\}, \ S_6 = \{6\}, \ S_7 = \{7\}.$$

2. Escogemos la primera arista, $\{1,6\}$, de mínimo peso 10 entre todas las aristas no visitadas, y la eliminamos de la lista de no visitadas $\hat{A}$. Como los vértices pertenecen a conjuntos distintos, $1 \in S_1$ y $6 \in S_6$, incluimos la arista en el conjunto de aristas del árbol A_1, fusionamos los dos conjuntos, $S_1 = S_1 \cup S_6$, y eliminamos uno de ellos, S_6. En este punto, tenemos

$$A_1 = \{1,6\},$$
$$\hat{A} = \{\{1,2\}, \{2,3\}, \{3,4\}, \{4,5\}, \{5,6\}, \{7,5\}, \{7,4\}, \{7,2\}\},$$
$$S_1 = \{1,6\}, \ S_2 = \{2\}, \ S_3 = \{3\}, \ S_4 = \{4\}, \ S_5 = \{5\}, \ S_7 = \{7\},$$

y el diagrama del árbol A_1

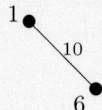

3. Como $|A_1| = 1 < |V| - 1 = 6$, escogemos como siguiente arista a $\{3,4\}$ de mínimo peso 12 entre todas las aristas no visitadas, y la eliminamos de la lista de no visitadas $\hat{A}$. Como los vértices pertenecen a conjuntos distintos, $3 \in S_3$ y $4 \in S_4$, incluimos la arista en el conjunto de aristas del árbol A_1, fusionamos los dos conjuntos, $S_3 = S_3 \cup S_4$, y eliminamos uno de ellos, S_4. En este punto, tenemos

$$A_1 = \{\{1,6\}, \{3,4\}\},$$
$$\hat{A} = \{\{1,2\}, \{2,3\}, \{4,5\}, \{5,6\}, \{7,5\}, \{7,4\}, \{7,2\}\},$$
$$S_1 = \{1,6\}, \ S_2 = \{2\}, \ S_3 = \{3,4\}, \ S_5 = \{5\}, \ S_7 = \{7\},$$

y el diagrama del árbol A_1

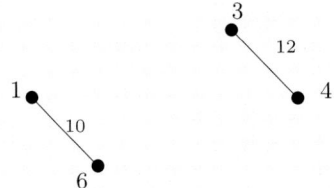

4. Como $|A_1| = 2 < |V| - 1 = 6$, escogemos como siguiente arista a $\{2, 7\}$ de mínimo peso 14 entre todas las aristas no visitadas, y la eliminamos de la lista de no visitadas $\hat{A}$. Como los vértices pertenecen a conjuntos distintos, $2 \in S_2$ y $7 \in S_7$, incluimos la arista en el conjunto de aristas del árbol A_1, fusionamos los dos conjuntos, $S_2 = S_2 \cup S_7$, y eliminamos uno de ellos, S_7. En este punto, tenemos

$$A_1 = \{\{1, 6\}, \{3, 4\}, \{2, 7\}\},$$
$$\hat{A} = \{\{1, 2\}, \{2, 3\}, \{4, 5\}, \{5, 6\}, \{7, 5\}, \{7, 4\}\},$$
$$S_1 = \{1, 6\}, \ S_2 = \{2, 7\}, \ S_3 = \{3, 4\}, \ S_5 = \{5\},$$

y el diagrama del árbol A_1

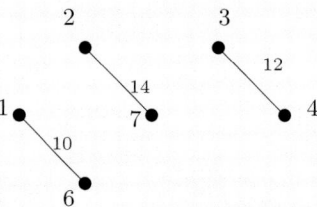

5. Como $|A_1| = 3 < |V| - 1 = 6$, escogemos como siguiente arista a $\{2, 3\}$ de mínimo peso 16 entre todas las aristas no visitadas, y la eliminamos de la lista de no visitadas $\hat{A}$. Como los vértices pertenecen a conjuntos distintos, $2 \in S_2$ y $3 \in S_3$, incluimos la arista en el conjunto de aristas del árbol A_1, fusionamos los dos conjuntos, $S_2 = S_2 \cup S_3$, y eliminamos uno de ellos, S_3. En este punto, tenemos

$$A_1 = \{\{1, 6\}, \{3, 4\}, \{2, 7\}, \{2, 3\}\},$$
$$\hat{A} = \{\{1, 2\}, \{4, 5\}, \{5, 6\}, \{7, 5\}, \{7, 4\}\},$$
$$S_1 = \{1, 6\}, \ S_2 = \{2, 3, 4, 7\}, \ S_5 = \{5\},$$

y el diagrama del árbol A_1

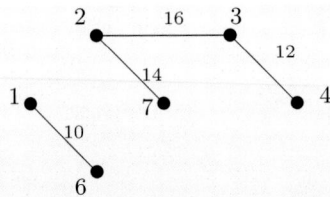

6. Como $|A_1| = 4 < |V| - 1 = 6$, escogemos como siguiente arista a $\{7, 4\}$ de mínimo peso 18 entre todas las aristas no visitadas, y la eliminamos de la lista de no visitadas $\hat{A}$. Como los vértices pertenecen al mismo conjunto, $4, 7 \in S_2$, no incluimos la arista en el árbol (si la incluyéramos, estaríamos formando un ciclo en el nuevo grafo). En este punto, mantenemos

$$A_1 = \{\{1, 6\}, \{3, 4\}, \{2, 7\}, \{2, 3\}\},$$
$$\hat{A} = \{\{1, 2\}, \{4, 5\}, \{5, 6\}, \{7, 5\}\},$$
$$S_1 = \{1, 6\}, \quad S_2 = \{2, 3, 4, 7\}, \quad S_5 = \{5\},$$

y el diagrama del árbol A_1

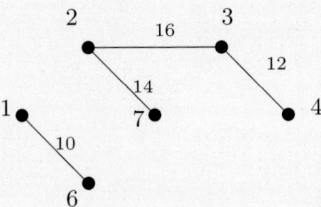

7. Como $|A_1| = 4 < |V| - 1 = 6$, escogemos como siguiente arista a $\{7, 5\}$ de mínimo peso 24 entre todas las aristas no visitadas, y la eliminamos de la lista de no visitadas $\hat{A}$. Como los vértices pertenecen a conjuntos distintos, $5 \in S_5$ y $7 \in S_2$, incluimos la arista en el conjunto de aristas del árbol A_1, fusionamos los dos conjuntos, $S_2 = S_2 \cup S_5$, y eliminamos uno de ellos, S_5. En este punto, tenemos

$$A_1 = \{\{1, 6\}, \{3, 4\}, \{2, 7\}, \{2, 3\}, \{7, 5\}\},$$
$$\hat{A} = \{\{1, 2\}, \{4, 5\}, \{5, 6\}\},$$
$$S_1 = \{1, 6\}, \quad S_2 = \{2, 3, 4, 5, 7\},$$

y el diagrama del árbol A_1

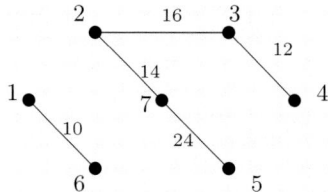

8. Como $|A_1| = 5 < |V| - 1 = 6$, escogemos como siguiente arista a $\{4, 5\}$ de mínimo peso 25 entre todas las aristas no visitadas, y la eliminamos de la lista de no visitadas $\hat{A}$. Como los vértices pertenecen al mismo, $4, 5 \in S_2$, no incluimos la arista en el árbol. En este punto, mantenemos

$$A_1 = \{\{1, 6\}, \{3, 4\}, \{2, 7\}, \{2, 3\}, \{7, 5\}\},$$
$$\hat{A} = \{\{1, 2\}, \{5, 6\}\},$$
$$S_1 = \{1, 6\}, \ \ S_2 = \{2, 3, 4, 5, 7\}.$$

y el diagrama del árbol A_1

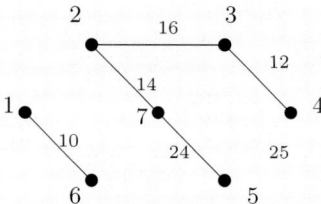

9. Como $|A_1| = 5 < |V| - 1 = 6$, escogemos como siguiente arista a $\{5, 6\}$ de mínimo peso 25 entre todas las aristas no visitadas, y la eliminamos de la lista de no visitadas $\hat{A}$. Como los vértices pertenecen a conjuntos distintos, $5 \in S_2$ y $6 \in S_1$, incluimos la arista en el conjunto de aristas del árbol A_1, fusionamos los dos conjuntos, $S_1 = S_1 \cup S_2$, y eliminamos uno de ellos, S_2. En este punto, tenemos

$$A_1 = \{\{1, 6\}, \{3, 4\}, \{2, 7\}, \{2, 3\}, \{7, 5\}, \{5, 6\}\},$$
$$\hat{A} = \{\{1, 2\}\},$$
$$S_1 = \{1, 2, 3, 4, 5, 6, 7\}.$$

y el diagrama del árbol A_1

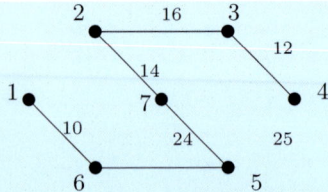

10. Como $|A_1| = 6 = |V| - 1$, el algoritmo finaliza.

El algoritmo retorna el árbol de coste mínimo $G = (V, A_1)$. De forma análoga se puede obtener el árbol de máximo coste, escogiendo la arista de mayor peso en cada paso. Los árboles de mínimo y máximo coste se muestran en la Figura 7.36.

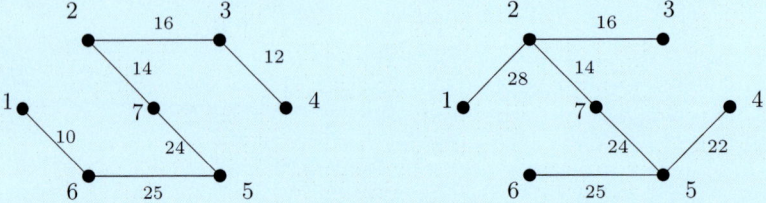

Figura 7.36: Árboles generadores de mínimo (izquierda) y máximo (derecha) peso (Ejemplo 7.43).

7.9   Ejercicios propuestos

Sea $G = (V, A, \psi)$ el grafo representado en el siguiente diagrama:

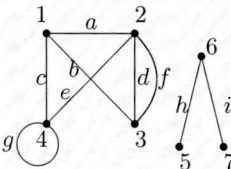

1. Escribe explícitamente los conjuntos V y A, la función de incidencia y la de adyacencia.

2. Determina el grado de cada uno de los vértices de este grafo. ¿Es regular?

3. Para cada vértice v determina los conjuntos $\Gamma(v)$, $\Gamma^2(v)$, $\Gamma^3(v)$ y $\Gamma^4(v)$.

4. Obtener el subgrafo generado por los vértices 1, 2 y 3, el subgrafo generado por las aristas a, e y f, y tres subgrafos generadores distintos entre sí.

5. Encontrar un ciclo en el grafo y una cadena cerrada.

6. Determinar si el grafo es conexo y, si no lo es, obtener sus componentes conexas. Para cada una de las dos componentes conexas encontrar, si es posible al menos, un vértice de corte, una arista de corte, una cortadura de vértices y una cortadura de aristas.

7. Obtener la matriz de accesibilidad del grafo.

Dado el grafo $G = (V, A)$, donde

$$V = \{1, 2, 3, 4, 5, 6\},$$
$$A = \{\{1, 3\}, \{1, 5\}, \{2, 4\}, \{2, 6\}, \{3, 5\}, \{4, 6\}\},$$

1. Aplicar un algoritmo de búsqueda para un vértice del grafo.

2. Determinar si el grafo es conexo, y si no lo es obtener sus componentes conexas.

3. Encontrar un ciclo el grafo.

Ejercicio 7.3

Dado el grafo definido por la matriz de adyacencia

$$M_A = \begin{pmatrix} 0 & 1 & 1 & 1 & 1 & 0 & 0 \\ 1 & 0 & 0 & 0 & 1 & 0 & 0 \\ 1 & 0 & 0 & 1 & 0 & 1 & 1 \\ 1 & 0 & 1 & 0 & 1 & 0 & 1 \\ 1 & 1 & 0 & 1 & 0 & 0 & 1 \\ 0 & 0 & 1 & 0 & 0 & 0 & 1 \\ 0 & 0 & 1 & 1 & 1 & 1 & 0 \end{pmatrix},$$

1. Determinar si es un grafo euleriano.

2. Encontrar si existe una camino o un ciclo euleriano.

3. Determinar si el grafo es hamiltoniano.

4. Encontrar un camino hamiltoniano si es posible.

Ejercicio 7.4

Dado un grafo simple $G = (V, A)$, demuestre que:

1. Si todo par de vértices del grafo está conectado por un único camino, entonces es un árbol.

2. Si solo tiene dos vértices de grado 1 es un camino.

3. Si G es un arbol, entonces es un grafo bipartido.

Ejercicio 7.5

Obténganse los árboles generadores de mínimo y máximo peso del grafo ponderado con matriz de costes

$$M_C = \begin{pmatrix} 0 & 28 & 0 & 0 & 0 & 10 & 0 \\ 28 & 0 & 16 & 0 & 0 & 0 & 14 \\ 0 & 16 & 0 & 12 & 0 & 0 & 0 \\ 0 & 0 & 12 & 0 & 22 & 0 & 18 \\ 0 & 0 & 0 & 22 & 0 & 25 & 24 \\ 10 & 0 & 0 & 0 & 25 & 0 & 0 \\ 0 & 14 & 0 & 18 & 24 & 0 & 0 \end{pmatrix}.$$

Ejercicio 7.6

Un hidrocarburo saturado es una molécula con una fórmula $C_m H_n$, en la que cada átomo de carbono (C) tiene cuatro enlaces, y cada átomo de hidrógeno (H), uno, de tal modo que ninguna sucesión de enlaces forma un ciclo. Demostrar que para cada entero positivo n, $C_m H_n$ existe sólo si $n = 2m + 2$.

Apéndice A

Ejercicios resueltos de grafos

A.1 Introducción

En este apéndice se presentan una serie de ejercicios teórico-prácticos relacionados con la teoría de grafos. Con ellos, el lector puede poner en práctica los conocimientos adquiridos tras la lectura del último capítulo para resolver problemas reales. Algunos de los problemas planteados requieren el uso de programas informáticos para aplicar ciertos algoritmos. En nuestro caso, hemos empleado el software SWGraphs[1].

---

[1] El software, desarrollado en el lenguaje de programación Java, puede descargarse directamente desde el siguiente enlace: https://courses.edx.org/assets/courseware/v1/1fca42efac6e29498894eb423d62e5f7/asset-v1:UPValenciaX+TGV201x.1+2T2021+type@asset+block/SWGraphs_2.1.9.jar. Para aprender a utilizar el software, recomendamos el curso online "Aplicaciones de la Teoría de Grafos a la Vida Real (I)" (plataforma edX), disponible en https://www.edx.org/course/aplicaciones-de-la-teoria-de-grafos-a-la-vida-real

A.2   Enunciados y soluciones

Sea

$$
M_I = \begin{pmatrix}
1 & 1 & 1 & 1 & 0 & 0 & 0 \\
1 & 0 & 0 & 0 & 1 & 0 & 0 \\
0 & 1 & 0 & 0 & 1 & 1 & 0 \\
0 & 0 & 1 & 0 & 0 & 1 & 1 \\
0 & 0 & 0 & 1 & 0 & 0 & 1
\end{pmatrix}
$$

la matriz de incidencia de un grafo G.

   a) Represente el diagrama del grafo G.

   b) Calcule su matriz de adyacencia A.

   c) ¿Se trata de un grafo simple? Justifique la respuesta.

   d) ¿Es un grafo completo? Justifique la respuesta.

   e) Indique los grados de todos los vértices.

   f) ¿Es un grafo regular? Justifique la respuesta.

   g) ¿Contiene el grafo algún ciclo o algún camino euleriano? Justifique la respuesta.

   h) ¿Puede añadir alguna propiedad más del grafo? Justifíquela.

Solución:

Dibujando el grafo con el software SWGraph y empleando sus herramientas, obtenemos los siguientes resultados.

   a) El diagrama del grafo dibujado para la matriz de incidencia dada se muestra en la Figura A.1.

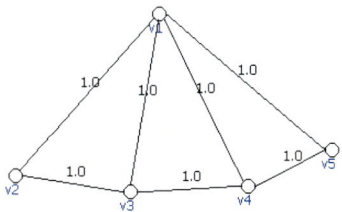

Figura A.1: Diagrama del grafo.

b) La matriz de adyacencia viene dada por

$$M_A = \begin{pmatrix} 0 & 1 & 1 & 1 & 1 \\ 1 & 0 & 1 & 0 & 0 \\ 1 & 1 & 0 & 1 & 0 \\ 1 & 0 & 1 & 0 & 1 \\ 1 & 0 & 0 & 1 & 0 \end{pmatrix}$$

	v1	v2	v3	v4	v5
v1	0	1	1	1	1
v2	1	0	1	0	0
v3	1	1	0	1	0
v4	1	0	1	0	1
v5	1	0	0	1	0

Figura A.2: Matriz de adyacencia del grafo.

c) En la matriz de incidencia observamos que no hay dos columnas iguales, es decir, que no existen aristas paralelas (no hay dos aristas o más que unan el mismo par de vértices). Asimismo, podemos observar que la diagonal de la matriz de adyacencia sólo tiene entradas nulas, por lo que no existen bucles. Por lo tanto, el grafo es simple.

d) En la matriz de adyacencia encontramos ceros fuera de la diagonal, por lo que existen pares de vértices que no están unidos por ninguna arista en el grafo. Por ejemplo, la entrada $a_{25} = 0$, es decir, que no existe arista entre v_2 y v_5. Por lo tanto, el grafo no es completo.

e) Para calcular los grados de los vértices, basta con sumar por filas o columnas la matriz de adyacencia, o las filas de la matriz de incidencia del grafo. De este modo, obtenemos que

$$g(v_1) = \sum_{i=1}^{5} a_{i1} = 4,$$

$$g(v_2) = \sum_{i=1}^{5} a_{i2} = 2,$$

$$g(v_3) = \sum_{i=1}^{5} a_{i3} = 3,$$

$$g(v_4) = \sum_{i=1}^{5} a_{i4} = 3,$$

$$g(v_5) = \sum_{i=1}^{5} a_{i5} = 2.$$

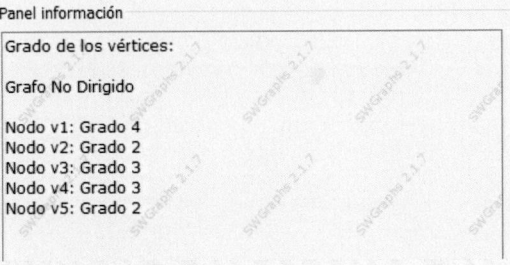

Figura A.3: Grados del grafo.

f) Un grafo es regular si todos los vértices tienen el mismo grado. En este caso, no se trata de un grafo regular, ya que los grados de los vértices difieren.

g) Un grafo conexo contiene un ciclo euleriano si y solo si todos los vértices tienen grado par (Teorema de Euler 7.10), y contiene un camino euleriano si y solo si tiene exactamente dos vértices de grado impar (Proposición 7.14). En este caso, encontramos exactamente dos vértices de grado impar (grado 3), v_3 y v_4, y el resto de grado par. Por tanto, en este grafo existirá un camino euleriano de v_3 a v_4.

h) En este caso podemos añadir que el grafo es conexo, ya que el vértice v_1 es adyacente al resto de vértices del grafo, o bien porque hay un ciclo que pasa por todos los vértices del grafo, $C = \{v_1, v_2, v_3, v_4, v_5, v_1\}$.

Ejercicio A.2

Represente el grafo G cuya matriz de adyacencia es

$$M_A = \begin{pmatrix} 0 & 1 & 1 & 0 & 1 \\ 0 & 0 & 1 & 0 & 0 \\ 0 & 0 & 0 & 0 & 0 \\ 1 & 0 & 0 & 0 & 0 \\ 0 & 0 & 0 & 1 & 0 \end{pmatrix}.$$

Calcule sus componentes conexas e indique razonadamente si se trata de un grafo fuertemente conexo.

Solución:

Al tratarse de una matriz de adyacencia asimétrica, el grafo G es dirigido. La representación del grafo se muestra en la Figura A.4.

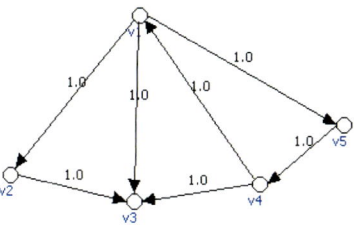

Figura A.4: Diagrama del grafo.

Si observamos los grados de los vértices, comprobamos que el grado de salida del vértice v_3 es $g_s(v_3) = 0$ (no hay arcos que salen de él). Por ello, no existe ningún camino dirigido que pase por dicho vértice. Por lo tanto, el grafo no puede ser fuertemente conexo.

Para hallar sus componentes fuertemente conexas, podemos calcular en primer lugar su matriz de accesibilidad, que viene dada por

$$A = \begin{pmatrix} 1 & 1 & 1 & 1 & 1 \\ 0 & 1 & 1 & 0 & 0 \\ 0 & 0 & 1 & 0 & 0 \\ 1 & 1 & 1 & 1 & 1 \\ 1 & 1 & 1 & 1 & 1 \end{pmatrix}.$$

A continuación, si multiplicamos la matriz de accesibilidad por su traspuesta, obteniendo

$$
AA^T =
\begin{pmatrix}
1 & 1 & 1 & 1 & 1 \\
0 & 1 & 1 & 0 & 0 \\
0 & 0 & 1 & 0 & 0 \\
1 & 1 & 1 & 1 & 1 \\
1 & 1 & 1 & 1 & 1
\end{pmatrix}
\cdot
\begin{pmatrix}
1 & 0 & 0 & 1 & 1 \\
1 & 1 & 0 & 1 & 1 \\
1 & 1 & 1 & 1 & 1 \\
1 & 0 & 0 & 1 & 1 \\
1 & 0 & 0 & 1 & 1
\end{pmatrix}
=
\begin{array}{c}
v_1 \\
v_2 \\
v_3 \\
v_4 \\
v_5
\end{array}
\begin{array}{ccccc}
v_1 & v_2 & v_3 & v_4 & v_5 \\
\left[\begin{array}{ccccc}
1 & 0 & 0 & 1 & 1 \\
0 & 1 & 0 & 0 & 0 \\
0 & 0 & 1 & 0 & 0 \\
1 & 0 & 0 & 1 & 1 \\
1 & 0 & 0 & 1 & 1
\end{array}\right]
\end{array}.
$$

Observamos que existen tres tipos de filas:

- las de los vértices v_1, v_4 y v_5,

- la del vértice v_2, y

- la del vértice v_3.

Reordenando filas y columnas, quedan más claras las componentes conexas:

$$
\begin{array}{c}
v_1 \\
v_4 \\
v_5 \\
v_2 \\
v_3
\end{array}
\begin{array}{ccccc}
v_1 & v_4 & v_5 & v_2 & v_3 \\
\left[\begin{array}{ccccc}
1 & 1 & 1 & 0 & 0 \\
1 & 1 & 1 & 0 & 0 \\
1 & 1 & 1 & 0 & 0 \\
0 & 0 & 0 & 1 & 0 \\
0 & 0 & 0 & 0 & 1
\end{array}\right]
\end{array}.
$$

Cada uno de estos grupos de vértices forma una componente fuertemente conexa distinta, tal y como se muestra en la Figura A.5

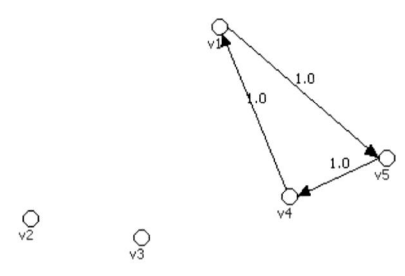

Figura A.5: Componentes fuertemente conexas del grafo.

Ejercicio A.3

El grafo $G = (V, A)$ es un grafo acíclico con cuatro componentes conexas y $n = 2008$ vértices.

    a) Si todos los vértices tienen grado 1 o 2, ¿cuántos vértices hay de cada clase?

    b) Si todos los vértices tienen grado 1 o 3, ¿cuántos vértices hay de cada clase?

Solución:

    a) Si el grafo es acíclico, esto significa que cada componente conexa es un árbol. Adicionalmente, como tan solo existen vértices de grado 1 o 2, cada componente conexa es un camino, es decir, que en cada componente conexa encontraremos dos vértices de grado 1 y, el resto, de grado 2. Por lo tanto, tendremos $2 \cdot 4 = 8$ vértices de grado 1, y sabiendo que el número total de vértices es de 2008, tendremos $2008 - 8 = 2000$ vértices de grado 2.

    b) Sabiendo que el grafo tiene cuatro componentes conexas acíclicas (árboles), G_1, G_2, G_3 y G_4, sabemos que

$$\sum_{i=1}^{4} n_i = n = 2008.$$

Por otro lado, el número de aristas $e = |A|$ del grafo G es la suma del número de aristas e_i de cada una de sus componentes conexas G_i, con $i = 1, 2, 3, 4$. Por las propiedades del árbol (Teorema 7.13), deducimos que

$$e_i = n_i - 1, \ \forall i = 1, 2, 3, 4 \ ,$$

$$e = \sum_{i=1}^{4} e_i = \sum_{i=1}^{4} (n_i - 1) = \left(\sum_{i=1}^{4} n_i \right) - 4 = n - 4 = 2008 - 4 = 2004.$$

En este punto, es inmediato deducir que la suma de los grados de todo el grafo, por el Teorema del Apretón de Manos (Teorema 7.2), es

$$\sum_{v \in G} g(v) = 2e = 2 \cdot 2004 = 4008.$$

Si denominamos x al número de vértices de grado 1, e y al número de vértices de grado 3, y sabiendo que $x+y = n = 2008$, o alternativamente, que $x = 2008-y$, concluimos que

$$4008 = \sum_{v \in G} g(v) = \sum_{v \in G: \; g(v)=1} g(v) + \sum_{v \in G: \; g(v)=3} g(v)$$

$$= x \cdot 1 + y \cdot 3 = (2008 - y) + 3y = 2008 + 2y,$$

$$y = \frac{4008 - 2008}{2} = 1000,$$

$$x = 2008 - y = 2008 - 1000 = 1008.$$

Por lo tanto, en el grafo G existen 1008 vértices de grado 1 y 1000 vértices de grado 3.

Ejercicio A.4

Calcule un subgrafo generador del grafo de la Figura A.6 aplicando el algoritmo BFS y numerando los vértices a medida que vayan siendo alcanzados por el algoritmo.

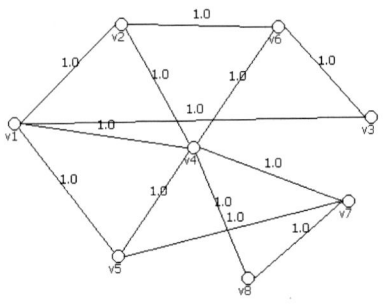

Figura A.6: Diagrama del grafo.

Solución:

Aplicamos el algoritmo BFS desde el vértice v_1:

1. Los vértices adyacentes a v_1 son $\Gamma(v_1) = \{v_2, v_3, v_4, v_5\}$. Tras incorporarlos a la cola $Q = \{v_2, v_3, v_4, v_5\}$, tomamos el primer vértice de la cola, v_2, lo eliminamos de la cola $Q = \{v_3, v_4, v_5\}$, lo añadimos a la lista de visitados $S = \{v_1\}$ y repetimos el procedimiento.

2. Los vértices adyacentes a v_2 son $\Gamma(v_2) = \{v_4, v_5, v_6\}$. Como v_4 y v_5 ya están en la cola, tan solo incorporamos a la cola v_6, obteniendo que $Q = \{v_3, v_4, v_5, v_6\}$. A continuación, tomamos el primer vértice de la cola, v_3, lo eliminamos de la cola $Q = \{v_4, v_5, v_6\}$, lo añadimos a la lista de visitados $S = \{v_1, v_2\}$ y repetimos el procedimiento.

3. Los vértices adyacentes a v_3 son $\Gamma(v_3) = \{v_1, v_6\}$. Como ya están en la cola, no modificamos la cola $Q = \{v_4, v_5, v_6\}$. A continuación, tomamos el primer vértice de la cola, v_4, lo eliminamos de la cola $Q = \{v_5, v_6\}$, lo añadimos a la lista de visitados $S = \{v_1, v_2, v_3\}$ y repetimos el procedimiento.

4. Los vértices adyacentes a v_4 son $\Gamma(v_4) = \{v_1, v_2, v_5, v_6, v_7, v_8\}$. Como tan solo v_7 y v_8 no han sido visitados ni están en la cola, los incorporamos en la cola $Q = \{v_5, v_6, v_7, v_8\}$. A continuación, tomamos el primer vértice de la cola, v_5, lo eliminamos de la cola, $Q = \{v_6, v_7, v_8\}$, lo añadimos a la lista de visitados $S = \{v_1, v_2, v_3, v_4, v_5\}$ y repetimos el procedimiento.

5. Como a partir de este punto todos los vértices están en la cola o en la lista de visitados, el algoritmo BFS irá retirando los vértices de la cola Q de primero a último y transfiriéndolos por ese orden a la lista de visitados S. Por lo tanto, tras los cuatro últimos vértices (de v_5 a v_8), el algoritmo BFS finalizará y retornará la lista $S = \{v_1, v_2, v_3, v_4, v_5, v_6, v_7, v_8\}$.

El resultado del algoritmo BFS se muestra en la Figura A.7.

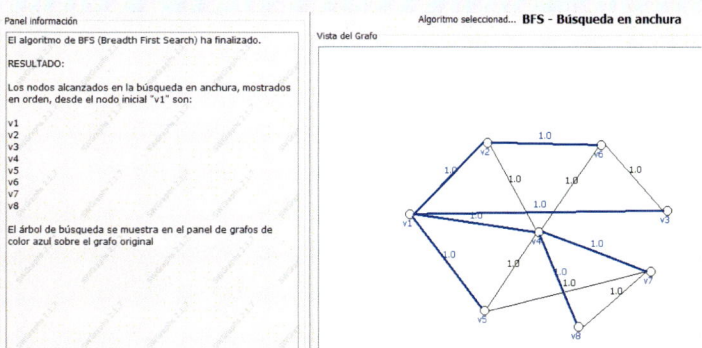

Figura A.7: Resultado del algoritmo BFS.

Ejercicio A.5

Aplique el algoritmo de Dijkstra sobre el grafo ponderado de la Figura A.8 para calcular el camino de mínimo peso del vértice A al vértice E.

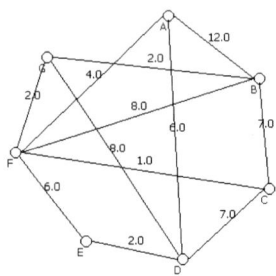

Figura A.8: Diagrama del grafo.

Solución:

Aplicamos el algoritmo de Dijkstra desde el vértice A:

1. Inicializamos el vector de etiquetas $D = (0, \infty, \infty, \infty, \infty, \infty, \infty)$, inicialmente infinitas, a excepción de la del vértice inicial $D(A) = 0$.

	A	B	C	D	E	F	G
D (ini.)	0	∞	∞	∞	∞	∞	∞

2. Tomando A como vértice actual, dados sus vértices adyacentes $\Gamma(A) = \{B, D, F\}$, y sabiendo que la el peso $D(A) = 0$, actualizamos las etiquetas de los vértices adyacentes como

$$D(B) = \min\{D(B), D(A) + \omega(\{A, B\})\} = \min\{\infty, 0 + 12\} = 12,$$
$$D(D) = \min\{D(D), D(A) + \omega(\{A, D\})\} = \min\{\infty, 0 + 6\} = 6,$$
$$D(F) = \min\{D(F), D(A) + \omega(\{A, F\})\} = \min\{\infty, 0 + 4\} = 4,$$

y añadimos A a la lista de visitados, $S = \{A\}$. La etiqueta de A queda fija.

	A	B	C	D	E	F	G
D (ini.)	**0**	∞	∞	∞	∞	∞	∞
D (it. 1)		12/A	∞	6/A	∞	4/A	∞

3. Elegimos F como vértice actual, ya que es el vértice con menor peso de entre los no visitados, $D(F) = 4$. Dados sus vértices adyacentes $\Gamma(F) = \{A, B, C, E, G\}$, actualizamos las etiquetas de los vértices no visitados (B,C,E y G) como

$$D(B) = \min\{D(B), D(F) + \omega(\{F, B\})\} = \min\{12, 4 + 8\} = 12,$$
$$D(C) = \min\{D(B), D(F) + \omega(\{F, C\})\} = \min\{\infty, 4 + 1\} = 5,$$
$$D(E) = \min\{D(B), D(F) + \omega(\{F, E\})\} = \min\{\infty, 4 + 6\} = 10,$$
$$D(G) = \min\{D(B), D(F) + \omega(\{F, G\})\} = \min\{\infty, 4 + 2\} = 6,$$

y añadimos F a la lista de visitados, $S = \{A, F\}$. La etiqueta de F queda fija.

	A	B	C	D	E	**F**	G
D (ini.)	**0**	∞	∞	∞	∞	∞	∞
D (it. 1)		12/A	∞	6/A	∞	**4/A**	∞
D (it. 2)		12/A	5/F	6/A	10/F		6/F

4. Elegimos C como vértice actual, ya que es el vértice con menor peso de entre los no visitados, $D(C) = 5$. Dados sus vértices adyacentes $\Gamma(C) = \{B, D, F\}$, actualizamos las etiquetas de los vértices no visitados (B y D) como

$$D(B) = \min\{D(B), D(C) + \omega(\{C, B\})\} = \min\{12, 5 + 7\} = 12,$$
$$D(D) = \min\{D(D), D(C) + \omega(\{C, D\})\} = \min\{6, 5 + 7\} = 6,$$

y añadimos C a la lista de visitados, $S = \{A, F, C\}$. La etiqueta de C queda fija.

	A	B	**C**	D	E	**F**	G
D (ini.)	**0**	∞	∞	∞	∞	∞	∞
D (it. 1)		12/A	∞	6/A	∞	**4/A**	∞
D (it. 2)		12/A	**5/F**	6/A	10/F		6/F
D (it. 3)		12/A		6/A	10/F		6/F

5. Elegimos D como vértice actual, ya que es el vértice con menor peso de entre los no visitados, $D(\text{D}) = 6$ (también podríamos haber elegido E, pero preferimos tomar D por orden alfabético). Dados sus vértices adyacentes $\Gamma(\text{D}) = \{\text{A}, \text{C}, \text{E}, \text{G}\}$, actualizamos las etiquetas de los vértices no visitados (E y G) como

$$D(\text{E}) = \min\{D(\text{E}), D(\text{D}) + \omega(\{\text{D}, \text{E}\})\} = \min\{10, 6+2\} = 8,$$
$$D(\text{G}) = \min\{D(\text{G}), D(\text{D}) + \omega(\{\text{D}, \text{G}\})\} = \min\{6, 6+8\} = 14,$$

y añadimos D a la lista de visitados, $S = \{\text{A}, \text{F}, \text{C}, \text{D}\}$. La etiqueta de D queda fija.

	A	**B**	**C**	**D**	**E**	**F**	**G**
D (ini.)	**0**	∞	∞	∞	∞	∞	∞
D (it. 1)		12/A	∞	6/A	∞	**4/A**	∞
D (it. 2)		12/A	**5/F**	6/A	10/F		6/F
D (it. 3)		12/A		**6/A**	10/F		6/F
D (it. 4)		12/A			8/D		6/F

6. Elegimos G como vértice actual, ya que es el vértice con menor peso de entre los no visitados, $D(\text{G}) = 6$. Dados sus vértices adyacentes $\Gamma(\text{G}) = \{\text{B}, \text{D}, \text{F}\}$, actualizamos las etiquetas de los vértices no visitados (B) como

$$D(\text{B}) = \min\{D(\text{B}), D(\text{G}) + \omega(\{\text{G}, \text{B}\})\} = \min\{12, 6+2\} = 8,$$

y añadimos G a la lista de visitados, $S = \{\text{A}, \text{F}, \text{C}, \text{D}, \text{G}\}$. La etiqueta de G queda fija.

	A	**B**	**C**	**D**	**E**	**F**	**G**
D (ini.)	**0**	∞	∞	∞	∞	∞	∞
D (it. 1)		12/A	∞	6/A	∞	4/A	∞
D (it. 2)		12/A	**5/F**	6/A	10/F		6/F
D (it. 3)		12/A		**6/A**	10/F		6/F
D (it. 4)		12/A			8/D		**6/F**
D (it. 5)		8/G			8/D		

7. Elegimos B como vértice actual, ya que es el vértice con menor peso de entre los no visitados, $D(\text{B}) = 8$ (por orden alfabético). Dados sus vértices adya-

centes $\Gamma(B) = \{A, C, F, G\}$, como todos han sido visitados, no actualizamos las etiquetas, y añadimos B a la lista de visitados, $S = \{A, F, C, D, G, B\}$. La etiqueta de B queda fija.

	A	**B**	**C**	**D**	**E**	**F**	**G**
D (ini.)	**0**	∞	∞	∞	∞	∞	∞
D (it. 1)		12/A	∞	6/A	∞	**4/A**	∞
D (it. 2)		12/A	**5/F**	6/A	10/F		6/F
D (it. 3)		12/A		**6/A**	10/F		6/F
D (it. 4)		12/A			8/D		**6/F**
D (it. 5)		**8/G**			8/D		
D (it. 6)					8/D		

8. Finalmente, elegimos E como vértice actual, ya que es el último vértice por visitar. Dados sus vértices adyacentes $\Gamma(E) = \{D, F\}$, como todos han sido visitados, no actualizamos las etiquetas, y añadimos E a la lista de visitados, $S = \{A, F, C, D, G, B, E\}$. La etiqueta de E queda fija.

	A	**B**	**C**	**D**	**E**	**F**	**G**
D (ini.)	**0**	∞	∞	∞	∞	∞	∞
D (it. 1)		12/A	∞	6/A	∞	**4/A**	∞
D (it. 2)		12/A	**5/F**	6/A	10/F		6/F
D (it. 3)		12/A		**6/A**	10/F		6/F
D (it. 4)		12/A			8/D		**6/F**
D (it. 5)		**8/G**			8/D		
D (it. 6 y 7)					**8/D**		

9. Al no existir más vértices por visitar, el algoritmo finaliza.

El resultado del algoritmo es el vector con los pesos de los caminos más cortos entre el vértice A y el resto de vértices, $D = (0, 8, 5, 6, 8, 4, 6)$. Los resultados del algoritmo de Dijkstra, reflejados en la Figura A.9, muestran que el camino más corto para alcanzar el vértice E desde A sería $P = (A, D, E)$, con peso mínimo $D(E) = 8$.

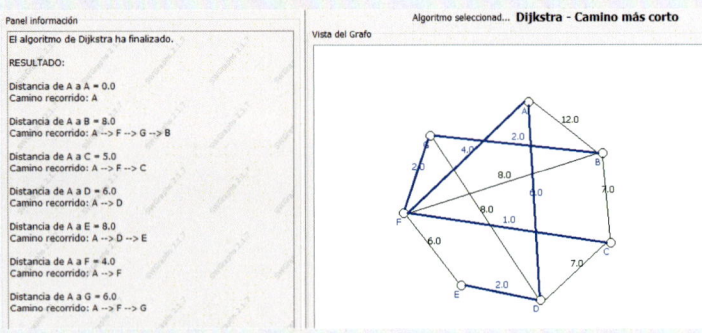

Figura A.9: Resultados del algoritmo de Dijkstra.

Ejercicio A.6

Una red de ordenadores se ha diseñado de tal modo que la distancia entre cada uno de ellos viene dada en metros por la Tabla A.1.

	B	C	D	E	F	G	H	I
A	5	5		2				
B			2	2				
C				2	2			
D				3		3		
E					3		4	
F								3

Tabla A.1: Distancias entre nodos de la red.

a) *Represente el grafo.*

b) *Determine si el grafo es bipartito. ¿Es un árbol? Justifique la respuesta.*

c) *¿Cuántas aristas se deberían eliminar del grafo para obtener un árbol generador?*

d) *¿Se puede mandar un mensaje desde el nodo I que recorra todos los nodos, pasando una única vez por cada nodo? En caso afirmativo, indique cuál sería el camino.*

Solución:

a) El diagrama de la red de ordenadores se muestra en la Figura A.10.

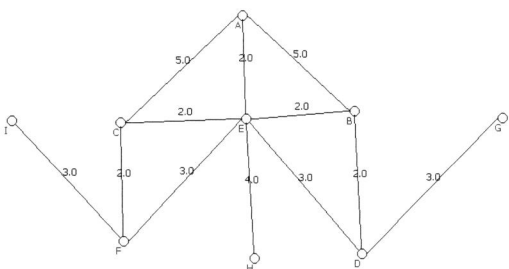

Figura A.10: Diagrama del grafo.

b) Por el Teorema 7.3, sabemos que un grafo bipartido no contiene ciclos de longitud impar. En este caso, encontramos por ejemplo el ciclo $C = (A, C, E, A)$, de longitud 3. Por lo tanto, concluimos que el grafo no es bipartido. Por otro lado, sabemos por definición que un árbol es un grafo acíclico, y como esta red presenta ciclos, no puede ser un árbol.

c) Por el Teorema 7.13, sabemos que si nuestra red tiene 9 nodos, un árbol generador debería tener 8 aristas. Como el grafo presenta 12 aristas, deberíamos eliminar $12 - 8 = 4$ aristas para construir un árbol generador.

d) Mandar un mensaje desde el nodo I que pase por todos los nodos una sola vez, por definición, equivale a encontrar un camino hamiltoniano en el grafo. Aunque no existe un teorema de caracterización de los grafos hamiltonianos, si observamos en este caso particular que tres nodos - I, H y G - tienen grado 1, es fácil deducir que no puede existir un camino hamiltoniano. Esto se deduce teniendo en cuenta que, si entramos en uno de dichos nodos, por ejemplo al nodo H desde el nodo E, el camino no podría continuar hacia otro vértice, a no ser que se recorriese la arista en sentido inverso y se volviese al nodo anterior, el nodo E.

Ejercicio A.7

Dado el grafo de la Figura A.11, que representa al parque científico de la Universidad de Rivendel con sus edificios y las distancias entre ellos (en kilómetros), responda a las siguientes cuestiones indicando y explicando razonadamente el procedimiento utilizado, los algoritmos empleados y los resultados obtenidos:

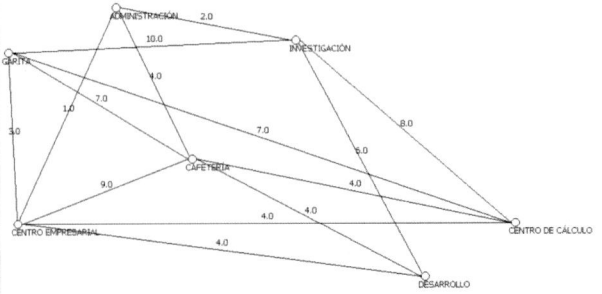

Figura A.11: Diagrama del grafo.

a) *Un camión de la basura quiere recorrer todas las calles sin repetir ninguna partiendo de la Garita de acceso y volviendo de nuevo a ella. ¿Es posible? Justifique la respuesta.*

b) *Si el camión de la basura quiere recorrer todas las calles partiendo de la Garita de acceso y volviendo de nuevo a ella, aunque se vea obligado a pasar más de una vez por alguna calle, ¿cuál sería el mínimo número de metros que recorrería en este caso? ¿Por qué calles se vería obligado a pasar más de una vez?*

c) *Acaba de llegar el nuevo ordenador de alto rendimiento al Centro de Cálculo. Antes de instalarlo, el gerente, que está en su despacho en el edificio de Administración, y el director de programas de desarrollo, que está en el Centro de Desarrollo, deben personarse. ¿Qué recorrido deberán hacer para llegar lo más rápido posible? ¿Cuántos kilómetros recorrerán? Si la calle que va desde Empresas al Centro de Cálculo está bloqueada por el camión de la basura, ¿cuál sería el nuevo recorrido, y cuántos kilómetros recorrerían?*

d) *El personal del edificio de Desarrollo se ha quejado de la dificultad de acceso al edificio de Administración, en el que habitualmente realizan muchas gestiones. Por ello, se ha construido una nueva calle de 3 kilómetros que los une directamente. En este caso, ¿sería posible recorrer todas las calles del parque científico sin pasar dos veces por la misma calle, partiendo de los puntos situados en el plano y terminando en otro punto? En caso de ser posible, ¿cuáles serían estos puntos?*

e) *En la Garita de acceso se recoge el correo que llega del exterior y se procede a clasificarlo y distribuirlo a cada uno de los edificios. ¿Sería posible encontrar una ruta para efectuar el reparto de modo que recorra todos los edificios sin pasar dos o más veces por el mismo?*

f) *Se encarga al intendente de Seguridad que diseñe las rutas a seguir desde la Garita en el caso de que suene una alarma, con el fin de llegar al punto de incidencia en el menor tiempo posible. El intendente da tres soluciones (Figura A.12). ¿Cuál es la correcta?*

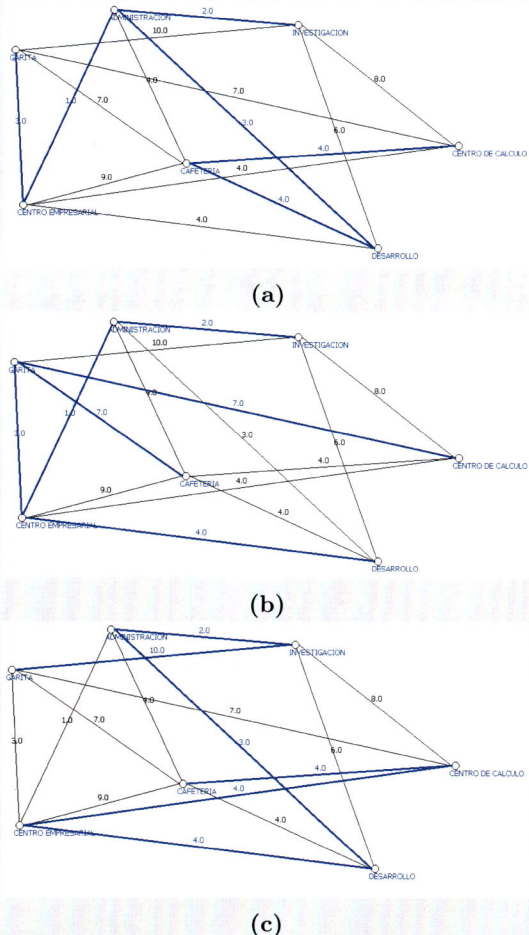

(a)

(b)

(c)

Figura A.12: Tres soluciones propuestas por el intendente de Seguridad.

g) *Se va a instalar una nueva red de datos de alta velocidad. El cableado irá enterrado en las aceras de las carreteras. ¿Cómo debería diseñarse para que el coste de la instalación sea mínimo?*

h) *Al final del día, el guardia de seguridad debe cerrar todos los edificios y, al principio del día, abrirlos, a excepción de la Cafetería, que tiene un horario distinto. ¿Qué ruta debería seguir el guardia para recorrer la menor distancia posible?*

Solución:

a) Un recorrido que, partiendo de un vértice, pasa por todas las calles (aristas) sin repetir ninguna de ellas y retorna al vértice inicial es la definición de un ciclo euleriano. Por el Teorema de Euler (Teorema 7.10), sabemos que un grafo es euleriano si y sólo si no contiene vértices de grado impar. Si observamos los grados de los vértices (Figura A.13), comprobaremos que existen cuatro vértices de grado impar, por lo que concluimos que el ciclo no es euleriano, y que el recorrido propuesto no es posible.

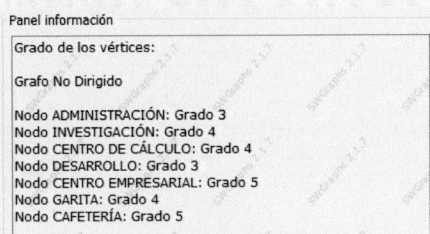

Figura A.13: Grados del grafo.

b) En este caso, se trata de un problema de cartero chino, en el que se pretende recorrer con la mínima distancia posible todas las calles del grafo. Los resultados del algoritmo se muestran en la Figura A.14.

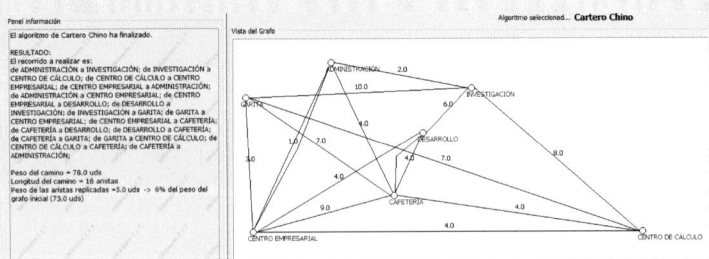

Figura A.14: Resultados del algoritmo del cartero chino.

Los resultados muestran que el camión de la basura recorrería 78 kilómetros a través de un total de 16 calles, y que pasaría dos veces por las calles {ADMINISTRACIÓN, CENTRO EMPRESARIAL} y {CAFETERÍA, DESARROLLO}.

c) En este caso, para encontrar el camino más corto desde los edificios de Administración y Desarrollo hasta el Centro de Cálculo, aplicamos dos veces el algoritmo de Dijkstra sobre el grafo, tomando como vértices iniciales Administración y Desarrollo, respectivamente, y Centro de Cálculo como vértice final. Los resultados se muestran en las Figuras A.15a y A.15b.

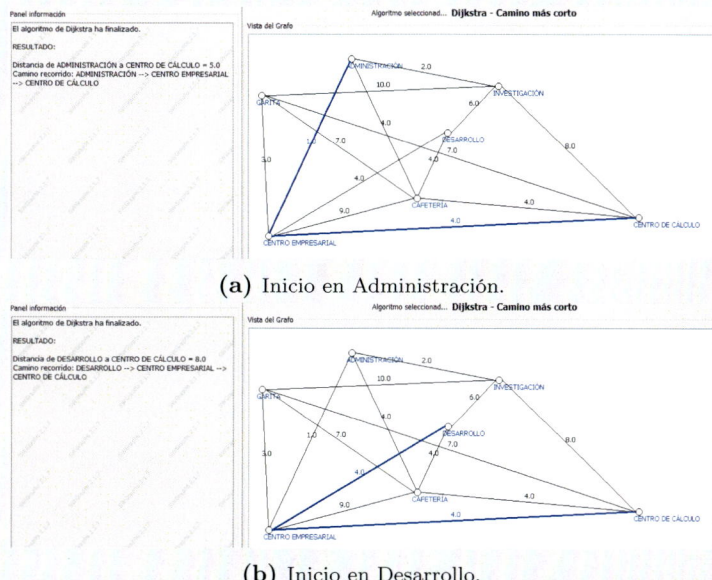

(a) Inicio en Administración.

(b) Inicio en Desarrollo.

Figura A.15: Resultados del algoritmo de Dijkstra.

Los resultados indican que la distancia mínima que recorrerá el gerente entre Administración y Centro de Cálculo es de 5 kilómetros, mientras que la distancia mínima para el director de programas de desarrollo será de 8 kilómetros, por lo que llegará antes el gerente. En ambos casos, las dos personas deben pasar por Centro Empresarial si desean recorrer la ruta más corta.

Si la calle {CENTRO EMPRESARIAL, CENTRO DE CÁLCULO} se encuentra cortada, podemos resolver el problema asignando un peso muy elevado a dicha calle para evitar que el algoritmo de Dijkstra opte por dicha calle. Por ejemplo, el peso podría ser de 5000 unidades. Con esta nueva actualización, y aplicando de nuevo el algoritmo de Dijkstra, los resultados obtenidos se muestran en las Figuras A.16a y A.16b.

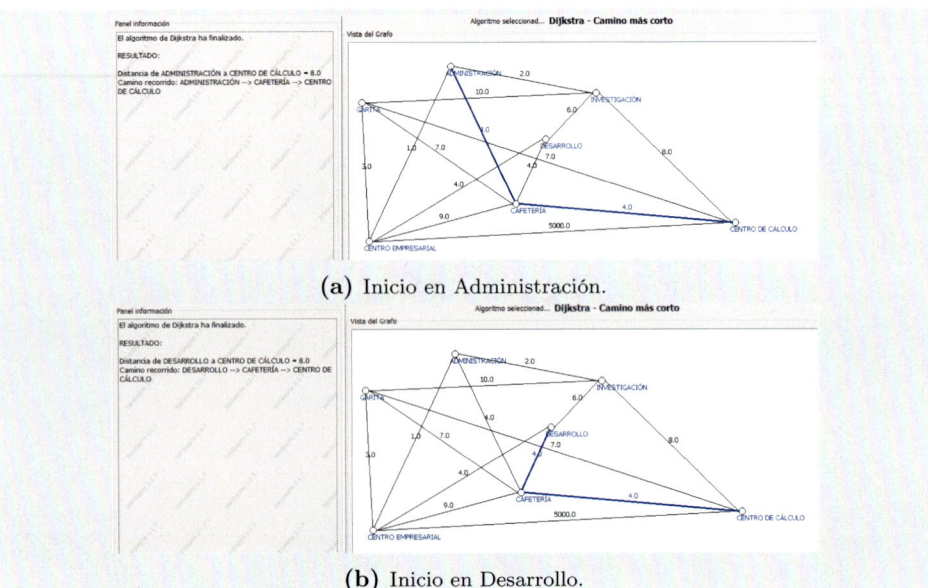

(a) Inicio en Administración.

(b) Inicio en Desarrollo.

Figura A.16: Resultados del algoritmo de Dijkstra con la calle cortada.

Los resultados indican que, en este supuesto, las dos personas recorrerán la misma distancia mínima, 8 kilómetros, y que ambos pasan por la Cafetería en su ruta más corta.

d) En este caso, se pide encontrar un recorrido que, partiendo de la Garita, pase por todos los edificios (vértices) del grafo y retorne al punto de partida. En otras palabras, se pide encontrar un ciclo hamiltoniano. Para ello, aunque no se han detallado en el Capítulo 7, aplicamos un algoritmo de grafo hamiltoniano de mínimo peso sobre el grafo. Los resultados se muestran en la Figura A.17.

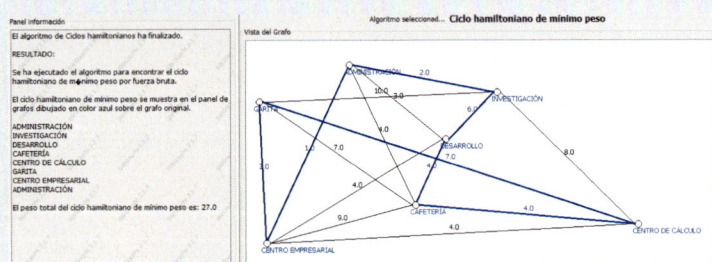

Figura A.17: Resultados del algoritmo de ciclo hamiltoniano de mínimo peso.

e) Para resolver este problema, en primer lugar añadimos una nueva arista {ADMINISTRACIÓN, DESARROLLO}, dándole un peso de 3 unidades. En este nuevo grafo, observamos que todos los grados de los vértices son 4 (grado par), a excepción de dos de ellos, Cafetería y Centro Empresarial, que son de grado 5 (grado impar). Por la Proposición 7.14, deducimos que existe un camino euleriano. Para obtenerlo, debemos transformar el grafo en un grafo euleriano mediante dos opciones:

- incluir una arista artificial entre los vértices Cafetería y Centro Empresarial, o

- incluir un vértice artificial con una arista hacia Cafetería y otra hacia Centro Empresarial.

En este caso, al existir ya una arista entre Cafetería y Centro Empresarial, optamos por añadir un vértice artificial y, de este modo, evitar crear una arista paralela. Una vez modificado el grafo, aplicamos el algoritmo de Hierholzer para encontrar el ciclo euleriano. Los resultados se muestran en la Figura A.18.

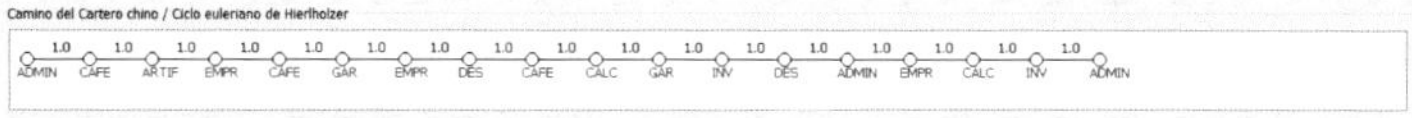

Figura A.18: Resultados del algoritmo de Hierholzer.

Eliminando el vértice y las dos aristas artificiales, obtenemos el siguiente camino euleriano:

$$\text{Centro Empresarial} \to \text{Cafetería} \to \text{Garita} \to$$
$$\text{Centro Empresarial} \to \text{Desarrollo} \to \text{Cafetería}$$
$$\text{Centro de Cálculo} \to \text{Garita} \to \text{Investigación} \to$$
$$\text{Desarrollo} \to \text{Administración} \to \text{Centro Empresarial} \to$$
$$\text{Centro de Cálculo} \to \text{Investigación} \to \text{Administración} \to$$
$$\text{Cafetería}$$

f) Las tres soluciones propuestas por el intendente de Seguridad (Figura A.12) se analizan a continuación:

(a) La solución se corresponde con el resultado del algoritmo de Kruskal, que genera un árbol de expansión mínima. En este caso la solución es mejorable, ya que el camino que debe recorrer desde la Garita a la Cafetería pasa por el Centro Empresarial, el edificio de Administración y el Centro de Desarrollo con una distancia total de 9 kilómetros, mientras que la arista que une la Garita con la Cafetería tiene peso de 7 kilómetros, que es menor.

(b) La solución se corresponde con el resultado del algoritmo de Dijkstra, que devuelve los caminos más cortos entre la Garita y el resto de nodos. *Esta solución sería la correcta.*

(c) La solución se corresponde con el resultado del algoritmo DFS, que devuelve un camino que recorre todos los edificios desde la Garita, pero sin tener en cuenta la distancia entre ellos.

g) Para obtener un cableado que alcance a todos los edificios y cuyo recorrido sea mínimo, buscamos un árbol generador: un grafo acíclico, que conecte todos los nodos y con aristas de mínimo peso. Para ello, aplicamos el algoritmo de Kruskal. Los resultados se muestran en la Figura A.19.

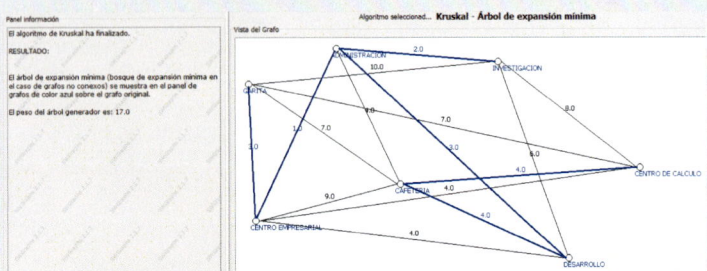

Figura A.19: Resultados del algoritmo de Kruskal.

Los resultados indican que el peso del árbol obtenido es de 17 kilómetros.

h) En este problema, buscamos de nuevo el recorrido por todos los nodos (sin repetirlos) más corto posible, es decir, un ciclo hamiltoniano de mínimo peso. En este ciclo puede excluirse la Cafetería. Para ello, aplicaremos el algoritmo de ciclo hamiltoniano de mínimo peso sobre el grafo con y sin este nodo. Los resultados se muestran en las Figuras A.20a y A.20b.

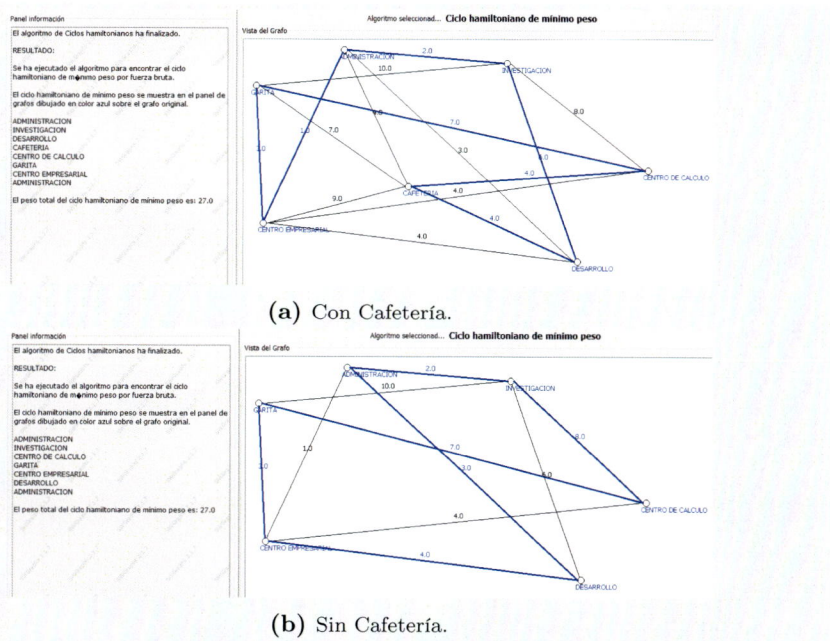

(a) Con Cafetería.

(b) Sin Cafetería.

Figura A.20: Resultados del algoritmo de ciclo hamiltoniano de mínimo peso.

Observamos que ambos ciclos presentan un peso total de 27 kilómetros, por lo que al guardia de seguridad le será indiferente tomar cualquiera de ambos recorridos.

Soluciones a los ejercicios propuestos

Las soluciones a los ejercicios propuestos pueden encontrarse en el sitio web https://tiny.cc/363_Mat_Disc_Sol, o escaneando el siguiente código QR:

Bibliografía recomendada

Alegre Gil, M. C., Martínez Pastor, A., & Pedraza Aguilera, M. C. (1997). Problemas de matemática discreta. *Colección Académica. Editorial UPV.*

Capilla, R. F. (2016). *Matemàtica discreta.* Editorial Universitat Politècnica de València.

Epp, S. S. (2010). *Discrete mathematics with applications.* Cengage learning.

García Merayo, F. (2015). *Matemàtica discreta.* Ediciones Paraninfo, SA.

García Merayo, F., Hernández Peñalver, G., & Nevot Luna, A. (2003). *Problemas resueltos de matemática discreta. 2ª edición ampliada.* Ediciones Paraninfo, SA.

Graham, R. L., Knuth, D. E., Patashnik, O., & Liu, S. (1989). Concrete mathematics: a foundation for computer science. *Computers in Physics, 3*(5), 106-107 (vid. pág. 62).

Grimaldi, R. P. (1998). *Matemáticas discretas y combinatoria: una introducción con aplicaciones.* Pearson Educación.

Gross, J. L., Yellen, J., & Anderson, M. (2018). *Graph theory and its applications.* Chapman; Hall/CRC.

Hervás, A., Villanueva, R., & Lorente, J. (1996). *Apuntes de Matemática Discreta para I.I.* Editorial UPV.

López Mateos, M. (1978). *Los Conjuntos.* Publicaciones del Departamento de Matemáticas, Facultad de Ciencias, UNAM. (Vid. pág. 4).

Rosen, K. H. (2007). *Discrete mathematics and its applications.* The McGraw Hill Companies,

Seoane Sepúlveda, J. B., Murillo Arcila, M., & Jordán Lluch, C. (2022a). *Problemas, cuestiones y aplicaciones de matemática discreta.* Ediciones Paraninfo, SA.

Seoane Sepúlveda, J. B., Murillo Arcila, M., & Jordán Lluch, C. (2022b). *Teoría de grafos y modelización. Problemas resueltos.* Ediciones Paraninfo, SA.